"一带一路"沿线国家专利工作指引丛书

中东欧六国
专利工作指引

北京市知识产权局 ● 组织编写

汪 洪 ● 主编

知识产权出版社
全国百佳图书出版单位

图书在版编目（CIP）数据

中东欧六国专利工作指引/北京市知识产权局组织编写. —北京：
知识产权出版社，2018.2
（"一带一路"沿线国家专利工作指引丛书/汪洪主编）
ISBN 978 - 7 - 5130 - 3351 - 0

Ⅰ.①中… Ⅱ.①北… Ⅲ.①专利—管理—研究—欧洲 Ⅳ.①G306.3

中国版本图书馆 CIP 数据核字（2017）第 319409 号

责任编辑：汤腊冬　崔开丽　　　　　　　　责任校对：王　岩
文字编辑：吴亚平　王小玲　　　　　　　　责任印制：刘译文

"一带一路"沿线国家专利工作指引丛书

中东欧六国专利工作指引

北京市知识产权局　组织编写

汪　洪　主编

出版发行：	知识产权出版社有限责任公司	网　　址：	http：//www.ipph.cn
社　　址：	北京市海淀区气象路 50 号院	邮　　编：	100081
责编电话：	010 - 82000860 转 8377	责编邮箱：	cui_kaili@sina.com
发行电话：	010 - 82000860 转 8101/8102	发行传真：	010 - 82000893/82005070/82000270
印　　刷：	三河市国英印务有限公司	经　　销：	各大网上书店、新华书店及相关专业书店
开　　本：	720mm×1000mm　1/16	印　　张：	22
版　　次：	2018 年 2 月第 1 版	印　　次：	2018 年 2 月第 1 次印刷
字　　数：	333 千字	定　　价：	88.00 元

ISBN 978 -7 -5130 -3351 -0

编委会

前　言

  中东欧地区作为一个地缘政治概念，是近年来兴起的一种称呼，包括了中东欧地区的十余个国家。近年来，中国与中东欧地区的经贸、科技往来非常频繁，尤其是习近平总书记提出"一带一路"倡议以来，中国与中东欧地区合作进入了一个更加密切、更加深入的阶段，在技术、金融、贸易等方面的合作都取得了重要进展。

  中东欧地区联系欧亚，经济发展较快，知识产权制度起步较早，目前知识产权体系比较完备，专利、商标申请量均比较稳定。因此，了解中东欧地区的知识产权制度尤其是专利体系，将有助于我国的外向型企业做好布局，这也是本书编写的初衷。当然，由于中东欧地区涉及国家较多，为了编写本书的需要，我们结合相关国家的专利制度发展情况、我国与相关国家的合作关系以及我国企业赴相关国家发展的需要等多方面因素，从中选择了波兰、匈牙利、白俄罗斯、乌克兰、保加利亚、塞尔维亚六个国家，对他们专利保护的相关工作予以介绍。

  波兰负责工业产权的主要部门为波兰专利局，成立于 1918 年，因此波兰的知识产权立法较早，几经沿革，目前实施的是 2015 年的《波兰工业产权法》，对发明、实用新型、外观设计、商标等工业产权提供保护。与此同时，波兰还根据本国情况，加入了《保护工业产权巴黎公约》《专利合作条约》《与贸易有关的知识产权协议》等一系列国际公约。波兰也是欧盟的成员国，并加入了《欧洲专利公约》。为了加强区域合作，波兰还与匈牙利、捷克、斯洛伐克等成立了维斯格拉德集团，近年来随着"一带一路"建设以及中国与中东欧"16＋1"合作机制的不断深化，中国与维斯格拉德集团各国之间的合作交流日益紧密，合作领域不断拓展，其中也包括知识产权合作。需要注意的是，虽然波兰将与中国专利法中发明、实用新型和外观设计专利意义相近的权利都规定在同一部《波兰工业产权法》中，但该法所谓专利仅指发明专利，实用新型和外观设计则不用专利指称。

匈牙利负责工业产权的主要部门为匈牙利知识产权局，成立于1896年，其知识产权法律制度历史悠久，早在1895年就通过了第一步匈牙利专利法。作为欧盟成员国，同时也是维斯格拉德集团的一员，匈牙利加入了《欧洲专利公约》以及一系列知识产权国际公约。需要注意的是，匈牙利对发明、实用新型、外观设计分别立法，形成了《匈牙利发明专利法》《匈牙利实用新型保护法》《匈牙利设计保护法》，在职务发明、确认不侵权等方面有其鲜明的特点。

白俄罗斯的国家知识产权保护体系始建于1992年，主要包含专利局、版权局及相关权力部门。几经机构改革，于2001年9月24日设立"国家知识产权中心"，负责工业产权和著作权。白俄罗斯现已加入世界上所有主要的知识产权国际公约、条约和协议。1993年以后，该国通过了一系列旨在保护知识产权的重要法律，并参与了系列国际合作。白俄罗斯还加入了《欧亚专利公约》，是欧亚专利组织的成员国。欧亚专利组织成立于1996年，总部位于莫斯科，目前有俄罗斯、亚美尼亚等9个成员国，官方语言为俄语，下设欧亚专利局。欧亚专利是一个获取专利保护更简便、快捷和经济的方式，一经授权，自公布之日起在所有成员国生效。2017年底，欧亚专利局第5万件专利申请由清华大学和同方威视技术股份有限公司提出，并专门在北京举行了专利申请证书颁发仪式。

乌克兰的知识产权行政管理分为三级，第一级是乌克兰经济贸易部，负责制定知识产权法律法规；第二级是知识产权保护局负责知识产权行政管理事务，第三级是乌克兰知识产权研究所，接受工业产权申请和审查。目前，乌克兰对发明和实用新型的保护由《关于发明和实用新型权利的保护》予以规定，对外观设计的保护由《关于保护工业品外观设计权》予以规定。乌克兰是《保护工业产权巴黎公约》《专利合作条约》等一系列知识产权国际公约的成员国。乌克兰已经签署了《欧亚专利公约》，但目前尚未被批准加入。

保加利亚负责工业产权的主要部门为保加利亚专利局。根据宪法，保加利亚制定了一系列有关知识产权的法律，如《专利和实用新型注册法》《工业品外观设计法》《版权法》《集成电路布图设计法》等法律。保加利亚是《保护工业产权巴黎公约》《专利合作条约》《商标国际注册马德里协定》等一系列知识产权国际公约的成员国，同时作为欧盟成员，保加利亚也是欧洲专利组织的一员。就专利而言，我国专利法意义上的发明专利在保加利亚被称为专利，我国专利法意义上的实用新型专利在保加利亚则被称为实用新型，对两者的保护通过《专利和实用新型注册法》予以规定，我国专利法意义上的外观设计专利在保加利亚则通过《工业品外观设计法》单独立法予以保护。

塞尔维亚知识产权局作为塞尔维亚政府序列的独立机构，已经有近百年的历史，主要负责专利、商标、版权等方面工作。塞尔维亚是《保护工业产权巴黎公约》的创始国之一，还加入了《专利合作条约》《商标国际注册马德里协定》《工业品外观设计国际注册海牙协定》等一系列国际公约。塞尔维亚于2010年10月1日加入欧洲专利组织，成为其第38个成员国。就专利而言，塞尔维亚通过专利和小专利对发明创造进行保护，前者和我国专利法中的发明专利近似，后者则近于我国专利法中的实用新型专利，而工业品外观设计则通过《工业品外观设计保护法》予以保护。

为了便于读者理解，在本书中，我们对各个国家专利制度的介绍进行了结构上的统一，主要包括前言、专利法律制度的发展历程、专利权的主体与客体、专利申请、专利审查与授权、专利权的无效（撤销）、专利的许可与转让、专利权的保护、中国企业在相关国家的专利策略与风险防范等，除此之外，还对部分国家的外观设计专章介绍。当然，由于各国在专利法方面有所区别，因此在正文中也根据实际情况进行了适当安排。希望本书能够为我国企业响应"一带一路"倡议、做好相关国家的专利布局提供切实的指引。

由于成书时间短，涉及国家较多且参与撰写的人员较多，难免会有错漏。不妥之处，敬请批评指正。

编者
2018 年 2 月 23 日

目　录

3 白俄罗斯专利工作指引

4 乌克兰专利工作指引

5 保加利亚专利工作指引

6 塞尔维亚专利工作指引

波兰专利工作指引

前　言

波兰共和国（波兰语：Rzeczpospolita Polska，英语：The Republic of Poland），简称"波兰"，位于欧洲中部，西邻德国，南与捷克、斯洛伐克接壤，东靠俄罗斯、立陶宛、白俄罗斯、乌克兰，北濒波罗的海，与瑞典和丹麦隔海相望，地理位置优越，是连接东西欧的交通要地。国土面积31.27万平方公里，首都华沙，人口约3850万，其中信仰天主教的人数占95%，东正教、基督教新教和其他教派的人数占5%。

波兰在历史上（公元10~18世纪）曾是欧洲强国之一，后被沙俄、普鲁士和奥地利三次瓜分（分别是1772年、1793年、1795年）。波兰于1918年11月恢复独立，重建国家。波兰独立后经历了第二次世界大战，建立了社会主义制度。1989年，其政治体制和经济体制开始转轨。

目前，波兰为议会制民主政体，政局稳定，实行三权分立的政治制度，立法权、司法权和行政权相互独立、相互制衡。自1992年以来，波兰的经济保持增长，强劲的宏观经济基础、稳定的国内需求和灵活的财政政策，不仅使波兰成为唯一一个在金融危机时期避免经济衰退的欧盟国家，也使其成为欧盟第八大经济体（以人均GDP为判断标准）、欧洲经济增长的新引擎和中东欧的天然领袖。① 在科技方面，波兰拥有较厚实的科学基础和优秀的科学传统，在医学、天文、物理、化学等基础研究领域，以及农业、新材料、新能源、矿山安全等应用技术领域具有较强的优势和特色，在某些方面居欧洲甚至世界领先地位。

中国与波兰于 1949 年 10 月 7 日建交。近年来，中波两国关系在相互尊重、平等互利、互不干涉内政的原则上稳步发展。随着中国"一带一路"倡议的提出，两国交流逐渐深入，经贸联系也更加紧密，基于专利在现代经贸活动中的突出地位，本章将对波兰的专利制度进行介绍，以期对中国企业在波兰的专利工作起到指引作用。

波兰主管专利工作的行政部门为波兰专利局，专利局隶属于内阁，具体事务由主管经济的部长负责。目前，波兰专利局网站上公布的《波兰共和国工业产权法》（以下简称《波兰工业产权法》）为 2017 年 4 月 5 日发布的统一文本，其中包含 2015 年 9 月 11 日所做的最新一次修改，这些修改于 2016 年 4 月 15 日生效。

1.1 波兰专利法律制度的发展历程

波兰专利局于 1918 年成立，隶属于当时的波兰共和国工商部，职权范围包括颁发发明专利、样机和样品证书及商标。但直至 1924 年，其颁发专利的职能一直没有实施，因为专利局尚未拥有任何专利资料、技术和法律文件，官员的专业素养也未达到适应这一职能的要求。1928 年，波兰为了加入《保护工业产权巴黎公约》（以下简称《巴黎公约》），修改了本国专利法，颁布《波兰发明、样机和商标保护法》。《波兰发明、样机和商标保护法》生效 34 年，直到 1962 年，波兰颁布《发明法条例》，对专利法进行了修订。② 1972 年，《波兰发明创造活动法》颁布，后经过多次修订，一直适用到 21 世纪。2000 年 6 月 30 日，《波兰工业产权法》颁布，它取代了之前的《波兰发明创造活动法》

---

① http：//www.paih.gov.pl/poland_in_figures/economy。
② 甫兴华："波兰国家专利局"，载《国际科技交流》1989 年第 10 期。

《波兰商标法》《波兰集成电路专利法》和《波兰专利局法》四部法律，达到了精简和整合的效果。

根据世界知识产权组织和波兰专利局网站公布的相关信息，波兰的专利相关法律和实施细则如表1－1和表1－2所示。

表1－1　波兰与专利相关的法律

法律名称	保护主题	颁布日期	生效日期	最后修改日期
波兰共和国工业产权法	地理标志、知识产权监管机构、发明、实用新型、工业品外观设计、商标、集成电路布图设计、商业秘密	2000年6月30日	2000年9月30日	2015年9月11日
波兰共和国专利代理人法	公平竞争、知识产权及相关法律的执法、工业品外观设计、知识产权管理部门、集成电路布图设计、发明专利、商号、商标、实用新型等	2001年4月11日	2001年8月22日	2013年12月30日
波兰共和国关于欧洲专利申请以及欧洲专利在波兰效力的法案	专利（发明）	2003年3月14日	2003年3月14日	2011年6月15日
波兰共和国植物新品种法	植物新品种	2003年6月26日	2004年5月1日	2011年9月6日
波兰共和国种子产业法	执行知识产权及相关法律、植物品种保护	1995年11月24日	1995年12月23日	
波兰共和国公平竞争和消费者保护法	竞争和商业秘密	2007年2月16日	2009年4月21日	2011年1月20日
波兰共和国反不正当竞争法	商号和商业秘密	1993年4月16日	1993年12月9日	

表 1 - 2　波兰与专利相关的实施细则

实施细则名称	颁布部门	颁布日期	生效日期	最后修改日期
关于波兰专利局登记簿的法令	总理府	2017 年 1 月 12 日	2017 年 1 月 12 日	
关于采用电子表格申请发明、药品、植物保护产品、实用新型、工业品外观设计、商标、比例标志和集成电路布图设计的法令	总理府	2016 年 10 月 28 日	2016 年 11 月 11 日	
关于设计专利证书、补充保护权证书、保护权证书、注册证书和提交给专利局的优先权证据的法令	总理府	2016 年 9 月 30 日	2016 年 10 月 14 日	
关于药品和植物保护产品补充保护权申请的提交和处理法令	总理府	2016 年 9 月 9 日	2016 年 9 月 23 日	
关于确定波兰专利局专家、专业评审员和实习生报酬计算方法的法令	总理府	2004 年 11 月 3 日	2004 年 11 月 17 日	2009 年 9 月 9 日
关于波兰专利局规章的法令	总理府	2004 年 6 月 7 日	2004 年 6 月 21 日	2016 年 9 月 5 日
关于国家防卫和安全有关的发明和实用新型的规定	内阁	2002 年 7 月 23 日	2002 年 8 月 6 日	
关于波兰专利局评审专家接受申请、确认和评估行为的法令	总理府	2002 年 6 月 17 日	2002 年 7 月 1 日	
关于工业品外观设计申请和处理程序的法令	总理府	2002 年 1 月 30 日	2002 年 2 月 13 日	2016 年 10 月 25 日
关于波兰专利局职责的详细规定	内阁	2002 年 1 月 8 日	2012 年 1 月 22 日	2011 年 6 月 2 日
专利和实用新型申请和处理实施细则	总理府	2001 年 9 月 17 日	2001 年 10 月 1 日	2016 年 11 月 3 日
关于发明专利、实用新型、外观设计、商标、地理标志保护相关手续费的条例	内阁	2001 年 8 月 29 日	2001 年 8 月 31 日	2016 年 9 月 8 日

在专利法律制度发展的同时，波兰为了与世界接轨，根据本国情况，签订了保护专利权的一系列国际公约，成为《巴黎公约》《与贸易

有关的知识产权协议》（以下简称《TRIPS》）、《专利合作条约》以及
《欧洲专利公约》等国际公约的成员方。根据波兰专利局网站公布的信
息，其签订的国际公约的具体信息如表1-3所示。

表1-3 波兰签订的与专利相关的国际公约

公约名称	生效日期
巴黎公约	1974年12月5日
专利合作条约（PCT）	1990年8月31日
国际专利分类斯特拉斯堡协定	1996年3月29日
欧洲专利公约	2003年12月29日
工业品外观设计国际注册海牙协定	2008年9月30日
建立工业品外观设计国际分类洛迦诺协定	2013年6月18日
维斯格拉德集团专利机构协议	2015年10月5日

《波兰工业产权法》第4条规定，生效的且直接在所有成员国适用
的国际协定或者欧盟法律的规定，对发明、实用新型或者工业品外观设
计保护程序或申请文件的撰写有规定的，《波兰工业产权法》的规定应
当相应地适用于国际协定或者欧盟法律未规定的事项，或者规定属于国
内官方机构职责范围的事项。《波兰工业产权法》第5条规定，外国人
根据国际协定或者互惠原则（不能与国际协定相冲突）享有《波兰工业
产权法》规定的权利，确认是否满足互惠条件，须经专利局局长与主管
部长协商。

根据波兰法律法规的修订与国际公约签署的情况可以看出，波兰重
视专利的保护，其工业产权法具有法典性质，能够适应现代国际标准。
近三年来，波兰不断完善本国与发明、实用新型、工业品外观设计相关
的法律法规，并积极与维斯格拉德集团内其他国家加强知识产权合作，
专利制度不断发展完善，使专利权得到了较高水平的保护。

波兰主管专利工作的行政部门为波兰专利局（Polish Patent Office），
其主要职责为：①

---

① 《波兰工业产权法》第261条。

（1）受理并审查发明、实用新型、工业品外观设计权利保护的申请；

（2）决定是否授予发明专利、补充保护权，决定是否授予实用新型保护权，决定是否授予工业品外观设计注册权；

（3）在《波兰工业产权法》规定范围内对专利局内部诉讼程序中的案件作出判决（由诉讼委员会进行）；①

（4）管理专利登记簿、实用新型登记簿和工业品外观设计登记簿；

（5）出版官方公报；

（6）基于波兰签订的关于工业产权方面的国际公约，参与国际机构的活动；

（7）集中汇集波兰和外国的专利说明书。

波兰专利局目前接受在线电子申请，并公布专利代理人的登记信息。中国企业在波兰开展专利工作时，应当注意利用波兰专利局公布的相关信息，加强与波兰专利局的联系。波兰专利局的具体联系方式如表1-4所示。

表1-4　波兰专利局的联系方式

地　　址	00-950, aleja Niepodległości 188/192, 00-001 Warszawa （可以从华沙交通管理局的网站 http://www.ztm.waw.pl/首页的垂直目录中，选择"计划行程—路线规划"选项，输入该地址查询路线，如图1-1所示，注意：波兰专利局院内无停车场）
工作时间	周一至周五8：00—16：00 在波兰专利局阅览室查阅资料： 阅读时间为周一至周五8：00—16：00，地点在一层155号房间； 付费时间为8：00—14：00，地点在地下收费办公室（Cash Office）
电　　话	(4822) 5790220；(4822) 5790555
传　　真	(4822) 5790001
电子邮箱	Contact. Center@ uprp. gov. pl
网　　址	http://www.uprp.pl/

① "专利局内部诉讼程序"和"诉讼委员会"的相关内容将在下文"1.7.2 专利的行政保护"部分详细说明。

（1） 华沙交通管理局的网站首页

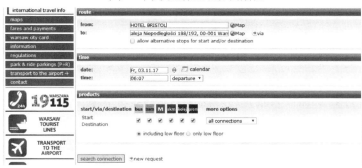

（2） 华沙交通管理局的网站路线查询页面

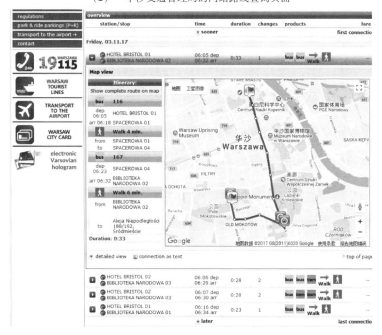

（3） 华沙交通管理局的网站具体路线页面

图1-1 华沙交通管理局的网站页面

1.2 专利权的主体与客体

1.2.1 权利主体

专利权的主体，即专利权人，是指依法享有专利权并承担与此相应的义务的人。根据《波兰工业产权法》，创新者①及其继承人或权利继受人、雇主及其权利继受人、其他根据合同具有资格的人都可以成为专利权的主体，外国人和外国企业也不受限制。

波兰权利主体的确定采用"先申请原则"，即两个以上的申请人分别就同样的发明创造申请专利，专利权授给最先申请人。《波兰工业产权法》第13条第1款规定，除法律另有规定外，获得专利、保护权或登记权的优先权日，应当根据向专利局提交发明、实用新型或工业品外观设计的申请日来确定。如果两个以上的申请人分别独立提出发明、实用新型或工业品外观设计申请，并且享有同一天优先权的，根据《波兰工业产权法》第18条的有关规定，相应权利应当分别属于这些申请人。

1.2.1.1 创新者

《波兰工业产权法》第8条规定，发明、实用新型或者工业品外观设计的创新者有资格获得专利、保护权或注册权；获得报酬；作为创新者被记载在说明书、登记簿等文件和出版物中。可见，专利、保护权或注册权原则上是由创新者获得，但《波兰工业产权法》第11条也规定了下列除外情况：

（1）如果发明、实用新型或者工业品外观设计是由多人共同完成

---

① 在《波兰工业产权法》中，对直接完成发明创造，且对发明创造作出突出贡献的人的称谓，有"twórcy""twórca""twórców""twórcom""twórcę"等多种表述，中文译文均为创造者、创作者，在世界知识产权组织公布的《波兰工业产权法》英文版本中，除第32条和第194条的相关词汇被译为"inventor"，第103条和第104条的相关词汇被译为"designer"，其余多数被译为"author"。我国国家知识产权局法条司组织翻译的《外国专利法选择》一书，将"author"译为"创新者"，本书与该翻译保持一致。（国家知识产权局法条司：《外国专利法选择》，知识产权出版社2015年版，第1405-1481页。本书内容中涉及《波兰工业产权法》中文翻译的内容，基本来源于此书。）可以认为，《波兰工业产权法》中的创新者，相当于我国专利法中的发明人和设计人。

的，获得的权利应当属于所有创新者共有；

（2）创新者在被雇用期间或者为履行其他合同完成的发明、实用新型或者工业品外观设计，权利应当属于雇主或委托人，创新者有权获得报酬，当事人另有约定的除外；

（3）创新者在经济实体支持下完成的发明、实用新型或者工业品外观设计，由该经济实体享有在其经营领域内实施该发明、实用新型或工业品外观设计的权利，创新者有权获得报酬。但是，双方可以在关于提供支持的协议中约定，权利全部或部分属于该经济实体。

此外，经济实体之间可以达成协议，约定在合同履行期间完成的发明、实用新型或者工业品外观设计的权利归属。

1.2.1.2 申请人

申请人是指就一项发明、实用新型或工业品外观设计，向专利局提出权利申请的人。通常，创新者和申请人是同一人，但在权利转让、继承或职务发明等情况下，也存在创新者和申请人分离的情况。《波兰工业产权法》第32条规定，提交发明专利申请时，申请人不是发明人的，应当在请求中写明发明人姓名，并声明其享有获得专利保护权或注册权的理由。

根据《波兰工业产权法》第236条第1款和第3款的规定，在波兰没有住所或者总部的人向专利局提交和处理申请文件的，只能由专利代理人、律师等进行。因此，中国企业在波兰申请专利、保护权或注册权的，必须委托波兰当地的专利代理人或律师代表其处理各项事务。

1.2.1.3 权利人

鉴于《波兰工业产权法》对发明、实用新型和工业品外观设计所授予的权利要求名称不同，此处所称"权利人"包括专利权人、保护权人和注册权人，他们享有专利权、保护权和注册权，并获得相应的权利证书。根据《波兰工业产权法》第8条的规定，专利权、保护权和注册权原则上属于创新者，但在权利转让、继承、职务发明、委托发明等情况下存在例外。权利人享有的主要权利包括：在波兰共和国境内以营利或者经营目的实施该发明、实用新型或工业品外观设计的权利,① 并在产品上进行适当标注,表明其产品受专利、保护权或注册权保护;② 有权许可或转让相应权利;③ 可以针对侵权行为主张权利。④ 关于这些权利的具体内容,将在下文中详细阐述。

1.2.2　权利客体

专利权客体,是指能取得专利权,可以受专利法保护的发明创造。《波兰工业产权法》第 6 条规定,专利局负责在本法规定下授予以下权利:发明专利和补充保护权,实用新型保护权和工业品外观设计注册权。与中国专利制度不同,在《波兰工业产权法》中,狭义的专利仅有发明可以获得,其中有关药品和植物保护产品⑤的发明被授予的权利为"补充保护权",对于实用新型和工业品外观设计所授予的权利,则被分别称为"保护权"和"注册权"。鉴于我国专利法中的权利客体包含发明、实用新型和外观设计三种类型,我们在本书中关注的是包括发明、实用新型和外观设计在内的广义的专利,请读者注意《波兰工业产权法》对于相关发明创造所授予的权利在名称上的不同。

1.2.2.1　发明

根据《波兰工业产权法》第 24 条,新的、有创造性的并且能够在产业中应用的任何技术领域的发明,应当被授予专利权。

1)发明的特点

《波兰工业产权法》所保护的发明具有以下特点。

(1)新颖性,即不属于现有技术。现有技术包括优先权日前通过书面或者口头描述、应用、展示或者其他方式向公众公开的任何内容。享

---

① 《波兰工业产权法》第 63 条第 1 款、第 95 条第 2 款、第 105 条第 2 款。

② 《波兰工业产权法》第 73 条、第 100 条第 1 款、第 118 条第 1 款。

③ 《波兰工业产权法》第 12 条、第 20 条、第 66 条第 2 款、第 100 条第 1 款、第 118 条第 1 款。

④ 《波兰工业产权法》第 285 条、第 286 条、第 287 条。

⑤ 《波兰工业产权法》原文为 leczniczychoraz produktów ochrony roślin,直译为"药用的和植物保护产品",在世界知识产权组织公布的《波兰工业产权法》英文版本中被译为"medicinal products and plant protection products",本书将其译为"药品和植物保护产品"。

有优先权的专利申请内容虽不为公众所知，但只要已经以法律规定的方式公开，也被视为现有技术。对属于现有技术的物质提出新应用，或者以获得具有新用途的产品为目的应用该物质的发明，也认定其新颖性。

（2）创造性，即对于本领域的技术人员而言，与现有技术相比，不是显而易见的。判断创造性时，不必考虑不为公众所知的享有优先权的发明或实用新型申请。[①]

（3）实用性，即能够在任何产业领域被应用（包括农业），主要表现为产品能够被制造、方法能够被应用。[②]

《波兰工业产权法》明确规定了不属于发明的情形，[③] 包括：

（1）发现、科学理论或者数学方法；

（2）美学创作；

（3）智力活动、商业经营或者游戏的计划、规则和方法；

（4）根据广泛接受和认可的科学原理，能够判断出无法实现的创造、不能制造和适用或者不能产生发明人预期结果的产品和方法；

（5）计算机程序；

（6）信息的显示。

此处请注意，《波兰工业产权法》不保护计算机程序。

如果发明人对发明作出改进或者增补，这种增补具有发明特征，但不能独立实施的，可以获得原专利的增补专利（增补专利证书），增补专利可以再次被改进或增补。获得增补专利，需要满足以下条件：

（1）原专利权人才能获得增补专利；

（2）原发明已经被授予专利权；

（3）新发明具有发明的实质性特点；

（4）新发明和原发明不能分开申请。

2）保密发明

为了保护国防和国家安全，波兰在《波兰工业产权法》中特别规定了"保密发明"。所谓"保密发明"，是指波兰公民作出的涉及国防或者

---

① 《波兰工业产权法》第 26 条。

② 《波兰工业产权法》第 27 条。

③ 《波兰工业产权法》第 28 条。

国家安全的发明。涉及国防的发明包括新型武器、军事设备或者战斗方法；涉及国家安全的发明包括被授权从事特殊任务或者侦查活动的公务员使用的技术方法，以及在此类活动中使用的新设备、新材料及其使用方法。① 保密发明是一种非公开信息，其密级分为"绝密""机密""秘密"或"专有"。② 涉及国防的发明的保密决定由主管内务的国防部长作出，涉及国家安全的发明的保密决定由国家安全局局长作出，停止保密的决定也分别由他们作出。③

根据《波兰工业产权法》第58条、第60条规定，保密发明只可以为了获得优先权而向专利局申请专利保护，在保密的全过程中，专利局不得处理该申请；专利局收到申请后，该发明被认定属于保密发明的，专利局也不得处理；停止保密后，应主管机关的要求，专利局应当启动或者继续专利授权程序，但如果自申请之日已经超过20年，则该申请视为未提出。

专利局应当向主管内务的国防部部长或者国家安全局局长，传送涉及国防或者国家安全的发明的清单，并应对方要求传送相关说明书和附图，经过该部长或局长授权的人可以获得这些申请文件，但他们均不得泄露有关的申请信息。④ 可见，专利局有权力在认为发明涉及国防或国家安全时，主动向国防部或国家安全局提供发明清单，对申请人而言，在申请前应仔细审查发明是否涉及这些方面，以防在没有准备的情况下得到被认定为保密发明的决定。

波兰内阁于2002年7月23日颁布的《波兰关于国家防卫和安全有关的发明和实用新型的规定》，是关于保密发明和实用新型的实施细则，于2002年8月6日生效，一直实施至今。

---

① 《波兰工业产权法》第56条。

② 《波兰工业产权法》第57条第1款，原文四个密级的用词为"ściśletajne""tajne""poufne""zastrzeżone"，在世界知识产权组织公布的《波兰工业产权法》英文版本中被译为"top secret""secret""confidential""proprietary"，本书部分借鉴我国文件保密级别的用词，将其译为"绝密""机密""秘密""专有"。

③ 《波兰工业产权法》第57条、第60条第1款。

④ 《波兰工业产权法》第62条。

3）有关生物技术发明的特别规定

生物技术发明①，是指满足前述发明的概念和特征，涉及含有生物材料或者由生物材料组成的产品，或者涉及生物材料生产、处理、适用方法的发明。生物材料，是指包含遗传信息，并且能自我复制或者在生物系统中被复制的材料。

下列发明可以被作为生物技术发明获得保护：②

（1）发明保护的主题是已经脱离其自然环境，或者虽然曾经产生于自然环境，但是通过技术手段制造的生物材料；

（2）脱离人体的或者通过技术方法而产生的某种元素，包括基因序列或基因序列的某一部分（其工业实用性必须在专利申请中公开），即使该元素的结构与其在自然界的结构完全相同，也可以构成可授予专利的发明；

（3）有关植物或者动物的发明，只要该发明的技术可行性不限于特定的植物或者动物品种。

专利权的保护应当包括：③

（1）含有权利要求中限定的特定特征的生物材料的方法，以及由该生物材料趋同进化或趋异进化遗传繁殖的共同特征的生物材料；

（2）生产具有权利要求中限定的特定特征的生物材料的方法，以及通过该方法直接获得的生物材料，以及由该材料趋同进化或趋异进化遗传繁殖的具有相同特征的材料；

（3）含有遗传信息或者由遗传信息组成的产品，以及含有该基因信息且执行其功能的、与该产品结合在一起的所有材料。

专利权的保护不应当包括：单纯繁殖专利权人或者经专利权人授权投放到市场的生物材料，所获得的生物材料，前提是该繁殖是该生物材料应用的必然结果。为达到农业生产目的，经过专利权人同意，获得生物技术专利产品的任何人，有权在其自由土地繁殖该产品。④

---

① 《波兰工业产权法》第93条之一，原文为"wynalazku biotechnologicznym"，在世界知识产权组织公布的《波兰工业产权法》英文版本中被译为"biotechnological invention"，即"生物技术发明"。

② 《波兰工业产权法》第93条之二。

③ 《波兰工业产权法》第93条之四。

④ 《波兰工业产权法》第93条之五。

发明涉及生物材料的使用，但公众不能得到该生物材料，并且对该生物材料的说明不足以使所属领域技术人员充分实施发明的，可以最迟在申请日将生物材料提交保藏，保藏单位应当是专利局局长在官方公报中公告指明的国际协议认可的保藏单位或国家保藏单位。保藏后，申请人应当在提交专利申请的同时或申请日后六个月内，提交保藏机构出具的证明，该证明至少应当包括保藏机构名称、保藏日期和保藏编号，逾期未提交的，该保藏不视为与申请中发明的披露具有同等效力。在专利有效期内，任何人可以书面要求申请人或者专利权人提供生物材料样品，条件是未经申请人或专利权人同意，不会将该生物材料或者其衍生材料提供给第三方，且不会将该生物材料或者其衍生材料用于除实验外的其他用途。① 保藏的生物材料不能再从该保藏机构获得的，申请人可以在国际公约规定的期限内提交新的材料保藏。②

2003 年 6 月 26 日颁布的《波兰共和国植物新品种法》有更多关于生物技术发明的规定，涉及这一领域的申请人可以查阅。

1.2.2.2　实用新型

《波兰工业产权法》第 94 条规定，实用新型，是指对物体的形状、构造或者组合所作出的具有实用性的新的技术方案。

实用新型具有以下特点：③

（1）新颖性，即不属于现有技术。《波兰工业产权法》要求实用新型具有较高的新颖性，其标准与发明的新颖性应达到的标准相同。

（2）实用性，即该技术方案有利于对产品的制造或应用。

法律强调的不属于实用新型的规定与不属于发明的规定相同。④

除发明可以保密外，实用新型也可以作为保密的对象，其范围与保密发明一致，但适用实用新型的特点。⑤

---

① 《波兰工业产权法》第 93 条之六。
② 《波兰工业产权法》第 93 条之七。
③ 《波兰工业产权法》第 25 条、第 100 条第 1 款、第 94 条第 2 款。
④ 《波兰工业产权法》第 28 条、第 100 条第 1 款。
⑤ 《波兰工业产权法》第 56 条至第 60 条、第 62 条、第 100 条第 1 款。

1.2.2.3　工业品外观设计

《波兰工业产权法》第 102 条规定，工业品外观设计，是指对产品的整体或者部分外形所作出的新的、独特的设计，尤其是产品的线条、轮廓、形状、纹理、材料及其装饰。任何工业品或手工制品都可以成为外观设计的载体，包括复合产品，即由多个部分组成、各部分可以通过拆解重组的方式替换的产品，也包括复合产品的可替换部件，但要求该部件在正常使用时（不包括保养、检修或者维修）是可以被看到的。最为典型的外观设计包括产品包装、样式、图案和印刷字体等，计算机程序被明确排除在外观设计保护的范围之外。

工业品外观设计应具有以下特点。

（1）新颖性，即该设计不同于优先权日前已经通过使用、展出或者其他形式为公众所知的设计，且该设计与现有设计的区别是显著的，如果只是在无关紧要的细节上与已经为公众所知的设计相区别，则不具有新颖性。应当注意的是，判断工业品外观设计新颖性的标准是公众是否知晓，而非所属领域专业设计圈是否知晓。[1]

（2）独特性，即该设计带给用户的整体印象不同于已经公开的其他设计。判断独特性时，应当考虑到设计人的创意在多大程度上是自由完成的，模仿他人设计等情形会影响设计的独特性。[2]

（3）可视性，即产品的外观设计是外观上可见的，尤其在复合产品的可替换部件申请工业品外观设计保护时，应当以可视性为基础评价该部件的新颖性和独特性。

1.3　专利申请与费用

1.3.1　专利信息检索与申请文件撰写

1.3.1.1　专利信息检索

根据《波兰工业产权法》第 33 条第 1 款，申请人在提交申请文件

---

[1]《波兰工业产权法》第 103 条。
[2]《波兰工业产权法》第 104 条。

时，应当在说明书中写明申请人所知的背景技术，因此，在申请前，对现有技术的检索是必不可少的环节。而且，申请前的全面检索可以使申请人对相关技术的发展情况有更全面的了解，以查看自己的发明、实用新型或外观设计的新颖性，从而决定申请或改进，提高专利申请获得授权的可能性。

波兰专利局官方网站上为申请人提供了以下几个专利信息的检索途径，申请人可以选择使用。

（1）Finder Items Protected – Data Bases UPRP。

波兰共和国专利局保护数据的检索网站，该网站提供英文服务。

① 检索地址。

波兰文：http：//grab. uprp. pl/PrzedmiotyChronione/Strony% 20witryny/Wyszukiwanie%20proste. aspx

英文：http：//grab. uprp. pl/PropertiesProtection/Site% 20pages/Quick %20search. aspx？ wersja = english

也可以通过波兰专利局官方网站进入，具体步骤为：

第一步：登录波兰专利局主页，网页地址为 http：//www. uprp. pl/；如图 1 - 2 所示，进入后可以在页面右上角切换语言为英语；

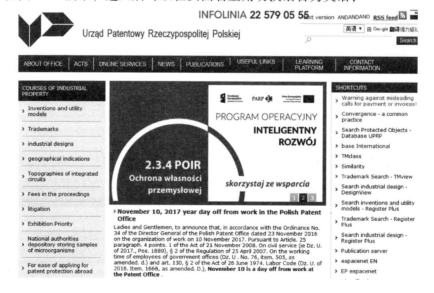

图 1 - 2　波兰专利局网站主页

第二步：如图 1-3 所示，点击页面左侧导航栏中的 "Inventions and utility models" 选项，再点击主页面中的 "How to patent an invention or utility model to protect?"；

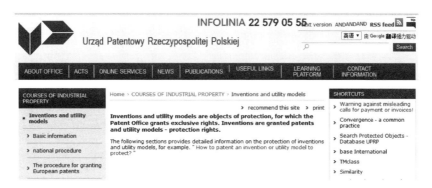

图1-3 波兰专利局网站相关页面

第三步：如图 1-4 所示，点击主页面中间部分 "Finder Items Protected - Data Bases UPRP" 选项，即可进入该数据库主页，如图 1-5 所示，在页面右上角可以将语言切换为英文，检索人可以在该网站选择发明、实用新型、商标、工业品外观设计、集成电路布图等不同项目或者关键词，查看相应的、受波兰法律保护的工业产权。页面上方命令栏中包括 "简单检索" "结构化检索" 和 "高级检索"。

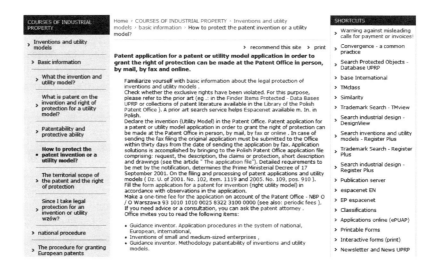

图1-4 波兰专利局相关页面

图 1-5　Finder Items Protected-Data Bases UPRP 网站主页（波兰文版）

② 简单检索。

选择图 1-5 页面上方 "Wyszukiwanie proste" 选项，或英文页面中的 "Quick search" 选项，开始简单检索，发明、实用新型和工业品外观设计的检索页面分别如图 1-6、图 1-7、图 1-8 所示。

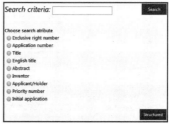

图 1-6　发明专利简单检索页面（英文版）

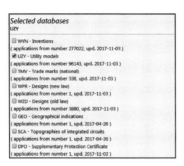

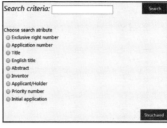

图1-7 实用新型保护权简单检索页面（英文版）

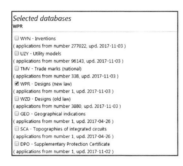

图1-8 工业品外观设计注册权简单检索页面（英文版）

在简单检索方式中，网站为检索人提供了不同的检索入口，其中，发明和实用新型的检索入口有9个，包括：证书编号、申请号码、标题、英文标题、摘要、创新者、权利人、优先权号码和最初申请①；工业品外观设计的检索入口有7个，包括：证书编号、申请号码、标题、英文标题、创新者②、权利人和优先权号码。检索人可以根据自己的需要，选择对应的检索入口，输入已知条件，查询结果。

---

① 波兰文"Zgłoszeniemacierzyste"，英文翻译为"Initial application"。

② 此处波兰文对发明、实用新型和工业品外观设计的用词都是"Twórca"，该网站的英文版本将其翻译为"Inventor"，本书为了前后文一致，将其译为"创新者"。

③ 结构化检索。

选择图 1－5 页面上方 "Wyszukiwanie strukturalne" 选项，或英文页面中的 "Structured search" 选项，开始结构化检索，发明、实用新型和工业品外观设计的检索页面分别如图 1－9、图 1－10 所示。

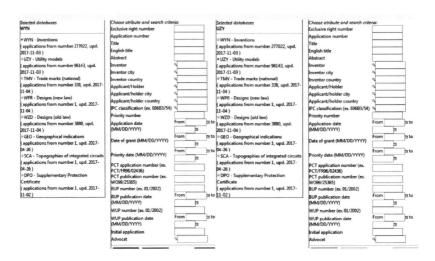

图 1－9　发明和实用新型结构化检索页面（英文版）

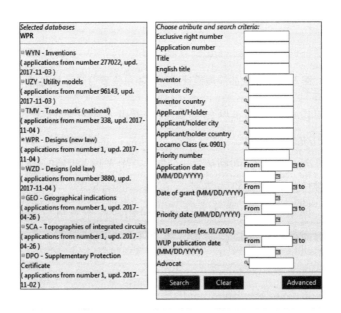

图 1－10　工业品外观设计结构化检索页面（英文版）

在结构化检索方式中，检索入口数量更多，检索人的选择空间也更大。其中，发明的检索入口有 24 个，包括：证书编号、申请号码、标题、英文标题、摘要、创新者、创新者城市、创新者国家、权利人、权利人城市、权利人国家、IPC 分类码、优先权号码、申请日期、授权日期、优先权日期、PCT 申请号码、PCT 出版号码、BUP 号码、BUP 出版日期、WUP 号码、WUP 出版日期、最初申请和专利代理人；实用新型的检索入口有 22 个，与发明的检索入口相比缺少 BUP 号码、BUP 出版日期两项；工业品外观设计的检索入口有 18 个，包括：证书编号、申请号码、标题、英文标题、创新者、创新者城市、创新者国家、权利人、权利人城市、权利人国家、洛迦诺分类号、优先权号码、申请日期、授权日期、优先权日期、WUP 号码、WUP 出版日期和专利代理人。

④ 高级检索。

选择图 1-5 页面上方 "Wyszukiwanie zaawansowane" 选项，或英文页面中的 "Advanced search" 选项，开始高级检索，发明、实用新型和工业品外观设计的检索页面均如图 1-11 所示，但右侧相对应的条件有所不同。

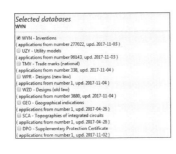
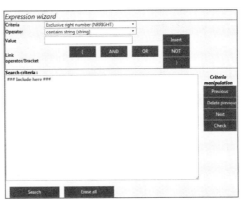

图 1-11 高级检索页面（英文版）

在高级检索中，检索人可以在选择不同条件后，自由输入检索内容。

⑤ 检索结果。

以结构化检索为例，检索发明专利，将申请日期限定在2016年9月24日至2017年11月3日，可以得到如图1-12所示的检索结果。点击进入第二项，可以得到如图1-13所示的权利检索结果，其中包含如标题、摘要、图片等专利公开的全部信息。

First Previous Next Last Selected 1 from 15 pages. Rows number on page: 10 Show pictures

Picture	No.	Base	Application number	Application date	Exclusive right number	IPC classification	Kind. of Doc (issued.)	Kind. of Doc (app.)	Title
	1.	WYN	418816	2016-09-24		C08L23/12 C08K7/04		A1	Kompozycja poliolefinowa wzmocniona włóknem bazaltowym
	2.	WYN	418955	2016-09-30		B26D1/48 B26D7/26 B25J5/04 B25J9/02		A1	Technologia i urządzenie do cięcia liniowego, zwłaszcza tworzyw sztucznych spienionych
	3.	WYN	419175	2016-10-20		A45C3/06		A1	Torebka z wymiennymi elementami oraz sposób wymiany elementów torebki
	4.	WYN	419199	2016-10-21		C07F9/10 C07C67/14 A61P35/00		A1	1'-(3,7,11,15-Tetrametylo-3-winyloheksadecylo)-2'-hydroksy-sn-glicero-3'-fosfatydylocholina i sposób jej otrzymywania
	5.	WYN	419200	2016-10-21		C07F9/10 C07C67/04 A61P35/00		A1	1'-(3,7-Dimetylo-3-winylookta-6-enylo)-2'-palmitoilo-sn-glicero-3'-fosfocholina oraz sposób jej otrzymywania
	6.	WYN	419201	2016-10-21		C07F9/10 C07C67/04 A61P35/00		A1	1'-(3,7,11-Trimetylo-3-winylododeka-6,10-dienylo)-2'-palmitoilo-sn-glicero-3'-fosfocholina oraz sposób jej otrzymywania
	7.	WYN	419202	2016-10-21		C07F9/10 C07C67/04 A61P35/00		A1	1'-{2-[(2''E)-2''-Butylideno-1'',3'',3''trimetylo]cykloheksylo}acetylo-2'-palmitoilo-sn-glicero-3'-fosfocholina oraz sposób jej otrzymywania
						A61K8/34 A61K8/89			

图1-12 检索结果列表页面

	Values	Previous	Return to re...
		Next	
(54) Title	Technologia i urządzenie do cięcia liniowego, zwłaszcza tworzyw sztucznych spienionych		
Title in english	Technology and the device for linear cutting, preferably the foamed plastics		
(21) Application number	418955		
(22) Application date	2016-09-30		
Initial application			
Supplementary Protection Certificate			
WUP number			
WUP publication date			
BUP number	05/2017		
BUP publication date	2017-02-27		
(11) Exclusive right number			
(86) PCT application number			
PCT application date			
(87) PCT publication number			
PCT publication date			
Priority			
(57) Abstract and/or list of goods	Technologia cięcia liniowego, zwłaszcza tworzyw sztucznych spienionych i materiałów o twardości do 65 ShA, polega na sterowaniu urządzeniem do cięcia liniowego mocowanego w robocie przemysłowym, który umożliwia obrót urządzenia w co najmniej 3 osiach, na ramieniu za pomocą uchwytu (6), na którym zamocowana jest osłona (5), w której osadzone są: koło napędowe (3) oraz koło nawrotne (4) z napinaczem (2), na których to kołach naciągnięta jest struna tnąca (1), w celu wytworzenia w jednym cyklu produkcyjnym detalu o żądanym kształcie, przy czym grubość detalu nie jest większa od 400 mm, a głębokość cięcia nie większa niż 300 mm, przy minimalnym promieniu w narożach wewnętrznych poniżej 1 mm i o stałej, wysokiej jakości powierzchni na całej długości linii cięcia, natomiast szerokość wycinanego gniazda jest ograniczona jedynie średnicą struny, niezależnie od grubości materiału i głębokości gniazd. Przedmiotem zgłoszenia jest także urządzenie do cięcia liniowego.		

IPC classification	Number of IPC classification
	B26D1/48
	B26D7/26
	B25J9/02
	B25J5/04

(72)/(73) Applicant/Holder	Name and surname/Company name		City	Country
	POLTING FOAM SPÓŁKA Z OGRANICZONĄ ODPOWIEDZIALNOŚCIĄ		Gliwice	PL

(72) Inventors	Name and surname/Company name	City	Country
	WIECZOREK KORNEL	Bytom	PL
	SZCZEREK KAROL	Sosnowiec	PL

Advocats	Name and surname/Company name	City	Country
	Januszkiewicz Włodzimierz	WARSZAWA	PL

Decisions	
Open in RegisterPlus	RegisterPlus
Description in new tab	
Pictures	
• Picture 1	

图 1 – 13　权利检索结果

（2）Library of the Polish Patent Office。

波兰专利局图书馆，邮箱为 zbiory@ uprp. pl，检索人可以直接发送邮件与其联系，也可以通过波兰专利局网站获得其联系方式，具体步骤为：

第一步：进入波兰专利局网站，到达图 1 - 4 所示界面；

第二步：点击主页面中间部分 "Library of the Polish Patent Office" 选项；

第三步：页面将直接跳转至 Microsoft Overlook，如图 1 - 14 所示，收件人已经被确认为波兰专利图书馆，检索人可以输入想要检索的内容并发送。

图 1 - 14　波兰专利局图书馆

（3）Espacenet。

欧洲专利数据库，该网站提供不同语言的翻译版本，包括中文和英文。

① 检索地址。

英文：https：//worldwide. espacenet. com/

中文：https：//worldwide. espacenet. com/？ locale = cn_EP

也可以通过波兰专利局官方网站进入，具体步骤为：

第一步：进入波兰专利局网站，到达图 1 - 4 所示页面；

第二步：点击主页面中间部分 "Espacenet" 选项，进入欧洲专利数据库首页，如图 1 - 15 所示。进入后的默认语言为波兰语，检索人可以通过右上角 "Zmiana kraju"（切换国家）切换到中文或英文，图 1 - 16

为切换到中文后的页面。

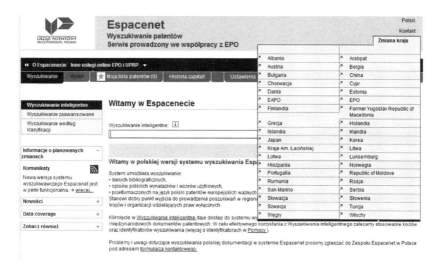

图 1－15 Espacenet 网站专利检索页面（波兰文版）

图 1－16 Espacenet 网站专利检索页面（中文版）

在该数据库中，检索人仅可以检索发明和实用新型的信息，但检索的范围不限于波兰境内，也包括其他 90 多个国家和地区的专利文献。页面左侧命令栏中包括"智能检索""高级检索"和"分类检索"，图1-15和图1-16即为智能检索页面，检索人最多可以在检索框中输入20个检索词，并以空格或适当运算符分隔。

② 高级检索。

选择图1-15页面左侧"Wyszukiwanie zaawansowane"选项，或中文页面中的"高级检索"选项，开始高级检索。检索页面如图1-17所示。

图1-17　Espacenet网站高级检索页面（中文版）

在高级检索方式中，网站为检索人提供了10个检索入口，包括：标题中的英文关键词、标题或摘要中的英文关键词、公开号、申请号、优先权号、公开日、申请人、发明人、CPC 分类号和 IPC 分类号。检索人可以根据自己的需要，选择对应的检索入口，输入已知条件，查询结果。

③ 分类检索。

Espacenet 网站所提供的分类检索，实际上是通过在分类检索页面的选择，将 CPC 分类号直接填充到高级检索的检索内容中。如图 1 – 18 所示，选择分类检索后，页面中会出现各 CPC 申请号，选择其中一个，将被自动填写在页面左下方的搜索框中，点击"拷贝到搜索表单"，将跳转到如图 1 – 19 所示的高级检索页面，CPC 分类号已经被填充在条件中，检索人直接检索即可。

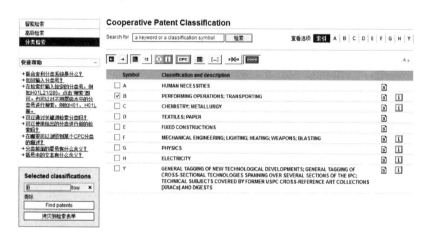

图 1 –18　Espacenet 网站分类检索页面（中文版）

1.3.1.2　申请文件撰写

通过波兰国内法律程序申请专利、保护权或注册权，申请文件的语种一般为波兰语。但是，波兰专利局不要求为获得优先权的先申请使用波兰语，在波兰申请欧洲专利的，英语、法语、德语的申请文件也可以接受，但应当附波兰语的摘要。①

---

① 管育英主编：《"一带一路"沿线国家知识产权法律制度研究——中亚、中东欧、中东篇》，法律出版社 2017 年版，第 153 页。

图 1-19 Espacenet 网站分类检索跳转至高级检索页面（中文版）

1) 发明专利权

发明专利权的申请文件，包括以下内容。[①]

（1）请求书。

请求书应当至少包含申请人信息、专利申请主题以及要求授予专利或者增补专利的愿望。提交发明专利申请时，申请人不是发明人的，申请人有义务在请求书中写明发明人的姓名，并声明其享有获得专利权或保护权的理由。

----

① 《波兰工业产权法》第31条、第32条、第33条、第35条、第237条。

（2）说明书。

说明书是描述发明实质内容的文件。说明书应当对发明作出清楚完整的说明，达到该领域的技术人员能够依照说明书实现该发明的标准。说明书的内容包括：能够表明发明主题的发明名称、发明所属的技术领域、申请人所知的背景技术、详细的发明内容。有附图的，可以对照附图说明发明；也可以举例说明实现或者实施发明的一种或多种方式。

（3）权利要求书。

权利要求书可以包含一项或者多项权利要求，这些权利要求应当全部以说明书为依据，记载技术方案的技术特征。每一项权利要求应当清楚简要，以一句话或者等同于一句话的方式，限定发明请求保护的范围。除了含有从整体上反映一项发明的独立权利要求外，还可以包括数个从属权利要求，用以详细说明具体情况，或者限定独立权利要求或其他从属权利要求特征部分记载的某个特征。有从属权利要求的，申请文件中应清楚反映独立权利要求与从属权利要求的关系。

（4）摘要。

摘要应当清楚准确地写明发明的主题、技术特征。发明主题无法清楚反映其目的时，也应当写明发明的目的。摘要的内容应当简练，长度不得超过 A4 纸页面的 1/3。摘要并非申请发明专利的必要文件。

（5）附图。

对于发明而言，为理解所必要时可以附图。附图应当是清晰的示意图，与说明书和权利要求书一起反映发明的主题。除必要单词外，附图不得包括描述性文字，一张纸上的不同附图应当明显分开。申请文件中提及附图但缺少附图的，申请人可以在专利局指定的期限内补交，最后补交附图的日期视为实际申请日，未补交的视为无附图。

（6）优先权申请人的书面声明。

要求利用在先申请的优先权的申请人应当提交书面声明，并附证明文件，证明在先申请已经在指定国家提出或者发明已经在特定展览中展出，如果证明文件是来源于国际协定或欧盟法律的规定，应当提交波兰语或其他语言的翻译文件。该声明可以随申请文件提交，也可以自申请日起三个月内提交。期满未提交的，视为未提出声明。

（7）专利代理人的授权委托书。

申请人委托专利代理人向专利局提交申请和处理申请文件的，应当提交授权委托书，授权委托书以书面形式撰写，并存入第一次履行代理行为的文档中。中国企业在波兰开展专利工作时，必然会委托当地的专利代理人，应当注意随申请文件提交授权委托书。

2）实用新型保护权

实用新型保护权的申请文件，包括以下内容。[①]

（1）请求书。

请求书应当至少包含申请人信息、申请保护的实用新型的主题以及请求授予保护权的愿望。提交实用新型保护权申请时，申请人不是实用新型发明人的，申请人有义务在请求书中写明发明人的姓名，并声明其享有获得专利权或保护权的理由。

（2）说明书。

说明书是描述实用新型实质内容的文件。说明书应当对实用新型作出清楚完整的说明，达到该领域的技术人员能够依照说明书实现该实用新型的标准。说明书的内容包括：能够表明实用新型主题的名称、实用新型所属的技术领域、申请人所知的背景技术、详细的实用新型内容。实用新型申请应当包括附图，并对照附图说明实用新型；也可以举例说明实现或者实施实用新型的一种或多种方式。

（3）权利要求书。

权利要求书可以包含一项或者多项权利要求，这些权利要求应当全部以说明书为依据，记载技术方案的技术特征。每一项权利要求应当清楚简要，以一句话或者等同于一句话的方式，限定实用新型请求保护的范围。除了含有从整体上反映一项发明的独立权利要求外，还可以包括数个从属权利要求，用以详细说明具体情况，或者限定独立权利要求或其他从属权利要求特征部分记载的某个特征。有从属权利要求的，申请文件中应清楚反映独立权利要求与从属权利要求的关系。

---

① 《波兰工业产权法》第31条、第32条、第33条、第35条、第97条、第100条、第237条。

（4）摘要。

摘要应当清楚准确地写明实用新型的主题、技术特征。实用新型主题无法清楚反映其目的时，也应当写明实用新型的目的。摘要的内容应当简练，长度不得超过 A4 纸页面的 1/3。摘要并非申请实用新型保护权的必要文件。

（5）附图。

实用新型保护权的申请文件应当包含附图。附图应当是清晰的示意图，与说明书和权利要求书一起反映发明的主题。除必要单词外，附图不得包括描述性文字，一张纸上的不同附图应当明显分开。申请文件中提及附图但缺少附图的，申请人可以在专利局指定的期限内补交，最后补交附图的日期视为实际申请日，未补交的，程序中止。

（6）优先权申请人的书面声明。

要求利用在先申请的优先权的申请人应当提交书面声明，并附证明文件，证明在先申请已经在指定国家提出或者实用新型已经在特定展览中展出，如果证明文件是来源于国际协定或欧盟法律的规定，应当提交波兰语或其他语言的翻译文件。该声明可以随申请文件提交，也可以自申请日起三个月内提交。期满未提交的，视为未提出声明。

（7）专利代理人的授权委托书。

申请人委托专利代理人向专利局提交申请和处理申请文件的，应当提交授权委托书，授权委托书以书面形式撰写，并存入第一次履行代理行为的文档中。中国企业在波兰开展专利工作时，必然会委托当地的专利代理人，应当注意随申请文件提交授权委托书。

3）工业品外观设计注册权

工业品外观设计注册权申请文件，包括以下内容。①

（1）请求书。

请求书包括申请人信息、申请保护的工业品外观设计的主题以及请求授予注册权的愿望。申请人不是设计人的，申请人有义务在请求书中写明设计人的姓名，并声明其享有获得工业品外观设计注册权的理由。

---

① 《波兰工业产权法》第 32 条、第 35 条、第 108 条、第 118 条。

（2）图样及其说明。

工业品外观设计的图样尤其应当包括附图、照片或者纺织物样品，并且体现新颖性、独特性的特点，能够展示整个商品。根据波兰2015年7月24日对《波兰工业产权法》的修改，对图样的说明已经不是工业品外观设计注册权申请的必要条件，申请人认为需要的，可以附加对外观设计图样的说明。

（3）优先权申请人的书面声明。

要求利用在先申请的优先权的申请人应当提交书面声明，并附证明文件，证明在先申请已经在指定国家提出或者工业品外观设计已经在特定展览中展出，如果证明文件是来源于国际协定或欧盟法律的规定，应当提交波兰语或其他语言的翻译文件。该声明可以随申请文件提交，也可以自申请日起三个月内提交。期满未提交的，视为未提出声明。

（4）专利代理人的授权委托书。

申请人委托专利代理人向专利局提交申请和处理申请文件的，应当提交授权委托书，授权委托书以书面形式撰写，并存入第一次履行代理行为的文档中。中国企业在波兰开展专利工作时，必然会委托当地的专利代理人，应当注意随申请文件提交授权委托书。

1.3.2　申请流程与申请费用

1.3.2.1　申请流程

我国《专利法》第20条规定，任何单位或者个人将在中国完成的发明或者实用新型向外国申请专利的，应当事先报经国务院专利行政部门进行保密审查。因此，如果企业的发明或实用新型是在中国完成的，在申请波兰专利前，务必要通过我国的保密审查。

1）提交申请文件

在波兰，发明专利和实用新型保护权申请必须提交的文件包括：①

（1）请求书；

---

① 《波兰工业产权法》第31条第3款、第100条。

（2）说明书（或至少部分材料看起来像说明书）；

（3）权利要求书。

工业品外观设计注册权申请必须提交的文件包括：①

（1）请求书；

（2）图样（或至少部分材料看起来像图样）。

根据《波兰工业产权法》第36条，为了支持申请中的声明或者请求所必需，申请人还应当提交《波兰工业产权法》规定以外的，与所申请的发明、实用新型或工业品外观设计有关的文件或者声明。申请文件可以只提交一份，但是为了审查程序和文件的统一性目的，说明书、权利要求书、附图和摘要应当提交多份，并以适当的形式提交。

波兰专利局的官方网站提供有申请人应当提交的各种表格，申请人可以下载后填写提交，也可以选择在线申请，具体步骤为：

第一步：进入波兰专利局网站，并到达图1-4的位置；

第二步：点击页面中下方"form application for a patent for invention"选项，进入如图1-20所示页面；

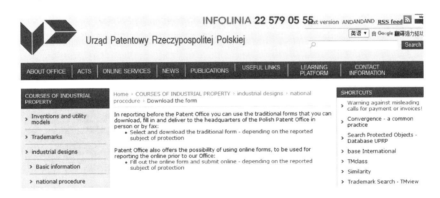

图1-20 申请表格页面

第三步：下载表格，则点击图1-20页面中第一个选项"Select and download the traditional form – depending on the reported subject of protection"，进入后点击相应权利客体类型下的链接下载表格即可，可以选择

---

① 《波兰工业产权法》第1款、第2款、第3款、第6款。

DOC 或 PDF 版本，如图 1 – 21 所示。在线申请，则点击图 1 – 20 页面中
第二个选项"Fill out the online form and submit online – depending on the
reported subject of protection"，进入波兰专利局在线服务网站（网址
http：//portal. uprp. pl/formularze_epuap. html），如图 1 – 22 所示，主页
面上的文字从上到下依此译为：申请发明专利、申请商标保护权、申请
实用新型保护权、申请工业品外观设计登记权、提交发明/实用新型/工
业品外观设计优先权证明、提交商标申请的证据、关于工业产权事宜的
函件、给办公室写信。申请人可以点击进入相应入口，登录后提交相关
申请。

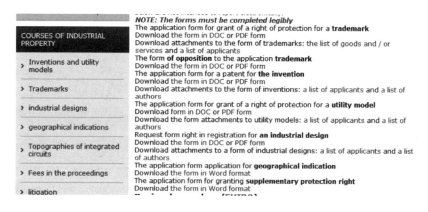

图 1 –21　申请表格下载页面

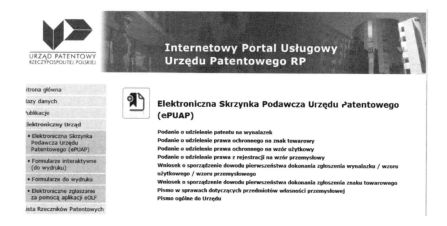

图 1 –22　波兰专利局在线服务网站

2）专利局的受理

根据《波兰工业产权法》第 41 条，专利局收到申请后，应当给出申请号，确定收到日并通知申请人。

3）申请日的确定

除法律规定的享有优先权的情形外，获得专利、保护权或者注册权的优先性，是根据提交专利、实用新型或工业品外观设计的申请日来确定的。

（1）以书面、传真或者电子形式提交申请文件的，专利局收到日为申请日。

（2）通过传真提交申请文件的，应当自生效的发送之日起 30 日内提交正本，逾期未提交的，或者传真发送的申请文件难以辨认的，或者与随后提交的正本不一致的，以提交正本的日期为申请日。

（3）通过电子形式提交申请文件的，应符合《波兰公共机构工作信息化法》中规定的数据信息载体传送申请的形式。若该申请受软件缺陷影响，专利局没有义务开通该通信①，并作进一步处理，如果因此没有接收到申请文件，则申请视为未提交。申请文件难以辨认的部分，应当视为未提交，专利局收到日是否为申请日，应当根据难以辨认部分是否为申请文件的必备内容来判断。

如果通过传真或电子形式提交的申请文件，具有上述难以辨认、未接收成功的情况，专利局应当使用相同的发送方式立即通知申请人，前提是能够确认申请人电子邮箱，或者身份和地址，不会威胁国家的远程信息系统安全，且技术条件允许。

（4）专利局发现专利申请文件中缺少必要材料时，即发明和实用新型缺少请求书、说明书或权利要求书，工业品外观设计缺少请求书或图样的，应当指定期限补交，没有在期限内补交的，程序中止；收到最后补交的材料的日期视为实际申请日。②

当申请日与专利局收到申请文件的日期不一致时，包括传真发送申

---

① 原文为 "otwierania takiej korespondeneji"，在世界知识产权组织公布的《波兰知识产权法》英文版中被译文 "open such a communication"，本书将其译为 "开通该通信"。

② 《波兰工业产权法》第 13 条。

请文件后提交正本、内容难以辨认后的重新提交、补交必要文件等情况，专利局应当以通知的形式认可申请日。[①]

4）发明和实用新型的共存与转化

在发明专利审查期间或者专利局作出驳回专利申请的最终决定之日起2个月内，申请人可以要求获得实用新型保护，若该申请符合实用新型保护权的申请要求，实用新型的申请可以视为在专利申请的申请日提交，前提是该申请具备实用新型申请应当具有的申请文件，且仅限于一个技术方案（不排除与该技术方案具有同样必要技术特征的不同产品和含有功能上相关联部件的产品）。[②]

1.3.2.2　申请费用

自专利局将关于申请号和收到日的通知发送给申请人之日起1个月内，申请人应当缴纳申请费，逾期未缴纳申请费的，专利局应当要求其在14天之内缴纳，超出规定期限的，中止申请程序或视为放弃申请行为。[③] 在收到申请费之前，专利局不会开始对专利申请的审查。波兰现行的申请费标准是2016年由内阁确定的，[④] 具体标准如表1-5所示。

表1-5　波兰现行专利申请费标准

序号	项目	金额（兹罗提）
1	发明或实用新型申请（一次申请两个以上发明时，费用增加50%）	550
	说明书、权利要求书和附图每项超过20页的，每页收费	25
	自优先权日起，每个优先权事项	100
2	电子形式的发明或实用新型申请（一次申请两个以上发明时，费用增加50%）	500
	说明书、权利要求书和附图每项超过20页的，每页收费	25
	自优先权日起，每个优先权事项	100

---

① 《波兰工业产权法》第41条第2款。
② 《波兰工业产权法》第38条。
③ 《波兰工业产权法》第223条。
④ 2016年9月8日，内阁会议：《关于修改与发明、实用新型、工业品外观设计、商标、地理标志和集成电路布图设计保护有关收费的规定》。

序号	项目	金额（兹罗提）
3	工业品外观设计申请	300
	自优先权日起，每个优先权事项	100
4	请求提前公布发明或实用新型的申请事项	60
5	由于特殊情况，错过截止日期，请求恢复期限	80
6	申请发明的保护权	100
7	申请发明的补充保护权	550
8	对已发布的命令申请复审	50
	对已作出的决定申请复审	100
9	有关发明专利优先权的证明文件（不超过 20 页）	60
	有关发明专利优先权的证明文件（超过 20 页）	125
10	有关实用新型优先权的证明文件（不超过 20 页）	60
	有关实用新型优先权的证明文件（超过 20 页）	125
11	有关工业品外观设计优先权的文件（不超过 10 页）	30
	有关工业品外观设计优先权的文件（超过 10 页）	60
12	每增加一个文件送达地址	300
13	提出异议	1000
14	申请诉讼程序	1000

申请人无力支付专利申请或者实用新型申请的全部费用的，可以申请减免部分费用，但要提交家庭状况和家庭成员财产声明等证据证明，减免费用不得低于应缴纳费用的 20%；申请人或请求人也可以申请延长缴纳申请费，延长期限不得超过 6 个月。上述减免费用的规定，对诉讼请求费用、复审请求费用、发明或实用新型的维持费，以及增补专利发明保护的单项费用都适用，但不适用于自申请日起超过十年的费用。专利局认为理由正当的，应当发布命令，同意申请人或请求人的申请；拒绝减免或者部分减免费用的，应当重新指定缴费期限。[①]

1.3.3 专利服务组织的选择

在申请专利的过程中，申请人可以委托代表人，代表申请人向专利

---

① 《波兰工业产权法》第 226 条。

局提交申请和处理申请文件，并确保专利申请的程序顺利展开。根据《波兰工业产权法》第236条，向专利局提交申请文件和处理申请程序，以及维持发明、实用新型或工业品外观设计保护的程序中，专利代理人、律师、法律顾问①或者《波兰共和国专利代理人法》意义上提供跨境服务的人可以作为当事人的代表人。对于在波兰有住所或总部②的人而言，代表人可以由申请人的父母、兄弟、姐妹、后代、与申请人具有领养关系的人或者共同权利人担任；对于在波兰没有住所或总部的人而言，代表人只能由专利代理人、律师或法律顾问担任，在欧盟内有住所或总部的人以及欧洲自由贸易协会成员国的国民除外。因此，中国企业在波兰申请专利的过程中，选择合适的专利服务组织和专利代理人是申请成功的重要基础。

波兰专利局在其官方网站上公布了所有专利代理人的信息，申请人可以自行查找并与其联系，具体操作方法为：

第一步：进入波兰专利局网站，点击上方命令栏中的"ONLINE SERVICES"，如图1-23所示；

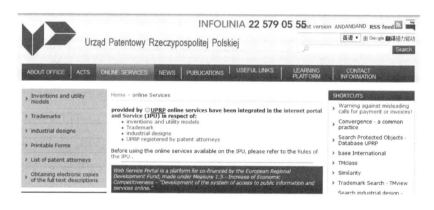

图1-23　ONLINE SERVICES 页面

---

① 原文为"radca prawny"，在世界知识产权组织公布的《波兰工业产权法》英文版本中被译为"legal counsel"，本书将其译为"法律顾问"。

② 原文为"miejsca zamieszkania lub siedziby na obszarze"，在世界知识产权组织公布的《波兰工业产权法》英文版本中被译为"domicile or seat"，但 Google 翻译中显示，"siedziby"意为"总部"，故本书将其译为"住所或总部"。

第二步：点击第四项"UPRP registered by patent attorneys"选项，进入如图 1 – 24 所示页面；

图 1 – 24 UPRP registered by patent attorneys 页面

第三步：点击"a list of patent attoneys"选项，得到专利代理人名录，如图 1 – 25 所示；

图 1 – 25 专利代理人名录

第四步：点击每条名录前方"wybierz"（译为"选择"）选项，在名录下方会出现该专利代理人的登记信息，包括：姓名、执业编号、电话号码、工作单位、地址、邮箱等信息，如图 1 – 26 所示。

wybierz	3491	Ziółkowska-Nasińska	Marta Izabela		
wybierz	3490	Kuriata	Bartosz Wojciech	Wrocław	TAK
wybierz	3489	Kudaj	Adam Józef		
wybierz	3488	Świerczyński	Dariusz Grzegorz		
wybierz	3487	Otręba	Piotr Krzysztof		
wybierz	3486	Dobkowski	Krzysztof	Białystok	
wybierz	3485	Kuc-Makulska	Aleksandra		
wybierz	3484	Włodarski	Jakub Krzysztof	Kraków	

123456789101112131415...131

WYBRANY RZECZNIK PATENTOWY NUMER:	3493
DANE DOTYCZĄCE RZECZNIKA PATENTOWEGO:	
IMIĘ LUB IMIONA:	Anna Dorota
NAZWISKO:	Stańczyk
DATA WPISU NA LISTĘ RZECZNIKÓW PATENTOWYCH:	2017-08-02
NUMER WIADOMOŚCI URZĘDU PATENTOWEGO, W KTÓRYM OGŁOSZONO O WPISIE:	2017/09
NUMER WPISU NA LISTĘ RZECZNIKÓW PATENTOWYCH:	3493
MIEJSCE WYKONYWANIA ZAWODU:	Przemysłowy Instytut Automatyki i Pomiarów PIAP
	Przemysłowy Instytut Automatyki i Pomiarów PIAP Al. Jerozolimskie 202 02-486 Warszawa
FORMA WYKONYWANIA ZAWODU:	na rzecz pracodawcy
ADRES DO KORESPONDENCJI:	
	ul. Mielczarskiego 3 lok. 4 91-067 Łódź
ADRES POCZTY ELEKTRONICZNEJ:	a.stanczyk@interia.eu
NUMER TEFEFONU:	606-272-625
INFORMACJE O ZAWIESZENIU PRAWA DO WYKONYWANIA ZAWODU RZECZNIKA PATENTOWEGO:	
DATA SKREŚLENIA Z LISTY RZECZNIKÓW PATENTOWYCH:	
NUMER WIADOMOŚCI URZĘDU PATENTOWEGO, W KTÓRYM OGŁOSZONO O SKREŚLENIU:	

© 2017

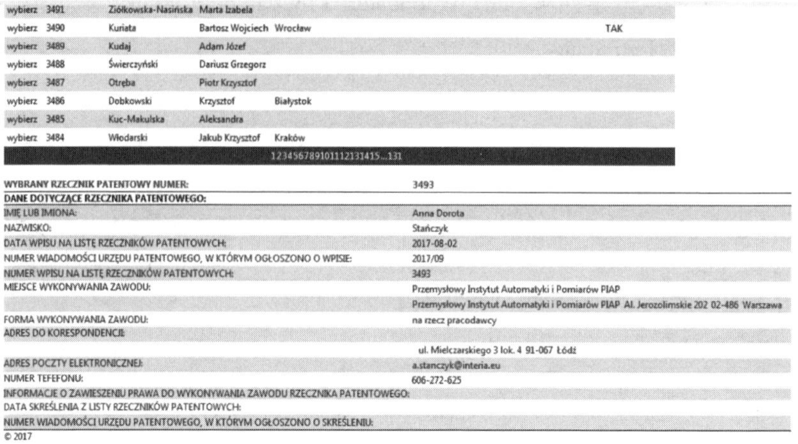

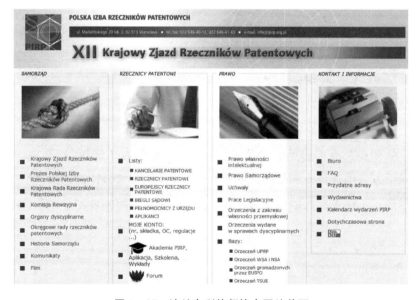

图 1－26　专利代理人信息

此外，通过波兰专利局网站，可以进入波兰专利律师协会网站（http：//www. rzecznikpatentowy. org. pl/），该网站也提供了专利代理人的相关信息，具体步骤为：

第一步：进入波兰专利局网站，到达图 1－4 所示界面；

第二步：点击页面下方“patent attorney”选项，进入波兰专利律师协会网站，如图 1－27 所示；

图 1－27　波兰专利律师协会网站首页

第三步：点击第二列第一项下“KANCELARIE PATENTOWE”（译为“专利办事处”），进入如图 1 – 28 所示界面，申请人可以选择适合自己的地区；

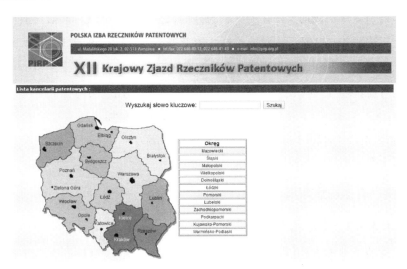

图 1 – 28　专利办事处页面

第四步：以 Warszawa（华沙）为例，点击进入，得到专利代理人名录。所公布的信息包括专利代理人的姓名、执业编号、工作单位、地址、电话、传真、电子邮箱、个人主页等信息，如图 1 – 29 所示。

LISTA KANCELARII PATENTOWYCH

(okręg Mazowiecki)

Lp.: 1
Piotr Adamczyk (nr ewid.:2672)
REGON: 011280749
Kancelaria Patentowa Piotr Adamczyk
ul. Wilcza 70 m 8, 00-670 Warszawa
tel.: 0226254767 fax: 0226254700
tel.kom.:
e-mail: adampio@adampio.com.pl www: http://www.adampio.com.pl
Ubezpieczenie OC:
od 2017-01-01 do 2017-12-31, Umowa Generalna nr 23/3002776/08 zawarta w dniu 30 grudnia 2015 r. w Warszawie z TUiR WARTA S.A. z TUiR WARTA S.A (daw. HDI ASEKURACJA TU S.A.)

Lp.: 2
Ryszard Adamowicz (nr ewid.:3101)
REGON: 011891370
Polservice Kancelaria Rzeczników Patentowych Sp. z o.o.
ul. Bluszczańska 73, 00-712 Warszawa, adres pocztowy: Skr. poczt. 335, 00-950 Warszawa
tel.: 0224474706 fax: 0224474666
tel.kom.:
e-mail: polserv1@polservice.com.pl www:
Ubezpieczenie OC:
od 2017-01-01 do 2017-12-31, Umowa Generalna nr 23/3002776/08 zawarta w dniu 30 grudnia 2015 r. w Warszawie z TUiR WARTA S.A. z TUiR WARTA S.A (daw. HDI ASEKURACJA TU S.A.)

Lp.: 3
Ewa Balińska (nr ewid.:2408)
REGON: 011891370
Polservice Kancelaria Rzeczników Patentowych Sp. z o.o.
ul. Bluszczańska 73, 00-712 Warszawa, adres pocztowy: Skr. poczt. 335, 00-950 Warszawa
tel.: 0224474671 fax: 0224474666
tel.kom.:
e-mail: ewa.balinska@polservice.com.pl www:
Ubezpieczenie OC:
od 2017-01-01 do 2017-12-31, Umowa Generalna nr 23/3002776/08 zawarta w dniu 30 grudnia 2015 r. w Warszawie z TUiR WARTA S.A. z TUiR WARTA S.A (daw. HDI ASEKURACJA TU S.A.)

Lp.: 4
Grażyna Bartczak (nr ewid.:1683)
REGON: 146213429

图 1 – 29　专利代理人名录

在寻找专利服务组织的时候，中国企业可以通过不同渠道了解波兰甚至欧洲范围内口碑较好的事务所，考虑委托其办理专利相关事务，或者也可以通过上述两种方式查询专利代理人的信息，与其取得联系，如果有必要，再与该专利代理人所在的专利服务组织签订委托协议。根据《波兰工业产权法》第239条，申请人委托一家业务范围包括代理专业翻译服务的机构代理其在专利局处理程序中各项事务的，该机构负责人指定机构中执业的专业代理人为代表，并发布声明的，应当认为该声明构成了委托书。

2001年8月22日开始施行的《波兰共和国专利代理人法》对专利代理作出了更加详尽的规定，企业在波兰开展专利业务时应当参考。

1.3.4　其他注意事项

1.3.4.1　合理化方案

在波兰，没有达到法律保护要求的发明、实用新型和工业品外观设计可以被作为合理化方案保护。

根据《波兰工业产权法》第7条，合理化方案的本质也是一种技术方案，这种技术方案易于利用，但不能获得专利、保护权或注册权的技术方案或设计方案。经济实体可以在其制定的关于合理化活动的规章的调控下，接受和利用合理化方案，规章中至少应当包括认定合理化方案的方法（何种技术方案由谁完成）、合理化方案的处理方式以及给予创新者的报酬细则等内容。《波兰工业产权法》第8条第2款规定，经济实体以实施为目的接受合理化方案的，其创新者有资格在申报日后获得报酬，并有权作为创新者被记载在与合理化方案有关的文件中。

1.3.4.2　优先权申请

（1）通过在国外申请获得。

根据《波兰工业产权法》第14条，在符合相关国际公约的情况下，发明、实用新型或者工业品外观设计在外国首次并适当提交的，可以获得波兰共和国授予的专利、保护权或者注册权的优先权。其中，发明和实用新型应在首次并适当提交后12个月内、工业品外观设计申请应在首次并适当提交后6个月内，向波兰专利局提交申请。

（2）通过展览获得。

《波兰工业产权法》第 15 条之一规定了申请人可以通过展览获得优先权。

在符合相关国际公约的情况下，发明、实用新型或者工业品外观设计在波兰或者其他官方组织认可的展览会中展览，并在随后 6 个月内向波兰共和国专利局提交申请的，可以以该展览日为基础，获得专利、保护权或者注册权的优先权。

实用新型和工业品外观设计除在上述展览会中展览，如果在专利局局长通过波兰专利局官方公报《Monitor Polski》指定的波兰共和国境内的展览会中展览，并在随后 6 个月内向波兰共和国专利局提交申请的，也可以以该展览日为基础，获得专利、保护权或者注册权的优先权。这类展会的声誉要有保证，有被认可的名声、长久的举办历史和专业的主办者。

在展览会中展览过，并根据《巴黎公约》的规定自展览日至申请日享有临时保护的发明、实用新型或工业品外观设计，此后被首次并适当提交到波兰专利局的，波兰专利局应当确定其获得优先权，且申请日期以该发明、实用新型或工业品外观设计在相关展览会中展出的日期为准。

1.4　专利审查与授权

1.4.1　专利审查流程

在波兰，由专利局对发明、实用新型和工业品外观设计进行审查，判断是否符合授予专利权或者实用新型保护权的法定条件后，作出是否授权的决定，核实工业品外观设计是否适当后，作出是否登记的决定。

1.4.1.1　对发明与实用新型的审查

根据波兰专利局网站公布的 2016 年年报，发明和实用新型的审查流程图如图 1－30 所示。

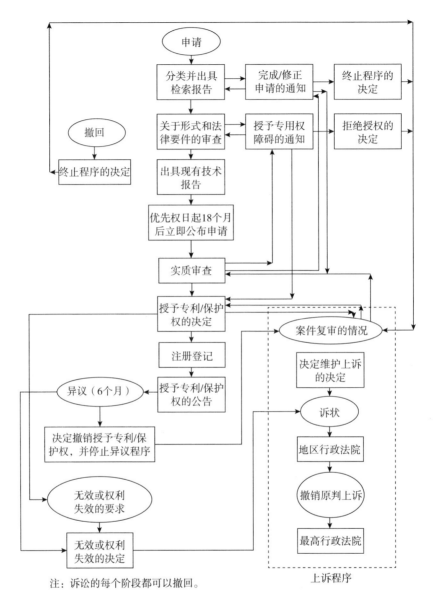

注：诉讼的每个阶段都可以撤回。

图 1-30 发明与实用新型的审查流程

1）审查的内容

（1）申请文件是否完整、准确。

如果申请发明专利或实用新型保护权的必要资料不完整或有明显缺陷，专利局应当要求申请人在指定的期限内补交申请文件、补充遗漏内容、修改明显缺陷，期满未补正的，审查中止。①

（2）申请内容是否满足单一性。

所谓单一性，即一个申请中所包含的内容具有一个处于统领地位的技术特征或设计形式。一件专利申请应当仅限于一项发明，或者属于一个总构思的一组发明。一组发明如果作为一件专利提出申请，则应当包含一个或多个相同或者相应的特定技术特征。"特定技术特征"，是指发明作为整体，对现有技术做出贡献的技术特征。一件实用新型申请应仅限于一个技术方案，但可以包括与所述技术方案具有同样的必要技术特征的不同产品，以及含有功能上相互关联部件的产品。②

申请不符合单一性要求的，申请人应当提出分案申请，即对不符合规定的部分单独提出申请。申请人可以主动提出分案申请，也可以在专利局审查后，根据专利局的要求提出。提出分案申请后符合法律规定的，这些申请视为在原始申请日提交。如果分案申请中的部分内容没有在原申请中记载，或者新的申请仍然不符合单一性要求，则不能将这些申请视为在原始申请日提交。③

如果未在指定期限内提交分案申请，应当将权利要求书中的第一个发明或实用新型视为原申请的内容，与第一个发明或实用新型具有单一性的其他发明或实用新型，也可以被保留在申请内容之内，其余内容视为撤回。④

如果申请人在原申请的指定期间已经提交了关于优先权的声明、证明文件及其译文，在分案申请中仍要求享有优先权的，申请人应当在分案申请的请求书中确认该声明，并与分案申请一并再次提交上述关于优先权的声明、证明文件及其译文的副本。⑤

2）申请文件的解释或修改

申请人应当应专利局要求，提交有关的文件和解释，对申请文件进

---

① 《波兰工业产权法》第 42 条第 1 款。
② 《波兰工业产权法》第 34 条，第 97 条第 3 款、第 4 款。
③ 《波兰工业产权法》第 39 条。
④ 《波兰工业产权法》第 42 条第 2 款。
⑤ 《波兰工业产权法》第 39 条之一第 2 款。

行修改或增加，或提供虽然不是必备、但为适当描述发明或者其他合理目的而提交的附图，如果未在指定期限内答复，会面临审查中止的风险。①

申请人在审查决定作出前，可以主动提出对申请文件的修改和增加，但不得超出原说明书、权利要求书和附图公开的主题范围。在修改申请的同时，申请人应修改说明书摘要。②

专利局可以对申请文件进行修改，但仅限于明显的错误或者语句的错误，如果是修改摘要，则不必受此限制。③

3）专利局作出检索报告和初步评估

（1）检索报告。

申请事项被公布前，专利局应当作出检索报告，列出评价申请所涉及的发明或实用新型时可能考虑的文件。专利局作出检索报告后，应当立即送交申请人。④

（2）初步评估报告。

专利局可以对该发明或实用新型的新颖性、创造性、单一性等内容进行初步评估，评估结果应立即通知申请人，在申请公布前，专利局不得将该评估报告提供给第三方。

4）申请的公布

专利局应当自优先权日满18个月后立即公布专利申请事项，申请人可以自优先权日起12个月内要求提前公布。专利局在申请事项公布一个月前收到对权利要求书修改的，应当将修改一并公布，并注明提出修改的日期。⑤

公布申请事项前，未经申请人同意，申请文档不得公开或泄露给未经授权的人。申请人在请求书中同意的，专利局可以将包括申请号、申请日、专利或实用新型的名称和申请人姓名等申请信息告知第三方。在

---

① 《波兰工业产权法》第46条。
② 《波兰工业产权法》第37条。
③ 《波兰工业产权法》第46条第3款、第4款。
④ 《波兰工业产权法》第47条第1款。
⑤ 《波兰工业产权法》第43条第1款、第44条第2款。

审查过程中，专利局为了审查需要，可以未经申请人同意，就申请向第三方征询意见，该第三方不得泄露与该申请有关的信息。①

自申请事项公布之日起，公众可以查阅相关申请内容，至授予专利的决定作出前，公众可以向专利局提交该申请不符合授权条件的意见。②

对涉及保密发明或实用新型的申请，以及公布前作出终止审查或者驳回决定的申请，不得公布。这些不公布的理由不再存在时，专利局在审查程序启动或者恢复后应立即公布申请事项。③

对保密申请而言，在保密的全程中，专利局不得处理该申请。在停止保密后（由主管内务的国防部长或者国家安全局局长作出决定），应主管机关要求，专利局应当启动或者继续专利授权程序，但如果此时距发明专利申请日已经超过20年，距实用新型保护权申请日已超过10年，则保密申请应被视为未提出。④

1.4.1.2　对工业品外观设计的审查

1）审查的内容

（1）申请文件是否完整、准确。

如果申请工业品外观设计注册权的必要资料不完整或有明显缺陷，专利局应当要求申请人在指定的期限内补交申请文件、补充遗漏内容、修改明显缺陷，期满未补正的，审查中止。⑤

即使申请已经满足法律所要求的必要条件，在合理的情况下，专利局仍可以要求申请人在指定期限内提交有关的文件和解释，对申请文件进行修改或增加，或提供虽然不是必备、但为适当描述发明或者其他合理目的而提交的附图，指定期满未答复的，审查中止。⑥

在审查阶段，申请人可以修改原始权利要求书，但不得改变说明、图片和照片中记载的设计本身及其各种形式，除非这种修改是为了获得

---

① 《波兰工业产权法》第45条。
② 《波兰工业产权法》第44条第1款。
③ 《波兰工业产权法》第43条第2款。
④ 《波兰工业产权法》第58条、第60条、第100条第1款。
⑤ 《波兰工业产权法》第42条、第118条第1款。
⑥ 《波兰工业产权法》第46条第1款、第118条第1款。

工业品外观设计注册权而修改要求保护的产品外观形式，但没有改变产品的特征。①

专利局可以对申请文件进行修改，但仅限于明显的错误或者语句的错误。②

（2）申请内容是否满足单一性。

一件工业品的外观设计申请所包含的设计形式不得超过 10 个（所有设计形式均应提交附图和照片），但可以作为整体组成一系列产品的设计形式除外，具有共同基本特征的多个工业品外观设计形式，可以作为一个工业品外观设计提出申请。③

申请不符合单一性要求的，申请人应当提出分案申请，即对不符合规定的部分单独提出申请。申请人可以主动提出分案申请，也可以在专利局审查后，根据专利局的要求提出。提出分案申请后符合法律规定的，这些申请视为在原始申请日提交。如果分案申请中的部分内容没有在原申请中记载，或者新的申请仍然不符合单一性要求，或者没有在专利局规定的时间内提出分案申请，则不能将这些申请视为在原始申请日提交，原申请应当视为只包括前十项设计形式，其余内容视为撤回。④

如果申请人在原申请的指定期间已经提交了关于优先权的声明、证明文件及其译文，在分案申请中仍要求享有优先权的，申请人应当在分案申请的请求书中确认该声明，并与分案申请一并再次提交上述关于优先权的声明、证明文件及其译文的副本。⑤

2）申请文件的解释或修改

根据《波兰工业产权法》第 118 条第 1 款关于工业品外观设计准用发明相关规定的条款，工业品外观设计申请文件的解释或修改与上文发明和实用新型申请文件的解释或修改内容相同。

---

① 《波兰工业产权法》第 108 条第 2 款。
② 《波兰工业产权法》第 46 条第 3 款、第 118 条第 1 款。
③ 《波兰工业产权法》第 108 条第 4 款、第 5 款。
④ 《波兰工业产权法》第 39 条、第 118 条第 1 款。
⑤ 《波兰工业产权法》第 39 条之一第 2 款、第 108 条之一、第 118 条第 1 款。

1.4.2 专利授权与保护期限

1.4.2.1 专利授权

1）授权

（1）授权决定的作出。

符合授予发明专利权法定条件的申请，专利局应当作出授予专利权的决定。授予专利权的决定应当在专利登记簿中登记，并颁发专利证书。专利证书由说明书、权利要求书以及附图组成的专利全文构成。[①]

符合授予实用新型保护权法定条件的申请，专利局应当作出授予保护权的决定。授予实用新型保护权的决定应当在实用新型登记簿中登记，并颁发实用新型保护证书。实用新型保护证书的内容包括实用新型说明、权利要求和附图的实用新型全文。[②]

工业品外观设计申请适当的，专利局应当作出授予注册权的决定。授予工业品外观设计注册权的决定应当在工业品外观设计登记簿中记录，并颁发工业品外观设计注册证书。工业品外观设计注册证书的内容包括工业品外观设计说明，图片、照片或者纺织物样品等工业品外观设计全文。[③]

（2）全文的出版。

专利全文、实用新型全文和工业品外观设计全文由专利局出版。专利局只能对全文中的明显错误或者印刷错误进行修改。在作出修改决定的同时，专利局应当决定该全文是否需要重新出版，以及重新出版的内容，并决定专利权人是否需要缴纳重新出版的费用及数额。修改的内容

---

　　① 《波兰工业产权法》第52条第1款、第53条、第54条，其中，第52条第1款所规定的授权条件为"jeżeli zostały spełnione ustawowe warunki"，直译为中文为"满足法定条件"，在世界知识产权组织公布的《波兰工业产权法》英文版本中被译为"satisfied"，本书将其译为"符合授权的法定条件"。

　　② 《波兰工业产权法》第52条第1款第98条、第99条第100条第1款。

　　③ 《波兰工业产权法》第111条第1款、第112条、第114条，其中，第111条第1款所规定的授权条件为"sporządzone prawidłowo"，直译为中文为"正确完成"，在世界知识产权组织公布的《波兰工业产权法》英文版本中被译为"establish"，本书将其译为"适当"。

应当在官方公报《波兰专利局公报》中公布。①

（3）第三人异议。

授予发明专利权、实用新型保护权或工业品外观设计权的决定在《波兰专利局公报》中公布之日起 6 个月内，任何人可以对专利局的授权决定提出理由充分的异议，具体理由可以与专利无效的理由相同。专利局在收到该异议后应当立即送达权利人，并要求其在指定期限内陈述意见。权利人声明该异议不合理的，应当将案件提交诉讼程序②审查；否则，专利局应当撤销授予的权利，并中止程序。③

（4）缴费。

在授予专利、保护权或者注册权的决定中，专利局会同时指定缴纳单项保护费或者第一保护期费用的期限，一般为送达之日起 3 个月，逾期不缴纳的，专利局将宣布授予的权利已经期满。④

同样，在收到授权决定之日起 3 个月内，申请人必须支付专利局在《波兰专利公报》中公告授予相关权利的单项费用（公告费），在公告费缴纳前，专利局不予颁发专利证书、补充保护证书、保护证书或者注册证书。⑤

至于后续期限的维持费用，一般而言，专利权人可以在前一期限期满前一年之内预先缴纳，在前一维护期届满之日起 6 个月内必须缴纳完毕，超过前一维护期缴纳的，将被收取应缴金额 30% 的滞纳金。申请人在缴纳费用时，可以同时缴纳已经开始运行的后续保护期的维持费用，增补专利须另行缴纳该发明的单项费用。⑥

申请人或权利人因正当理由未在规定期间内缴纳申请费、维持费或

---

① 《波兰工业产权法》第 54 条第 2 款、第 55 条、第 99 条第 2 款、第 100 条第 1 款、第 114 条第 2 款、第 118 条第 1 款。

② 此处为专利局内部的诉讼程序，在下文"1.7.2.1 专利局内部的诉讼程序"将被提到。

③ 《波兰工业产权法》第 246 条、247 条。

④ 《波兰工业产权法》第 52 条第 2 款、第 111 条第 2 款、第 224 条第 1 款。其中，对未缴费时授权决定的规定为"wygaśnięcie"，译为"到期"。另外，在波兰，权利维持费需按一定期间缴纳，《波兰工业产权法》将其规定为"okres ochrony"，译为保护期，各权利保护期的划分将在下文表格中体现。

⑤ 《波兰工业产权法》第 227 条、第 227 条之一。

⑥ 《波兰工业产权法》第 224 条。

其他各项费用的，可以在期满之日起 2 个月内请求恢复期间，但提出的请求不得晚于期满之日起 6 个月，并且需要提供不是因为其过错导致逾期的合理解释，缴纳逾期费。如果专利局已经因为未按期缴费作出了程序中止、权利到期等决定，可根据申请人或权利人的复审请求撤销该决定，这种情况下，申请人或权利人仍然需要提供不是因为其过错导致逾期的合理解释并缴纳逾期费。

根据波兰 2016 年 9 月 8 日内阁会议颁布的《关于修改与发明、实用新型、工业品外观设计、商标、地理标志和集成电路布图设计保护有关收费的规定》，发明专利权、实用新型保护权和工业品外观设计注册权各保护期的维持费用如表 1 - 6 所示。

表 1 - 6 权利维持费用表

权利类型	保护期	金额（兹罗提）
发明专利权	第 1、2、3 年（第一保护期）	480
	第 4 年	250
	第 5 年	300
	第 6 年	350
	第 7 年	400
	第 8 年	450
	第 9 年	550
	第 10 年	650
	第 11 年	750
	第 12 年	800
	第 13 年	900
	第 14 年	950
	第 15 年	1050
	第 16 年	1150
	第 17 年	1250
	第 18 年	1350
	第 19 年	1450
	第 20 年	1550

权利类型	保护期	金额（兹罗提）
实用新型 保护权	第 1、2、3 年（第一保护期）	250
	第 4、5 年（第二保护期）	300
	第 6、7、8 年（第三保护期）	900
	第 9、10 年（第四保护期）	1100
工业品外观 设计注册权	第 1、2、3、4、5 年（第一保护期）	150
	第 6、7、8、9、10 年（第二保护期）	250
	第 11、12、13、14、15 年（第三保护期）	500
	第 16、17、18、19、20 年（第四保护期）	1000
	第 21、22、23、24、25 年（第五保护期）	2000

2）驳回申请

（1）发明与实用新型申请的驳回。

不符合授予发明专利权或实用新型保护权条件的申请，或者所涉及的技术没有被充分公开时，专利局应当作出驳回申请的决定。在作出驳回决定之前，应当指定一段时间，允许申请人提交证据和文件，证明其申请符合授权的法定条件。这些证据和文件应当与申请文件所用的语种一致，并且可以不限于专利局制作的检索报告中所列出的文件。①

如果发明专利权或实用新型保护权申请中的部分内容不符合授权条件，且申请人拒绝缩小要求保护的范围，专利局应当作出驳回申请的决定。在作出驳回决定之前，专利局应当通知申请人对说明书进行修改，未按要求修改的，中止审查。②

驳回决定可以在专利或实用新型申请公布前作出。③

不能授予发明专利权和实用新型保护权的情形如下。④

---

① 《波兰工业产权法》第 49 条。

② 《波兰工业产权法》第 50 条，其中"申请人拒绝缩小要求保护的范围"原文为"a zgłaszający nie ograniczy zakresu przedmiotowego żądanej ochrony"，在世界知识产权组织公布的《波兰工业产权法》英文版本中被译为"the applicant refrains from reducing the scope of the protection sought"。

③ 《波兰工业产权法》第 51 条。

④ 《波兰工业产权法》第 29 条、第 93 条之三。

① 其实施违反公共秩序或者公共道德（不能仅以实施违反法律为由认定实施违反公共秩序）。

根据《波兰工业产权法》第93条之三第2款，以下生物技术发明的实施视为违反公共秩序或者公共道德：

a. 克隆人的方法；

b. 改变人的生殖系统遗传同一性的方法；

c. 为工业或商业目的使用人的胚胎；

d. 改变动物的基因序列，可能导致动物痛苦，而对人类或动物以及由该方法产生的动物没有任何实质性医学利益的方法。

② 动植物品种，或者生产动植物的生物学的方法，如杂交或选种等全部由自然现象组成的生产动植物的方法，但不包括微生物方法或者其所获得的产品，根据《波兰工业产权法》第93条之一，微生物方法是指涉及微生物材料、作用于微生物材料或者由微生物材料所产生的任何方法。

③ 对人体或者动物体的诊断、手术或治疗方法，但这一规定不适用于产品，尤其是诊断和治疗方法所使用的物质或组合物①。

④ 无论处于何种状态的人体或者针对人体某一元素的发现，包括全部或者部分基因序列的发现，均不可授予发明专利。

（2）工业品外观设计申请的驳回。

如果专利局认为工业品外观设计申请不适当的，应当作出不授予注册权的决定。在作出驳回决定之前，应当指定一段时间，允许申请人提交证据和文件，证明其申请适当。如果申请中的部分内容不符合授权条件，且申请人拒绝缩小要求保护的范围，专利局应当作出驳回申请的决定；在作出驳回决定之前，专利局应当通知申请人对说明书进行修改，未按要求修改的，中止审查。②

可以驳回工业品外观设计申请的情况包括：③

---

① 原文为"substancji lub mieszanin"，在世界知识产权组织公布的《波兰工业产权法》英文版本中被译为"substances or compositions"，译为"物质或组合物"。

② 《波兰工业产权法》第50条、第110条。

③ 《波兰工业产权法》第106条、第110条。

① 申请主题不构成产品或者产品一部分的外观；

② 实施该工业品外观设计会违反公共秩序或道德（不能仅以实施违反法律为由认定实施违反公共秩序）；

③ 含有波兰共和国名称、缩写、符号、徽章，外国或国际组织的名称、标志，其他官方认可标志，以及宗教或民族的标志等的工业品外观设计；

④ 产品的整体或部分外观明显不具有新颖性或者独特性；

⑤ 多个部分组成的产品，各部分之间不能拆解重组，或者复合产品申请保护的部分在正常使用时不能被看到。

此外，仅由技术功能决定的，以及必须按照精确的形状和尺寸生产才能使其在机械结构上与其他产品正常连接或使用的产品特征，不能作为授予工业品外观设计注册权的基础。①

但在下列情况下，专利局不能否认工业品外观设计的新颖性而拒绝授予专利权：②

① 被具有明示或者默示的保密义务的第三方公开的设计；

② 优先权日以前 12 个月内，由设计人、其权利继受人或经授权的第三方公开的设计，或者滥用与设计人或者其权利继受人的关系而公开的设计。

3）拒绝授予优先权

根据《波兰工业产权法》第 48 条规定，在下列情形下，专利局应当作出拒绝授予全部或者部分优先权的决定：

（1）申请人不享有优先权资格；

（2）申请人要求获得优先权所依据的外国申请并不是首次申请；

（3）申请人要求获得优先权所依据的展览、展出不符合法律规定；

（4）要求优先权的申请的内容或主题与在先申请或公开的内容或主题不同（对工业品外观设计而言不用审查该项）；③

（5）申请人未在期限内提出优先权申请或提交优先权申请文件；

---

① 《波兰工业产权法》第 107 条。
② 《波兰工业产权法》第 103 条第 3 款。
③ 《波兰工业产权法》第 109 条。

（6）申请人要求优先权的声明不符合要求，或者未附有证明文件。

4）复审

《波兰工业产权法》第244条规定，应当允许当事人对专利局的决定请求行政程序法典意义下的复审。申请人或权利人自收到决定之日起2个月内，或收到命令之日起1个月内可以提出复审请求，在提出复审请求期限届满之前，专利局的决定不能执行。申请人或权利人提出复审的，应当提交具体的理由和证据，在符合行政程序法典规定的情形下，申请人可以请求进行听证。复审应当由专利局局长指定的专家完成。①

复审请求不满足形式要求的，专利局应当要求对方在30日内进行补正，期满不合格的，程序中止。②

根据《波兰工业产权法》第145条，经过复审，专利局应当作出以下决定：

（1）维持原决定；

（2）全部或部分撤销原决定，并就案件的实体问题作出认定；

（3）全部或部分撤销原决定，并中止复审；

（4）部分中止复审，余下的部分维持原决定，或者撤销原决定并就案件的实体问题作出认定；

（5）中止复审。

提交复审请求后，专利局撤销原决定的，已经缴纳的请求费将被退还。③

5）行政诉讼

《波兰工业产权法》第248条规定，对专利局作出的决定或者发布的命令不服的，申请人或专利权人可以到行政法院起诉。起诉后，该决定或命令可以根据法律、行政法院的命令或专利局局长的命令暂停

---

① 《波兰工业产权法》第244条。

② 《波兰工业产权法》第244条之一，其中"不满足形式要求"的原文为"nie spełnia wymogów formalnych"，在世界知识产权组织公布的《波兰工业产权法》英文版本中被译为"fails to meet formal requirements"，不满足行政程序法典中提出申诉的规定，或未提交具体理由和证据等情形，可以被认定为"不满足形式要求"。

③ 《波兰工业产权法》第223条第3款。

执行。①

该起诉首先由专利局处理，专利局局长应当指定专家审查提出的起诉是否合理，审查后认为合理的，专利局可以选择接纳全部诉讼请求；认为不合理的，应当将专利局对起诉的答复，连同案件文件传送给行政法院。②

在诉讼过程中，专利局应当向检察机关、法院提供发明、实用新型或工业品外观设计的申请文件，保密发明和保密实用新型的申请除外。③

在专利案件的行政诉讼程序中，波兰行政程序法典的规定应当适用于《波兰工业产权法》未规定的情形，但具有以下两个例外：

（1）对于为获得专利、补充保护权、保护权或者注册权的申请，行政程序法典关于结案期限的规定不适用；

（2）在关于授权无效的争议中，如果可以援引程序恢复或者确认决定无效的理由，行政程序法典关于程序恢复或者确认决定无效的规定不适用。④

专利局作出的任何导致终止程序和严重违反法律的最终决定，可以由专利局局长、波兰共和国总检察长和巡视专员在当事人接到决定之日起6个月内向行政法院提起诉讼。⑤

1.4.2.2 专利权的保护

1）发明专利权的保护

（1）保护范围。

《波兰工业产权法》第63条规定，波兰的发明专利权人有权在波兰共和国境内以营利或者经营目的实施专利的排他权，专利保护的范围由权利要求确定，说明书和附图可以用于解释权利要求。自申请日起算，发明专利的保护期限为20年。

方法专利的保护可以延伸至依照该方法直接获得的产品。对新产品

---

① 《波兰工业产权法》第250条。
② 《波兰工业产权法》第249条。
③ 《波兰工业产权法》第251条。
④ 《波兰工业产权法》第253条。
⑤ 《波兰工业产权法》第254条。

或者权利人无法通过合理努力确认他人实际使用的方法的产品，如果可能是依照专利方案获得的产品，视为是依照该方法获得的；对方提出相反证据时，法庭应当注意保护被告的商业秘密。①

专利权人有权在专利产品上进行适当标注，表明其产品受专利保护。②

（2）侵权行为。

根据《波兰工业产权法》第 66 条，未经专利持有人许可，他人不得以营利或者经营目的实施其专利，包括：

① 制造、使用、提供③专利产品，将专利产品投放市场，或者出于上述目的进口该产品；

② 使用专利方法，或者使用、提供依照该方法直接获得的产品，将依照该方法直接获得的产品投放市场，或者出于上述目的进口依照该方法直接获得的产品。

（3）侵权例外。

《波兰工业产权法》第 69 条规定，下列行为不视为侵犯专利权的行为：

① 在临时进入波兰境内的运输工具或者其部件上实施该发明的，或者在通过波兰境内的物品上实施该发明的；

② 为了消除对国家利益有重大影响的紧急情况，尤其是国家安全或者公共秩序，而在必要的范围内非独占地实施该发明的（由主管的行政长官作出实施发明的决定，并立即通知专利权人，决定应当包括实施发明的范围和期限，专利权人可以就此向行政法院申诉，或者向国家财政要求与市场价格相当的补偿）；

③ 为了研究和实验需要，如评估、分析或者教学而实施该发明的；

④ 对依法需要经过审批才能投放市场的特定产品，尤其是药品，为获得该法律规定的批准或者审批而在必要的范围内实施该发明的（该批准

---

① 《波兰工业产权法》第 64 条。
② 《波兰工业产权法》第 73 条。
③ 《波兰工业产权法》第 66 条，其中"提供"的原文为"oferowaniu"，在世界知识产权组织公布的《波兰工业产权法》英文版中被译为"offering"，本文将其译为"提供"。

或审批决定不影响未经专利持有人许可而将产品投放市场的民事责任）；

⑤ 药房依照医生的处方配置药品的。

《波兰工业产权法》第 68 条规定，专利权人或者被许可人不得滥用权利阻止他人实施自己的发明，具体表现为：阻止第三方在必要的情况下实施已经被授权超过 3 年的发明，该"必要情况"是指，由于数量、质量无法满足国内市场和公共利益需要，或价格过高，必须实施该发明。专利局有权要求专利权持有人或者被许可人提交文件说明其行为是否属于权利滥用。

《波兰工业产权法》第 70 条规定了专利权的用尽，专利权人或者经专利权人许可在波兰共和国境内将体现其发明的产品投放市场后，专利权的效力不得延及有关该产品的行为，尤其是许诺销售或者进一步投放市场的行为。该规定也适用于被投放在欧洲经济区市场的产品，且向波兰进口该产品也不视为侵权。

《波兰工业产权法》第 71 条规定了专利权的在先使用，在优先权日之前已经出于善意在波兰境内制造相同产品的，或者已经做好制造产品的实质准备的，可以在原有范围内继续制造，无需支付费用；经当事人请求，该权利应当被记录在专利登记簿中；该权利可以随企业一并转让。

（4）专利共有人的权利。

根据《波兰工业产权法》第 72 条，专利共有人的权利可以适用民事法律中有关共有权利的规定，本法特别规定的专利共有人可以享有的权利包括：

① 未经其他权利人许可单独实施共有专利；

② 对专利侵权行为主张自己的权利；

③ 共有人之一实施专利所获利润，其他共有人有权依照各自份额，获得扣除成本后 1/4 利润的相应部分，当事人另有约定的除外。

以上规定也适用于申请专利的权利共有的情形。

（5）不具有资格的人提出申请或获得授权。

不具有申请资格的人提出专利申请或者获得专利权的，具有资格的当事人可以请求中止审查程序或者撤销权利，也可以请求将权利授予自己，或者要求将权利转移给他人，转移无须退还申请或者授权过程中原申请人或者权利人所缴纳的费用。在转移专利前已经善意地获得相应权利或者获得许可，且在提起转移权利起诉前已经实施该发明 1 年以上的，或者已经为实施该发明作出实质性准备工作的人，可以在向具有资格的当事人支付相应补偿后，在起诉时实施的范围内继续实施该发明。经当事人请求，这一权利可以被登记在专利登记簿中，并随企业一并转让。①

2）发明补充保护权的保护

《波兰工业产权法》第 75 条之一规定，在波兰境内，可以依照欧盟有关药品和植物保护产品的补充保护权的有关条款，对相关发明授予补充保护权。要求获得补充保护权的申请人，应当向专利局提出申请，申请提出的方式与发明专利权提出的方式相同。② 补充保护权经过审查、公开、修改等程序后，可以授权，具体要求与发明专利的审查程序相同，但专利局无需出具检索报告和初步评估报告。③ 授予补充保护权应当颁发补充保护证书，并登记在专利登记簿中，权利人有权在产品上标注其产品受补充保护权保护。④ 不符合授予补充保护权条件的或未在规定期限内提交申请的（该期限不可恢复），专利局应当驳回申请，驳回补充保护权或者中止授权程序的决定应当在专利登记簿中记录；在驳回决定作出前，应当指定一段时间允许申请人提交证据和文件，证明该申请符合授予专利权的条件。⑤

根据《波兰工业产权法》第 75 条之十的规定，总理府于 2016 年 9 月 9 日颁布《关于药品和植物保护产品补充保护权申请的提交和处理法令》，对补充保护权申请应当满足的详细条件和专利局审查补充保护申请的规则和流程作出了详细规定。

---

① 《波兰工业产权法》第 74 条、第 75 条。
② 《波兰工业产权法》第 75 条之二。
③ 《波兰工业产权法》第 75 条之三。
④ 《波兰工业产权法》第 75 条之四。
⑤ 《波兰工业产权法》第 75 条之五。

3) 实用新型保护权的保护

根据《波兰工业产权法》第 95 条，实用新型保护权，是指实用新型权利人有权在波兰共和国境内以营利或者经营目的享有实施该实用新型的排他权，实用新型保护权的内容，由实用新型全文中记载的权利要求确定。实用新型保护权的期限自申请日起 10 年。实用新型保护权人有权在产品上进行适当标注，表明其产品受保护权保护。

专利的侵权行为、侵权例外、共有人的权利、不具有资格的人提出申请或获得授权的规定，同样适用于实用新型保护权。①

4) 工业品外观设计注册权的保护

（1）保护范围。

《波兰工业产权法》第 105 条规定，工业品外观设计注册权，指权利人在波兰共和国境内有权为营利和经营目的实施该工业品外观设计的排他权。工业品外观设计注册权保护包括没有给用户不同整体印象的任何设计，且仅限于申请保护的产品，但不保护用于修复复合产品使其恢复原有外观的部件。② 工业品外观设计注册权的保护期限为 25 年，从申请日起算，以 5 年为一期进行划分。工业品外观设计注册权人有权在产品上进行适当标注，表明其产品受注册权保护。

（2）侵权行为。

根据《波兰工业产权法》第 105 条第 3 款，权利人有权阻止第三方制造、提供、投放市场、进口、出口、使用，或出于上述目的储存应用了该设计的产品。

（3）侵权例外。

《波兰工业产权法》第 115 条规定，第三方可以出于下列目的适用工业品外观设计，权利人不得阻止：

① 私人或者非商业目的；

② 实验目的；

③ 出于应用或者教学目的复制该设计，这种复制不能违背公平原

---

① 《波兰工业产权法》第 100 条第 1 款。

② 《波兰工业产权法》第 106 条之一第 1 款。

则，且不会不适当地妨碍该设计的正常实施；

④ 在临时通过波兰共和国境内的、在外国登记的船舶或者飞行器中使用或者安装该设计；

⑤ 为维修上述船舶或者飞行器而进口的零件或者部件；

⑥ 对上述船舶或者飞行器进行维修；

⑦ 为修复复合产品以恢复其原有功能而单个仿制其零部件。

（4）工业品外观设计的著作权保护。

在 2000 年颁布的《波兰工业产权法》中，第 116 条规定，使用工业品外观设计的产品于注册权失效后投放市场的，不享有版权法规定的作者对其著作享有的财产权。但在 2015 年 7 月 24 日公布的修正案中，该条被删除，因此，对于工业品外观设计而言，除获得注册权保护外，还可以适用著作权保护，在注册权有效期间，甚至可以获得注册权与著作权的叠加保护。在波兰，工业品外观设计注册权的最长保护期限为 25 年，而著作权的保护期限为 70 年，在注册权期满后使用该设计的主体应当注意，不得侵犯作者的著作权。

关于不得滥用权利阻止他人实施发明、专利权的用尽、专利权的在先使用、共有人的权利、不具有资格的人提出申请或获得授权的规定，同样适用于工业品外观设计注册权。①

1.5　专利权的无效

1.5.1　专利权的无效

根据《波兰工业产权法》第 89 条、第 100 条第 1 款和第 117 条，发明专利权、实用新型保护权或工业品外观设计注册权无效的理由包括：

（1）不符合授予权利的法定条件；

（2）没有清楚和详尽的表述，本领域的技术人员不能实现；

（3）权利授予的内容超过了申请的内容；

---

① 《波兰工业产权法》第 118 条第 1 款。

（4）工业品外观设计的实施侵犯了第三方的人身财产权。

根据《波兰工业产权法》第75条之七，在下列情形下，任何组织或者个人可以宣告补充保护权无效：

（1）不符合本法关于授予补充保护权的条件的规定；

（2）补充保护权所依据的专利中相关部分无效。

专利、保护权和注册权可以全部无效，也可以部分无效，专利全部无效的，补充保护权也无效。

专利局宣告权利无效，必须由相关权利人提出，即只有与发明、实用新型或工业品外观设计有法律上利益的人，才可以提出无效的申请。出于公共利益需要，波兰共和国总检察长或者专利局局长可以要求一项专利权、保护权或注册权无效，或者介入审理中的无效宣告案件。

1.5.2 专利权的终止

在下列情况下，发明专利权、发明补充保护权、实用新型保护权或工业品外观设计注册权终止：①

（1）权利保护期限届满；

（2）经全体权利人同意，权利人向专利局请求放弃权利；

（3）未在规定期限内缴纳维持费；

（4）由于无法获得所需的生物材料，造成发明、实用新型等无法实施，且仅按照说明书记载无法获得和繁殖该生物材料。但是，提交生物保藏的生物材料不能再从该保藏机构获得的除外，此种情况下，申请人可以在国际公约规定的期限内提交新的生物材料保藏。

在下列情形下，专利局应当宣布补充保护权的授权决定失效：②

（1）专利保护期届满前，该专利终止的；

（2）市场准入许可被撤销的；

（3）权利人放弃补充保护权的。

---

① 《波兰工业产权法》第75条之六第4款、第90条、第100条第1款、第118条第1款。
② 《波兰工业产权法》第75条之六第1款、第2款、第3款。

1.5.3　专利权无效或终止的影响

1.5.3.1　增补专利

根据《波兰工业产权法》第91条，增补专利与基本专利一同失效，如果基本专利失效的理由不涉及增补专利，则增补专利成为普通专利，并在原基本专利的有效期内继续有效。

1.5.3.2　追溯力

专利权、补充保护权、保护权或注册权一旦被宣告无效，已经生效并执行的许可合同、转让合同或者以其他理由向权利人支付了费用的行为，具有追溯力，有权要求偿还这些费用并获得损失补偿。赔偿义务人可以扣除对方在权利无效前因使用发明、实用新型或工业品外观设计所获得的利润，该利润已经超过了支付给权利人的费用和补偿总额的，赔偿义务人应当免除责任。[①]

1.5.3.3　登记

专利权、保护权或注册权无效或终止的决定，应当在专利登记簿、实用新型登记簿或工业品外观设计登记簿中登记。[②]

1.6　专利的许可与转让

在波兰，专利、补充保护权、保护权或者注册权可以被许可和转让。《波兰工业产权法》第20条、第21条规定，有资格获得专利、保护权或者注册权的发明、实用新型、工业品外观设计创新者，有权无偿或者按照约定的报酬将该权利转让给经济实体，或者许可该经济实体实施该发明、实用新型或者工业品外观设计。如果该经济实体接受，并在自接受日期起一个月内通知创新者，权利转让自发明、实用新型或者工业品外观设计报告给经济实体的日期生效，当事人另有约定的除外。

[①]《波兰工业产权法》第291条。
[②]《波兰工业产权法》第92条、第100条第1款、第118条第1款。

《波兰工业产权法》第75条之九规定，有关许可合同和专利权转让的条款同样适用于补充保护权。

1.6.1 专利许可

1.6.1.1 许可合同

发明专利权和补充保护权、实用新型保护权和工业品外观设计注册权的持有人有权通过许可合同，许可他人实施其发明、实用新型或外观设计。许可合同的相对人可以是经济实体，经济实体接受权利后，创新者有权获得报酬。

1）许可的形式

《波兰工业产权法》第76条第1款规定，许可合同应当以书面形式订立，否则无效。

2）许可的对象

（1）已经获得专利权、补充保护权、保护权或注册权的发明、实用新型或工业品外观设计。

（2）已经向专利局申请但尚未被授予专利权、补充保护权、保护权或注册权的技术方案或设计方案。

（3）尚未申请但已经被作为公司技术秘密进行保护的技术方案或设计方案。[1]

3）许可的类型

（1）限制性许可：许可合同可以限制发明、实用新型或工业品外观设计在一定范围内实施。

（2）全面许可：如果没有约定限制性许可，则被许可人有权享有与许可人同样的实施发明、实用新型或工业品外观设计的权利。[2]

（3）独占许可：许可合同可以专门约定独占实施发明、实用新型或工业品外观设计。

（4）非独占许可：如果没有约定独占许可，则许可是不具有独占性

---

[1] 《波兰工业产权法》第79条、第100条第1款、第118条第1款。
[2] 《波兰工业产权法》第76条第2款、第100条第1款、第118条第1款。

的，一方获得许可不意味着其他人不能再获得该发明、实用新型或工业品外观设计的许可，也不排除原权利持有人实施该发明、实用新型、工业品外观设计的权利。①

（5）分许可：经权利持有人同意，被许可人可以对他人授予许可，但不允许对分许可再授予许可。②

（6）开放许可：发明专利权、补充保护权或实用新型保护权持有人可以授权允许任何人实施自己的发明或实用新型，并向专利局提交关于开放许可的声明，该声明应由专利局记载在登记簿中，权利人不可撤销或改变。开放许可应当为全面许可、非独占许可，提交开放许可声明后，专利或实用新型维持费应当减半。当事人双方缔结许可合同后，被许可人可以获得许可；未经谈判或者谈判达成协议前，被许可人可以实施该发明或实用新型，但应当在开始实施前 1 个月内书面通知许可人。开放许可的使用费不应当超过被许可人每年实施该发明或实用新型所得利润（扣除开销后）的 10%，除非双方对使用费另有约定，该费用应当在实施该发明或实用新型的自然年之年终 1 个月内，按最高比例支付。③

（7）默示许可：执行研究的工作者从给予其任务的当事人处接受任务，除非在研究合同或者类似合同中另有规定，研究工作者视为获得了实施给予其任务的当事人的发明、实用新型或工业品外观设计的许可。④

4）许可的要求

（1）登记。

经有关当事人要求，许可应当在登记簿上登记。登记簿登记的独占许可的拥有人与专利权、补充保护权、保护权和注册权持有人具有相同的权利，可以针对侵权行为主张权利，许可合同另有约定的除外。⑤

（2）转让技术诀窍。

在订立合同时，许可人应当向被许可人转让其所拥有的实施发明、

---

① 《波兰工业产权法》第 76 条第 4 款、第 100 条第 1 款、第 118 条第 1 款。
② 《波兰工业产权法》第 76 条第 5 款、第 100 条第 1 款、第 118 条第 1 款。
③ 《波兰工业产权法》第 80 条、第 100 条第 1 款。
④ 《波兰工业产权法》第 81 条、第 100 条第 1 款、第 118 条第 1 款。
⑤ 《波兰工业产权法》第 76 条第 6 款、第 100 条第 1 款、第 118 条第 1 款。

实用新型或工业品外观设计所需要的所有技术诀窍，许可合同另有约定的除外。①

（3）对受让人的效力。

转让已授予许可的专利权、补充保护权、保护权或注册权的，许可合同对受让人具有约束力。②

5）许可的终止

许可在专利权、补充保护权、保护权或注册权失效后终止。除许可条款外，双方可以在权利有效期的范围之外约定更长的期限，尤其是有关权利实施的支付条款。③

1.6.1.2 强制许可

在特定的情况下，专利局可以授权他人实施发明、实用新型或工业品外观设计，即强制许可。

1）可以授予强制许可的情况

根据《波兰工业产权法》第82条，在下列情况下，专利局可以授予他人专利权、补充保护权、保护权或注册权的强制许可：

（1）国家紧急状态：为避免或者消除国家紧急状态，特别是在国防、公共秩序、保护人类生命和健康以及保护自然环境方面。

（2）滥用权利：申请人能够证明专利权、保护权或注册权的权利人有滥用权利的行为，专利局认定后，可以作出给予申请人强制许可的决定，并在公报上公告。

（3）交叉许可：能够证明享有在先专利的专利持有人拒绝订立许可合同，导致有赖于此的专利（从属专利）无法实施，从而无法满足国内市场的需要，此时，在先专利的专利权持有人可以要求得到从属专利的许可。获得交叉许可，需要满足特定的条件，一是两项专利涉及同一主题，二是从属专利的实施具有巨大的经济意义和重要的技术进步。

若申请人能够证明自己已经善意而努力地获得专利权持有人的许

---

① 《波兰工业产权法》第77条、第100条第1款、第118条第1款。
② 《波兰工业产权法》第78条、第100条第1款、第118条第1款。
③ 《波兰工业产权法》第76条第3款、第100条第1款、第118条第1款。

可，专利局应当给予强制许可。对于已经公告过的强制许可，在公告之日起 1 年后提出的强制许可仍然需要上述证明。为避免或者消除国家紧急状态，或者已公告可申请强制措施的情况下，则不用提交该证明。

植物育种者无法实施其受保护的植物品种，或者要求专利权持有人给予交叉许可的情况，适用上述交叉许可的规定。

2）强制许可的特征

《波兰工业产权法》第 83 条规定，强制许可不具有排他性，获得强制许可的一方不得禁止权利人向其他人授权，也不得排除原权利持有人实施该发明、实用新型、工业品外观设计的权利。

3）强制许可应规定的内容

专利局在授予强制许可的同时，应当规定强制许可的范围和期限、实施强制许可的详细条款和条件、与许可的市场价值相当的使用费数额以及支付的方式和期限。① 强制许可实施两年后，在适当的情况下，经有关当事人要求可以修改强制许可决定中有关许可的范围和期限、使用费数额方面的内容。②

4）强制许可的其他规定

（1）登记：经有关当事人要求，强制许可和交叉许可应当在登记簿中记录。③

（2）付费：依据强制许可实施相关发明的人员应当向专利权人支付费用。④

（3）转让：强制许可只可以随企业或者与企业许可相关的部分转让。与在先专利相关的强制许可只可以随从属专利一起转让给第三方。⑤

1.6.2　专利转让

《波兰工业产权法》第 12 条第 1 款规定，发明专利权、实用新型保

---

① 《波兰工业产权法》第 84 条第 2 款、第 100 条第 1 款、第 118 条第 1 款。
② 《波兰工业产权法》第 86 条、第 100 条第 1 款、第 118 条第 1 款。
③ 《波兰工业产权法》第 87 条、第 100 条第 1 款、第 118 条第 1 款。
④ 《波兰工业产权法》第 84 条第 1 款、第 100 条第 1 款、第 118 条第 1 款。
⑤ 《波兰工业产权法》第 85 条、第 100 条第 1 款、第 118 条第 1 款。

护权或者工业品外观设计注册权可以转让或继承；第75条之九第1款规定，专利权转让的条款同样适用于补充保护权。

（1）转让的内容：必须是已经获得的权利，在申请中的发明、实用新型和工业品外观设计不得转让。

（2）转让合同的形式：转让合同应当以书面形式订立，否则无效。①

（3）转让合同登记的对抗效力：转让合同是否在专利登记簿上登记，由当事人自己决定，自登记之日起对公众具有约束力，不登记的则不能对抗第三人。

（4）优先权转让：优先权也可以转让，转让优先权的合同应当以书面形式订立，否则无效。②

1.7 专利权的保护

1.7.1 专利的司法保护

1.7.1.1 在民事诉讼程序中给予保护

《波兰工业产权法》第283条规定，除就专利局已经作出的决定或者发布的命令向行政法院提出的诉讼外，在工业产权保护领域涉及民事法律请求的案件，应当依照一般法律原则以民事诉讼程序审判，根据第286条之一，侵权行为实施地或财产所在地的法院有管辖权。

在波兰专利侵权案件的审理中，一审为地区法院，耗时1.5~3.5年，二审为上诉法院，一般仅进行一次审理。诉讼成本一般包括法院费用和律师费用，可以由败诉方承担。

1）案件类型

根据《波兰工业产权法》第284条，下列案件应当依照一般法律原则，以民事诉讼程序审判。

（1）要求确认主体和权利。

① 确定发明创造的权利人；

---

① 《波兰工业产权法》第12条第2款、第67条第1款、第100条第1款、第118条第1款。
② 《波兰工业产权法》第17条。

② 确定获得专利、保护权或注册权的权利；

③ 确定实施发明、实用新型或者工业品外观设计的权利。

（2）要求获得权利、报酬或补偿。

① 实施发明的报酬；

② 为国家利益的目的实施发明、实用新型或者工业品外观设计的报酬；

③ 转化为国家所有的保密发明专利权或者保密实用新型保护权或者注册权的补偿。

（3）要求确认侵权行为。

① 侵犯发明专利权、补充保护权；

② 侵犯实用新型保护权；

③ 侵犯工业品外观设计注册权。

（4）要求权利转移。

无资格的人获得的发明专利、实用新型保护权或者工业品外观设计注册权的转移。

2）临时禁令

根据《波兰工业产权法》第286条之一，在起诉前，权利持有人或者其他有资格的人可以向法庭提出证据保全，法庭应在请求提交后3日内，或特别复杂的案件7日内进行审查。在已缴纳保证金的合理情况下，法庭可以作出同意证据保全的裁定，不服法庭处理的当事人可以提出申诉，法庭应当在收到申诉的7天内处理。

3）诉讼请求

专利权、补充保护权、保护权、注册权的权利人，或者其他有资格的人，可以要求停止侵权行为，交出违法所得的利益，并对因过错侵权而造成的损失进行赔偿。赔偿的金额应当依据一般法律原则确定，支付相当于获得权利持有人同意实施发明、实用新型或工业品外观设计的许可费用的总额或其他合理补偿。如果侵权人并非故意实施侵权行为，法庭可依照其请求，平衡双方当事人的利益，判决其向权利人支付适当的费用。①

判定侵权时，法庭可以根据权利人的请求，决定对属于侵权人所有的非法制造或者非法标识的产品，以及制造或者使用标识的工具进行处理，尤其可以判决将它们从市场上清除、销毁或折算为相应赔偿金额赔偿给权利人。在作出这类判决时，法庭应当考虑侵权的严重程度和第三方的利益。②

在无资格人转移获得的权利的案件中，具有申请资格的人，可以根据一般法律原则，要求没有资格申请或被授予专利权、补充保护权、保护权或注册权的人交出违法所得，并对其损失进行赔偿。③

发明人提出要求为使用其发明获得报酬的诉讼请求，不需要支付诉讼费用，在这类案件中，《波兰民事诉讼法典》关于雇用引起的诉讼请求的规定应当适用。

4）诉讼时效

根据《波兰工业产权法》第289条，侵犯专利权、补充保护权、保护权和注册权的诉讼时效为3年，自权利人获知其权利被侵犯之日起算，可以依照各个单独侵权的日期分别计算。最长诉讼时效是5年，从侵权发生之日超过5年的，不得提起诉讼。但是，诉讼时效在向专利局提交申请至授权期间中止，也就是说，自申请到授权的期间被排除在诉讼时效期间之外，如果申请人在授权前已经知道其权利被侵犯，诉讼时效应当从授权之日起算。

1.7.1.2 在刑事诉讼程序中给予保护

《波兰工业产权法》第十编标题为"刑事规定"，强调了侵犯工业产权应当承担的刑事责任，单位实施下述犯罪行为的，应当由运营或者管理该单位的人承担相应责任，除非责任分配表明有其他负责人。④

1）依被侵权人的请求启动起诉的犯罪行为

（1）侵占其他作者的身份权或者误导他人使其认为自己是发明方案

---

① 《波兰工业产权法》第287条。
② 《波兰工业产权法》第286条。
③ 《波兰工业产权法》第290条。
④ 《波兰工业产权法》第308条。

作者的，或者侵犯发明方案设计人权利的，应当处以罚金、1 年以下限制自由或监禁的处罚。为物质利益实施上述行为的人，应当处以罚金、2 年以下限制自由或监禁的处罚。

（2）没有资格被授予专利、保护权或者注册权的人，为了获得专利、保护权或注册权，对他人的发明、实用新型、工业品外观设计提交申请的，应当处以罚金、两年以下限制自由或监禁的处罚。

（3）公开他人的发明、实用新型、工业品外观设计信息，或者阻止他人被授予专利、保护权或者注册权的，应当处以罚金、2 年以下限制自由或监禁的处罚。非故意实施上述行为的，应当被处以罚金。

2）依轻微犯罪案件起诉的犯罪行为

在不受专利、补充保护权、实用新型保护权、工业品外观设计注册权的产品上做标记，或者使用语句或标记表示该产品受这种保护的，应当被处以罚金或拘留。将上述产品投放市场，或者为此目的而准备、储存或宣扬其产品享有法律保护信息的，应当被处以罚金或拘留。

1.7.2 专利的行政保护

1.7.2.1 专利局内部的诉讼程序

《波兰工业产权法》第 279 条规定，波兰专利局内部设有诉讼案件审判委员会，在专利局内工作，该委员会在其职权范围内对案件进行审判，具体包括:[1]

（1）专利权、补充保护权、保护权或者注册权无效；

（2）依照《欧洲专利公约》授权的欧洲专利无效；

（3）涉及生物材料或者其应用的发明专利中止；

（4）补充保护权中止；

（5）授予实施发明、实用新型、工业品外观设计的强制许可；

（6）授予实施依照《欧洲专利公约》授予专利权的发明的强制许可；

---

[1] 《波兰工业产权法》第 255 条。

（7）改变授予强制许可的决定；

（8）根据第三人异议认定权利人要求保护的专利权、保护权或者注册权无效。

1.7.2.2 海关的保护

波兰重视知识产权边境措施执法，波兰海关内部设有专利等知识产权执法服务；与周边国家合作，每3个月组织一次联合检查；海关官员主动或应权利人申请扣押侵权物。[①]

权利人在请求海关保护专利权、保护权或注册权时，应当向海关提交边境专利保护申请、缴纳费用，并提供用以区分授权产品和侵权产品的信息。当海关发现可能侵权的货物进入时，会将货物扣押并通知权利人，权利人必须在10日之内提起诉讼，否则货物将被放行。根据权利人的申请，该期限可以延长10日。诉讼启动后，货物将被扣留至专利侵权诉讼结束。

1.7.3 其他保护途径

根据《波兰工业产权法》规定，对于专利没有其他非官方的保护途径。

1.8 中国企业在波兰的专利策略与风险防范

1.8.1 申请专利的策略与专利布局

1.8.1.1 申请专利的策略

在企业经营过程中，先进技术是企业发展的重要支撑。为了获得与保持市场竞争优势，企业应组建专业团队，制定专利战略，利用专利信息和专利保护手段，谋求最佳经济效益。在这一总体性规划中，专利申请是企业实现专利战略的基础，也是将企业的先进技术转化为企业竞争

---

① "'一带一路'沿线相关国家和地区知识产权概况"，http：//www.nipso.cn/onews.asp?id＝33459，2017年10月15日访问。

力的纽带。中国企业在波兰申请专利时，应当根据《波兰工业产权法》的规定，结合企业自身情况，确定专利申请时机、申请种类、申请程序、申请方式等。

1）决定是否申请专利

在原则上，如果中国企业拟在波兰使用创新成果生产或输出产品，应当在波兰申请专利。但是，有些专业性极强的技术，明显领先于同行业，在短期内不会被同行业破解赶超的，这类技术应当作为企业的商业秘密予以保护，而不适合申请专利。还有些技术与现有技术太过类似，或者不能依照《波兰工业产权法》获得专利、保护权或注册权，企业可以考虑根据《波兰工业产权法》第 7 条，制定合理化活动规章，将其作为合理化方案保护。

2）把握申请时机

中国企业在波兰申请专利、保护权或注册权之前，应当进行严格的论证和市场调查，选择合适的申请时机。过早申请的，企业可能还未完全掌握该技术，不能使其得到充分保护和应用；过晚申请的，相关技术可能会被他人申请，使企业丧失先机。

但在下列情形下，企业可以考虑延迟申请：

（1）市场前景不明朗，且无他人申请；

（2）技术不成熟或配套技术不完备；

（3）由于技术本身的局限，保护范围狭窄，有待进一步开发后扩大保护范围。[①]

3）选择申请种类

在选择权利类型时，企业应当综合考虑自己的技术特征、保护成本、市场需求、产品或服务的发展前景等因素。

发明专利所需的创造性程度要求较高，相关费用也比较高，但保护期间也长，且不要求创新成果具有具体的形态；实用新型保护权则不要求技术方案的创造性，相关费用低于发明，但要求技术方案具有具体形态。对于同时符合发明和实用新型申请条件的技术创新成果，当企业无

[①] 杜伟、刘保玲、李庆芬："企业的专利申请策略"，载《情报探索》2001 年第 2 期。

法准确预计未来发展方向时，同时申请发明和实用新型，是一种比较稳妥的方式。

如果一项技术创新成果同时符合实用新型和工业品外观设计的申请条件，即既具有固定形状特征，又具有美感时，企业申请实用新型保护权更为适宜，因为实用新型的保护以权利要求书为基础，更加明确，而工业品外观设计的保护范围则是以照片图样为基础，存在拍摄不全面或不清晰的风险。

4）熟悉申请程序

中国企业在波兰申请发明专利、实用新型和工业品外观设计保护权时，应当有自己的专利团队，熟悉波兰专利申请的流程，作为企业技术开发人员与企业外的专利律师沟通的桥梁，确保提交的专利申请材料是对技术创新成果的准确描述。具体而言，可以通过以下流程开展工作：

第一，熟悉发明、实用新型和工业品外观设计法律保护的基本信息，包括相关的法律文件、办事流程、授权条件、诉讼策略等；

第二，通过检索现有技术，检查自己的发明或实用新型是否有侵权之虞；

第三，以适当的方式提交专利申请，注意提交形式和期限等限制（语言表述和附图清晰）；

第四，下载或在线填写申请表格；

第五，向专利局缴纳申请费用；

第六，有任何疑问时，及时联系专利律师。

5）选择合适的专利服务组织

"1.3.3 专利服务组织的选择"部分介绍了几种选择专利服务组织的方式，在具体选择时，企业可以考虑以下因素：

（1）专利服务组织的优势业务领域是否与企业即将申请的专利相匹配；

（2）专利服务组织的专业能力和团队协作能力是否可以信赖；

（3）通过专利服务组织以往代理过的专利申请案例，预判委托该组织申请专利的成功率；

（4）专利服务组织的报价是否在申请人的预算之内；

（5）重点考虑双方语言沟通是否顺畅，最好委托具有中文或英文翻译能力的代理机构。

1.8.1.2 专利布局

1）总体策略

中国企业在波兰进行专利布局时，不仅要考虑企业自身的研发能力，而且要考虑技术的市场前景和竞争对手的专利布局。对于具有强大的发展潜力，可能代表行业发展方向，并符合波兰经济社会发展需求、历史文化传统和民众生活习惯的技术，企业应当考虑将其作为核心专利保护。而针对竞争对手的专利布局，选择进攻或防守的方法，则更是新技术时代企业获得市场优势地位的保障。

中国企业要注意提前在波兰进行专利布局，预留出专利申请、审查的时间，这要求企业对相关行业的发展趋势和当地市场需求有全面而准确的了解。

根据现实情况，灵活运用各种专利布局方法，从核心专利出发，梳理出关联技术及其对应的外围专利，从而建立针对核心技术的牢固保护网，实现全方位保护。[①]

2）具体策略

（1）增加专利，尤其是发明专利的数量，提高专利质量，在波兰市场积累相关领域的知识产权，在核心专利周围设置严密的保护网，并围绕产业上下游进行专利布局，以提高专利价值，保持市场竞争力。在申请专利时，要尽量增加权利要求的数量、具体化权利要求的内容，避免因为表达不完全或不清晰而无法获得全面保护的情况发生。

（2）适当地进行专利并购和重组。相比于自主研发新技术，专利的并购和重组可以缩短科研时间与经济投入，帮助企业快速获得大量优质专利。但是，在继受专利的过程中，应当进行有效的资产评估和市场预测，注意规避交易风险，有计划地进行专利进攻或防御的部署。

---

① 裘江南、张野："中国高科技企业国际化中的专利布局研究"，载《科研管理》2016年第11期。

1.8.2　专利风险与应对措施

1.8.2.1　熟悉市场，收集信息

波兰对于中国企业而言，毕竟属于国外市场，企业要面临的情况比国内更为复杂，因此，收集波兰市场的信息很重要。企业应当组建专业化的调研团队，深入波兰境内实地考察，并对波兰市场的现有技术进行全面而深入的检索，考量企业即将研发的技术是否有存在空间。此外，信息在各个部门的传递应当准确、及时，总部与驻波兰的分支机构应当加强沟通，确保信息输送渠道的畅通。

据调查，波兰吸引外资的重点领域包括：能源、基础设施、食品加工、服务业、电子产品、汽车制造、生物技术、航空制造及研发；此外，波兰还积极欢迎中国企业参与其私有化项目。① 中国企业在这些领域进行技术研发，将更容易拓展波兰市场。例如，2014 年 11 月，苏州春兴精工股份有限公司在波兰投资设立全资子公司春兴精工（波兰）有限公司，主营业务包括通信设备、汽车配件等各类精密部件的研发、制造、销售等，有效解决了欧洲市场的售后维护、小批量订单的生产及研制等业务事项。② 2017 年 9 月，苏州春兴精工股份有限公司决定对春兴精工（波兰）有限公司增资。③ 有效的信息收集使该公司准确选择了业务范围。

1.8.2.2　法律制度复杂，及时了解适用

在波兰，专利的保护面临国际公约、欧盟法律和国内法律交叉的局

---

① 商务部国际贸易经济合作研究院、商务部投资促进事务局、中国驻波兰大使馆经济商务参赞处：《对外投资合作国别（地区）指南——波兰（2015 年版）》，http：//www.fdi. gov. cn/CorpSvc/Temp/T3/Product. aspx？idInfo = 10000545&idCorp = 1800000121&iproject = 25&record = 482，2017 年 10 月 13 日访问。

② "苏州春兴精工股份有限公司关于公司在波兰投资设立全资子公司的公告"（公告编号：2014 - 055），http：//www.cninfo.com.cn/cninfo - new/disclosure/fulltext/bulletin＿detail/true/1200385726？announceTime = 2014 - 11 - 12，2017 年 10 月 16 日访问。

③ "苏州春兴精工股份有限公司关于对下属子公司春兴精工（波兰）有限公司增资的公告"（公告编号 2017 - 116），http：//www.cninfo.com.cn/cninfo - new/disclosure/fulltext/bulletin ＿detail/true/1203998433？announceTime = 2017 - 09 - 26，2017 年 10 月 16 日访问。

面，且近年来，《波兰工业产权法》和相关的实施细则修改频繁，对中国企业而言，波兰专利保护的法律制度越发复杂。因此，企业应当熟悉在波兰适用的相关法律制度，选择适合自己的专利申请和维权途径。

对于语言问题，企业可以通过聘请中国和波兰的专利代理人或律师来解决，由其代理企业完成专利申请和维持中的各项事宜，最好能够联系到可以用中文或英文交流的专利代理人和律师。中国企业在了解波兰法律制度的过程中，可以考虑聘请当地华侨，帮助翻译和了解相关的法律规定。

1.8.2.3 贸易活动频繁，注意专利保护

波兰是联系东西欧的交通要地，货物贸易频繁，进口货物侵犯专利权的可能性大。因此，海关对专利权的保护十分重要。中国企业为了保护自己的专利权，应当向海关申请边境专利保护，当有涉嫌侵权的货物通过海关时，海关便会扣押货物并通知权利人，Melindoda 公司就曾接到过波兰海关扣押商标侵权货物的通知。

申请了边境专利保护的企业应当随时准备好专利侵权应诉的基本材料，因为如果自海关通知之日起 10 日（最多可延长至 20 日）内，专利权人未提起诉讼的，扣押的货物将被放行。收到海关通知后，中国企业应当向海关了解更多被扣押货物的信息，并准备启动诉讼程序，如果有必要，可以与对方谈判，解决问题。

1.8.2.4 加强内部管理，提升专利运营

在专利运营过程中，中国企业应当加强内部管理，发挥自身技术和优势。

首先，为研发不断引进创新型人才，提供充足的资金支持，保持技术开发的持续性。其次，在企业内部设立专门的专利管理机构，负责把握技术研发进展，协助研发人员和专利代理机构沟通，定期进行专利清查，对专利维持费的缴纳进行统一管理等。再次，建立专利预警机制，时刻监控专利的运转情况，一旦遭遇风险，及早采取对策。最后，在专利运营中，可以考虑将专利策略与商标策略相结合，为专利产品提供充分的广告宣传，提升市场知名度。

匈牙利专利工作指引

前　言

匈牙利（匈牙利语：Magyarország，英语：Hungaria）是一个位于欧洲中部多瑙河冲积平原上的内陆国家，依山傍水，西部是阿尔卑斯山脉，东北部是喀尔巴阡山，与奥地利、斯洛伐克、乌克兰、罗马尼亚、塞尔维亚、克罗地亚和斯洛文尼亚等国接壤。首都布达佩斯。截至2014年1月，全国人口为987.9万人。匈牙利国民主要信奉天主教，占其人口总数的66.2%，信奉基督新教的国民占其人口总数的17.9%。官方语言为匈牙利语，是欧洲最广泛使用的非印欧语系语言。

公元9世纪马扎尔人来到匈牙利，并在公元1000年建立匈牙利王国，1526年解体，1541年匈牙利王国一分为三，1699年起全境由奥地利哈布斯堡王朝统治，1867年与奥地利帝国联合为奥匈帝国，第一次世界大战后独立，1919年3月建立匈牙利苏维埃共和国，1949年8月宣布成立匈牙利人民共和国。1949年10月6日，匈牙利与中国建交，是最早承认中华人民共和国的国家之一。1989年改名为匈牙利共和国，后加入欧盟和北约。2012年颁布新宪法，将国名"匈牙利共和国"改为"匈牙利"。

匈牙利实行多党议会民主制。总统由议会选举产生，每5年选举一次。总统基本是礼仪性职位，但有权指定总理。总理由国会最大党的党魁出任，负责任命内阁部长并有权解雇部长。部长候选人必须经过一个或者多个议会委员会的听证，并由总统正式任命。

匈牙利是一个发达的资本主义国家，人均生活水平较高。到 2012 年，按国际汇率计算，匈牙利的人均国内生产总值为 1. 27 万美元，达到中等发达国家水平。按照购买力平价计算，匈牙利的人均国内生产总值已经达到 2 万美元。

2.1　匈牙利专利法律制度的发展历程

2.1.1　概况

匈牙利的专利法律制度历史悠久，距今已有 120 多年的历史。1895 年 6 月，在奥古斯特·卢米埃和路易斯·卢米埃兄弟发明电影投影技术之后的几个月，匈牙利议会通过了第一部独立的匈牙利专利法。这部专利法的诞生，也是匈牙利工业发展历程的真实写照。匈牙利现今的专利法律制度源于 17 世纪哈布斯堡帝国①的末期。当时，帝国法院试图振兴被西欧专利特许制度远远甩在身后的帝国工业。各种新兴和实用技术解决方案的发明者通过豁免和排他性权利得到了回报。皇帝颁布特许令的目的在于保护帝国境内各国的发明，所以相关制度也在匈牙利得到了实施，但此后该制度长期停滞。直到 1852 年，皇帝才将施行于奥地利的专利制度扩展到匈牙利。1867 年之后，授予专利成为奥地利和匈牙利贸易部部长的共同权限。然而，由于两国经济发展的差异，到 19 世纪 90 年代时，该制度已经远远不能适应社会发展的需求。而且，由于君主专制制度的放松，匈牙利自 1894 年起可以根据本国的特点和商业政策独立制定自己的专利法。于是一年以后，第一部匈牙利专利法便被提交匈

---

①　哈布斯堡家族在 13 世纪末时来到维也纳及奥地利疆土。到 16 世纪初，他们通过与波西米亚和匈牙利—克罗地亚等王国联姻的手段，奠定了奥地利帝国这个多民族帝国的基础。由于帝国处于欧洲的中心，在欧洲的巨变中发挥了决定性作用。从 1620 年到 1720 年，奥地利成为一个强大的帝国。1699 年，匈牙利全境由哈布斯堡家族统治。参见［美］时代—生活图书公司编著：《帝国的末日·奥匈帝国》，张晓博等译，山东画报出版社 2002 年版，第 12 页；百度百科"匈牙利"词条，https：//baike. baidu. com/item/匈牙利/191888？ fr = aladdin，最后访问日期：2017 年 10 月 22 日。

牙利议会并获得通过。①

这部出色的法律历经战争和社会经济的巨大变化，在多次修订之后一直施行了 75 年之久。1895 年，匈牙利第一次修订专利法；1908 年，匈牙利加入了《巴黎公约》；1920 年，匈牙利全面修订其专利法。从那以后，专利局（Patent Office）就作为专利法院（Patent Court）开始运作。1929 年，法律规定的专利保护期限由 15 年延长至 20 年。

第二次世界大战后，匈牙利施行了社会主义制度，在知识产权保护方面采取了苏联模式，曾引入了发明证书（Author's Certificates）制度，使专利法的立法目的从对发明者的经济和道德确认，转变为建立国家所有和促进经济发展，但预期的效果并未实现。因此，尽管经济互助委员会强烈反对，匈牙利还是以职务发明（Service Invention）取代发明证书，使匈牙利成为唯一一个在社会主义阵营中采取西方工业产权制度的东欧国家。

新的经济机制也对工业产权领域产生了影响，市场条件的广泛应用使得专利制度也有了更多的施展空间。1969 年，匈牙利制定新专利法，将专利定义为刺激技术发展的经济政策的有效工具，并认为可以通过许可协议的一些规则来发挥专利权的积极效果。正是由于这些原因，匈牙利的专利法律制度保持了自己的特色，并迅速回归到市场经济框架下。

1995 年，在匈牙利第一部专利法施行一百年之际，匈牙利在专利机构设置和法律框架方面都实现了更新：工业产权的主管机关以其原有的名称"匈牙利专利局"（Hungarian Patent Office）继续运转，一部为履行加入欧盟义务而制定的、完全适应市场经济的匈牙利新专利法获得通过，由此实现了专利保护标准方面的国际化。自 2000 年起，经过 3 年的筹备工作，匈牙利于 2003 年加入了《欧洲专利公约》，这使得匈牙利更

---

① 1867 年，奥地利帝国的皇帝弗兰茨·约瑟夫同意将奥地利帝国更改为"二元"君主国的奥匈帝国，成为一个两个主权国家的联合体。他们各自拥有独立内阁和首相，只有战争大臣、财政大臣和外交大臣是两国共有的。弗兰茨·约瑟夫对匈牙利不再以皇帝相称而是以国王相称。对匈牙利自主权的唯一限制在于约瑟夫对其首相一职拥有任免权，同时还有权召开、延缓或解散国会。但从匈牙利的角度上看，匈牙利仅是在名义上取得了"国家"的地位，其仍然在军事、外交、政治上从属于哈布斯堡王朝。1918 年 10 月底，奥匈帝国也随之解体，奥地利对匈牙利的统治被推翻。参见［美］时代—生活图书公司编著：《帝国的末日·奥匈帝国》，张晓博等译，山东画报出版社 2002 年版，第 34 页；金良平："前进中的匈牙利"，载《世界知识》1983 年第 23 期，第 16 页。

好地融入了欧洲的工业产权体系。①

匈牙利自 1908 年起就是《巴黎公约》的成员国，并且加入了包括《专利合作条约》（PCT）、《欧洲专利公约》（EPC）和 TRIPS 在内的大多数为保护工业产权而建立的国际公约。

目前，匈牙利的专利法主要由《匈牙利发明专利法》（Act XXXIII of 1995 on the Protection of Inventions by Patents）、《匈牙利实用新型保护法》（Act XXXVIII of 1991 on the Protection of Utility Models）和《匈牙利设计保护法》（Act XLVIII of 2001 on the Legal Protection of Designs）三部法律构成。

2.1.2 匈牙利知识产权局

匈牙利知识产权局，原"匈牙利专利局"，自 2010 年 1 月起更名为匈牙利知识产权局（Hungarian Intellectual Property Office，HIPO），办公地点在布达佩斯。作为匈牙利知识产权相关工作的主管部门，匈牙利专利局于 1896 年根据 1895 年第 37 号《匈牙利发明专利法》第 25 条成立，是负责知识产权保护工作的政府部门。

（1）法律地位。

根据《匈牙利发明专利法》第 115/D 条的规定，匈牙利知识产权局作为负责知识产权保护的政府机构，其局长（President of Hungarian Intellectual Property Office）由总理任免；副局长 3 名，经局长提名后由行使监督职权的部长任免，但副局长的职责由局长确定。

（2）财务管理。

匈牙利知识产权局财务管理独立核算，由其收入涵盖运营成本。匈牙利知识产权局在政府预算中单列预算标题，并每年发布其收支报告。

（3）职责与权限。

根据《匈牙利发明专利法》第 115/G 条的规定，匈牙利知识产权局

---

① "The Hungarian Legislation on Patent Is 120 Years Old", Hungarian Intellectual Property Office Annual Report 2014, pp. 27 - 29. Available at：http：//www. hipo. gov. hu/sites/default/files/csatolmanyok/sztnhevesjelentes2014. pdf, last visited at Oct. 4, 2017.

的职责和权限包括：

① 工业产权领域的正式审查和相关程序；

② 执行著作权和与著作权相关的权利的特定任务；

③ 中央政府层面有关知识产权领域的信息和资料工作；

④ 参与知识产权立法筹备工作；

⑤ 制定和实施政府保护知识产权战略，启动和执行为此所需的政府措施；

⑥ 在知识产权保护领域执行国际和欧洲合作的专业任务；

⑦ 执行涉及评估研发活动的官方和专家工作。

⑧ 执行企业提出的与支持成长型企业相关的减税福利登记工作。

同时，根据《匈牙利发明专利法》第115/H条的规定，匈牙利知识产权局还负责由该法和相关法律所确定的下列与工业产权主管机关相关的工作：

① 专利、植物新品种、实用新型、拓扑图（Topography）、设计（Design）、商标和地理标志（Geographical Indication）的申请以及补充保护证书（Supplementary Protection Certificate）申请的审查，对基于上述申请所获得保护的授予和登记以及与授权相关的程序性事项；

② 专利、工业设计（Industrial Designs）、商标和原产地标记（Appellation of Origin）国际申请的审查、转送及检索，基于国际协议、其他国际条约和欧盟法律所赋予的国家层面工业产权主管机关的审查、转送和登记职责。

根据海关当局的请求，匈牙利知识产权局提供因知识产权侵权而引发的海关程序所需的工业产权权利人的相关信息。

匈牙利知识产权局还应当根据相关法律的规定，开展研发工作的临时评估，参与与研发活动有关的特定问题以及相关费用是否应用于特定的研发活动的决策；执行企业提出的与支持成长型企业相关的减税福利登记项目的收录和删减任务；维持工业产权专家组（Body of Experts on Industrial Property）的运转。

根据相关法律的规定，知识产权局局长行使对匈牙利专利代理人协会（Hungarian Chamber of Patent Attorneys）相关活动的管理职权。

根据《匈牙利发明专利法》第115/Ⅰ条的规定，匈牙利知识产权局应当履行其在知识产权领域的下列信息和资料工作：

① 出版工业产权事项的官方刊物；

② 出版匈牙利专利文件（Specifications），实用新型、工业设计、拓扑图以及国际协议规定的其他事项的说明书（Descriptions）；

③ 在其专业化的公共图书馆中通过信息技术工具收集、处理并使公众能够接触与工业产权有关的文件；

④ 提供与知识产权保护相关的信息服务。

2.2 专利权的主体与客体

2.2.1 权利主体

2.2.1.1 发明人

《匈牙利发明专利法》第7条规定，（1）创造出该发明的人应当被视为发明人。（2）除非有相反的法院终局裁判，否则在发明申请中最初提及的人或者随后根据本法第52（a）条规定对相关条目进行修改而记载于专利登记簿中的人，应被视为发明人。（3）如果两个或者两个以上的人共同创造了一个发明，在最初的发明申请中没有相反记载的情况下，应当视为上述发明人享有同等的权利份额。（4）除非有相反的法院终局裁判，否则在最初的发明申请中记载的、根据本条第3款确定的或者根据本法第52（a）条规定对相关条目进行修改而记载于专利登记簿的权利人的权利份额，应予适用。（5）发明人应当享有在专利文件中被如实记载的权利。如果发明人提出书面申请，则公开的发明文件不应提及发明人。（6）（删除）。（7）发明申请公开前，只有经发明人或其权利继受者同意，该发明方能予以披露。

《匈牙利实用新型保护法》第6条规定：实用新型的发明人是创造该实用新型的人。

《匈牙利设计保护法》第12条规定，（1）创造出该设计的人应当被视为设计者。（2）除非有相反的法院终局裁判，否则在设计申请中最初提及的人或者经相关条目修改后而被记载于设计登记簿中的人，应被视为设计者。（3）如果两个或者两个以上的人共同创造了一个设计，在最初的设计申请中没有相反记载的情况下，应当视为上述设计者享有同等的权利份额。（4）除非有相反的法院终局裁判，否则在最初的设计申请中记载的、根据本条第 3 款确定的或者根据因相关条目修改而记载于设计登记簿的权利人的权利份额，应予适用。（5）设计人应当享有在设计保护文件中被如实记载的权利。如果设计人提出书面申请，则公开的设计保护文件不应提及设计人。（6）（删除）。（7）授予设计保护前，只有经设计人或其权利继受者同意，该设计方能予以披露。

2.2.1.2　权利人

根据《匈牙利发明专利法》第 8 条的规定，专利权由发明人或者其权利继受者享有。除非有相反的法院终局裁判或其他官方裁决，专利权由最早提交申请的人享有。如果两个或两个以上的人共同创造了一项发明，则专利权由他们或其权利继受者共同享有；如果两个以上的人享有该权利，除非有相反证据，否则视为他们平等地享有该权利。如果两个以上的人分别创造了一项相同的发明，该发明的专利权则由最早提交申请的人享有，前提是该最早申请已经公开或者其主题已经得到专利保护。

根据《匈牙利实用新型保护法》第 7 条的规定，获得实用新型保护的权利由发明人或者其权利继受者享有。如果两个或两个以上的人共同创造了一项实用新型，则获得实用新型保护的权利由他们或其权利继受者共同享有。如果两个以上的人分别创造了一项实用新型，获得实用新型保护的权利则由最早向匈牙利知识产权局提交申请的人或其权利继受者享有。该法第 9 条规定，实用新型发明者所享有的精神权利或者其他实用新型保护的事项，比照适用发明专利的相关规定。

2.2.1.3　职务发明和雇员发明的特别规定

在匈牙利的专利法律制度中，职务发明和雇员发明的相关规定比较有特色，因此有必要作一特别介绍。

1）职务发明和雇员发明

《匈牙利发明专利法》第 9 条对职务发明和雇员发明作出了定义。

职务发明（Service Invention），是指由基于雇佣关系而在发明所涉及领域内负有提供解决方案义务的人所完成的发明。雇员发明（Employee Invention），是指由在雇佣关系中不负有相关义务的人完成，但该发明的实施落入其雇主业务范围的发明。

《匈牙利发明专利法》第 10 条规定，（1）职务发明专利权由雇主以发明人权利继受者的名义享有。（2）雇员发明专利权由发明人享有，但雇主有权实施该发明。雇主实施该发明的权利属于非排他性的，而且雇主不得许可他人实施该发明。如果雇主不再存续或者其组成部分分立，实施该发明的权利由其权利继受者承继，且不得以任何其他形式指定（Assign）或转让（Transfer）。

关于发明人和雇主之间的权利义务关系，《匈牙利发明专利法》第 11 条规定，（1）发明人应当在职务发明或者雇员发明完成后立即通知其雇主。（2）雇主在收到上述通知 90 日内，就其是否主张职务发明的权利作出声明，或者就其是否具有实施雇员发明的意图作出意思表示。（3）雇主可以仅实施发明人依本法第 7（7）条①所披露的雇员发明。（4）在雇主表示同意或者未依本条第（2）款规定作出声明的情况下，发明人可以行使与职务发明有关的权利。（5）雇员发明的专利权由发明人享有，而且在雇主表示同意或者未依本条第（2）款规定作出意思表示的情况下，雇主不享有实施该发明的权利。

《匈牙利发明专利法》第 12 条规定，（1）雇主应当在收到职务发明通知的合理期限内提交专利申请，并尽一切努力推进后续程序以获得该专利。（2）如果在收到通知之日雇主已确认该发明具有可专利性，且该发明处于保密状态并以该方式在贸易中实施，则雇主可以放弃提交专利申请或者撤回该申请。雇主应当就此决定通知发明人。（3）如有争议，雇主负有在其收到通知之日该发明不具有可专利性的举证责任。（4）除本条第 2 款规定，如果存在任何阻碍获得职务发明专利权的行为，包括放弃专利临时保护或者任何故意的疏漏，雇主都应当无偿地将专利权让

---

① 《匈牙利发明专利法》第 7（7）条规定："在专利申请公开前，只有经发明人或其权利继受者同意，该发明方能予以披露。"

与发明人，包括或者不包括适用于雇员发明的实施权利均可。如果雇主放弃临时保护，即使未获发明人同意，该弃权行为亦即生效。

（5）本条第 4 款的规定不应适用于发明人已经根据本法规定获得公平报酬的情形。

根据《匈牙利发明专利法》第 17 条的规定，受雇于政府部门、公共部门、州部门或者公共雇员法律关系或服务关系的人，或者具有雇用法律关系性质的合作社雇用的社员，他们所创造的发明，参照适用该法第 9 条至第 16 条的规定。

2）职务发明报酬的确定

《匈牙利发明专利法》第 13 条至第 17 条就职务发明报酬的确定作出了详细规定。

（1）报酬支付的时限。

如果一项职务发明被利用，则应当根据下列规则确定向发明人支付报酬的时限：

① 如果受专利保护的发明或者发明主题根据本法第 22/A 条被授予了补充保护（Supplementary Protection），从其开始被利用到确定的专利保护或补充保护失效之日；

② 如果由于雇主弃权或者未按规定缴纳维持费，导致确定的专利保护或者补充保护失效——在发明主题根据本法第 22/A 条被授予补充保护的情况下，从其开始被利用到专利保护或补充保护预期失效之日；

③ 如果发明处于保密状态，则从开始被利用到发明被披露之日；专利权失效在后的，则从雇主得到发明通知之日起的 20 年。

（2）职务发明的利用。

下列情形应当视为职务发明得到了利用：

① 发明的实施（第 19 条），包括为取得或者维持市场优势地位而实施失败的；

② 向第三人授予实施许可；

③ 全部或者部分地转让专利。

（3）报酬支付的独立性。

发明人有权因实施，或因每一份实施许可和每一个转让行为获取报酬，即使所授予的许可或转让没有对价。即使专利权利要求的一项或者多项内容在产品或者实施过程中被发明人改进的内容所取代，发明人的报酬取得权亦不受影响。

（4）报酬支付义务人。

报酬由雇主支付；在共有专利以及共有专利权人没有相反约定的情况下，由实施发明的专利权人支付。在实施许可或者转让的情况下，由取得权利的人承受报酬支付义务。

（5）外国专利报酬支付。

针对外国专利或者具有相同效果的其他法律权利的利用，亦应支付报酬；但发明人基于国内专利已有权获得报酬的，则不需再支付前述报酬。

（6）职务发明报酬合同。

向发明人支付的报酬由其与雇主、实施发明的专利权人或者取得相关权利的人签订的合同（职务发明报酬合同）确定。

根据《匈牙利发明专利法》第15（2）条的规定，在达成一致的情况下，当事人可以就该法有关职务发明报酬合同相关条款的规定予以变更。同时，允许当事人缔结职务发明报酬合同，就发明人未来可能创造的或者利用的发明约定一个固定的报酬数额，这可以被称为"旨在分担风险的职务发明报酬合同"。

（7）雇主实施时的报酬。

在考虑发明主题所属技术领域许可条件的前提下，实施发明的报酬应当与雇主或者实施发明的专利权人基于专利许可协议所应当支付的许可费相当。

（8）许可或转让时的报酬。

在存在实施许可或者专利转让的情况下，报酬应当与许可或者转让的价值相当，或者与从无对价的许可或转让行为中取得的利益相当。

（9）确定报酬的考量因素。

报酬评估时，对于第13（7）条、第13（8）条要求的相当报酬的确定，应当考虑雇主对该发明的贡献以及发明人基于雇佣关系而负有的义务。发明处于保密状态的，由发明人所造成的不能获得保护的不利后果亦应予以考虑。

3）雇员发明报酬的确定

实施雇员发明的报酬应当由雇主支付；在存在多个雇主且没有相反约定的情况下，由实施发明的雇主支付。

向发明人支付的报酬由其与雇主签订的合同确定。

向发明支付的实施雇员发明的报酬数额，应当在考虑发明主题所属技术领域许可条件的前提下，与雇主基于专利许可协议而为取得许可所支付的数额相当。

4）职务发明报酬纠纷的解决

与职务发明或者雇员发明性质、处于保密状态的发明的可专利性，或者应当支付给发明人的职务发明或雇员发明的报酬有关的所有纠纷，都应当交由法院处理。

根据本法第115/T条设立的匈牙利知识产权局工业产权专家组，应当对在处于保密状态的发明的可专利性和应当给予职务发明或者雇员发明的发明人的报酬给出专家意见。

5）实用新型和设计的准用

《匈牙利实用新型保护法》第8条规定：职务发明和雇员发明的相关规定，比照适用于为雇主或公共事务工作的人、具有实质服务关系或者雇佣关系的合作社成员所创造的实用新型。

《匈牙利设计保护法》第14条的规定与《匈牙利发明专利法》的上述相关规定基本相同，职务发明或者雇员发明的相关规定均可参照适用，但是存在以下不能参照适用的例外：（1）有关职务发明保密和为解决贸易秘密而实施职务发明的规定不适用于职务设计；（2）对于职务设计而言，未缴纳权利维持费意味着设计保护无法重新开始，期满意味着设计保护期的届满，而这种保护期是无法重新开始的；（3）只有实施处于设计保护范围内的职务设计，才需要向设计人支付报酬。

2.2.2 权利客体

2.2.2.1 发明

在发明方面，现行有效的法律是 2017 年 6 月 17 日修订的《匈牙利发明专利法》（Act XXXIII of 1995 on the Protection of Inventions by Patents）。该法共由 7 部分、15 章、119 个条款①构成，分别是：发明与专利、匈牙利知识产权局关于专利事项的程序性规定、关于欧洲专利体系和国际专利合作的规定、专利事项的法院程序、植物新品种保护、关于匈牙利知识产权局的规定和最后条款。

1）可授予专利权的发明

根据《匈牙利发明专利法》第 1 条的规定，任何新的、包含创造性活动（Inventive Activity）并适于工业应用的发明，均可授予专利权。但是，下列内容不得授予专利权：（1）发现、科学理论和数学方法；（2）艺术作品；（3）开展智力活动、玩游戏或者做生意的规划、规则和方法，计算机程序；（4）信息介绍。

植物品种和动物种类可授予专利。植物品种的授权条件是：植物品种是可区分的、一致的、稳定的和新的，并已给出可注册的名称。动物种类的授权条件是：该种类是可区分的和新的，并已给出可注册的名称。

发明的实施会违反公共政策或道德的不受专利保护。

2）授予专利权的条件

作为授予发明专利权的实质性条件，匈牙利与国际上的通行做法相同，均要求申请专利的发明具备新颖性、创造性和实用性。

除了新颖性、创造性、实用性和授予专利权的一般性要求外，《匈牙利发明专利法》第 6（2）条至第 6（10）条还列明了具体的条件。

第 6（2）条：如果在经济活动框架下实施某一发明将与公共政策或者道德相冲突，则该发明不应被授予专利权；不能仅因被法律法规所禁

---

① 其中一些条款已删除，同时增加了许多新的规定。比如第 84 条就扩充为第 84/A、84/B……共 26 个新的条文。因此，实际条款数目远远超过了 119 条。

止，就认为这种实施与公共政策相冲突。

第6（3）条：在第（2）款的基础上，下列内容不应被授予专利权：

a. 克隆人类的方法；

b. 修改人类种系遗传身份的方法；

c. 为工业或者商业目的而对人类胚胎的使用；

d. 对人类或者动物没有任何实质医疗效果，而可能导致动物遭受痛苦的修改动物基因身份的方法；

e. 根据前述 d 项而获得的动物。

第6（4）条：下列事项不具有可专利性：

a. 植物品种［第105（a）条］和动物品种；

b. 繁殖动植物的实质性生物方法。

第6（5）条：如果技术的可行性并不局限于特定的动植物品种，则有关动植物的发明具有可专利性。

第6（6）条：植物品种按照本法第十三章的规定可以授予植物品种保护。

第6（7）条：生产动植物的过程是实质性的生物方法，如果它是完全由杂交、筛选或者其他自然现象构成的。

第6（8）条：第4（b）项的规定不妨碍发明的可专利性，如果前述发明涉及的是微生物、其他技术过程或者通过前述方法所取得的产品。

第6（9）条：微生物的过程，是指涉及微生物材料，或在微生物材料上执行，或得出微生物材料的过程。

第6（10）条：在人体或者动物体上实施的、通过手术或诊断治疗人体或者动物体的方法不应被授予专利权。该规定不适用于在上述方法中使用的产品，尤其是物质（化合物）和组合物。

（1）新颖性（Novelty）。

《匈牙利发明专利法》第2（1）条规定，如果发明不构成现有技术（the state of the art）的一部分，则认为该发明是新的。

第2（2）条规定，公众借助于书面描述或者口头交流，通过使用或者任何其他方式在优先权日（the date of priority）之前可得到的任何内容均构成现有技术。

第2（3）条规定，有更早优先权日的国家专利申请或者实用新型申请，其内容也应被认为构成现有技术，前提是它在优先权日之后在专利授权程序中被公开或通知。类似的欧洲专利申请和国际专利申请的内容，只有在本法有特别规定［第84/D（2）条和第84/T（2）条］的情况下，才能被视为构成现有技术。基于这些条款的立法目的，摘要（abstract）不应被视为构成上述申请的内容。

但是，第2条第2款、第3款的规定不应排除任何在人体或动物体上通过手术或治疗和诊断方法使用的、构成现有技术的物质（化合物）或组合物的可专利性，前提是这种使用不构成现有技术。

同时，该法第3条规定，在满足下列条件的情况下，在优先权日之前6个月内公开的发明内容，不应视为现有技术。

a. 是因对申请人或其前手权利的滥用而造成的；

b. 是因申请人或其前手在匈牙利知识产权局局长在匈牙利官方公报上确定的展览上展出造成的。

在此基础上，《匈牙利发明专利法》第64条规定，在符合下列条件的情况下，申请人可以基于该法第3（b）条的上述规定，主张其发明在展览中的展出不构成现有技术：申请人在提交专利申请之日起2个月内提交了主张上述效果的声明，并且在提交专利申请之日起4个月内提交由负责该展览的主管机关签发的、证明展出和展览日期的证明（certificate）。

上述证明必须满足以下条件方为有效：a. 必须附有负责该展览的主管机关认证的说明书，在必要时还应有附图；b. 该证明必须是在展览期间签发，且该发明或其公开必须是在展览中能够看到的。

（2）创造性（Inventive Activity）。

根据《匈牙利发明专利法》第4条的规定，在考虑现有技术的情况下，如果一项发明对于本领域技术人员（a Person Skilled in the Art）而言不属于显而易见的（Obvious），则其应被认为具有创造性。

在创造性的判断过程中，《匈牙利发明专利法》第2（3）条关于现有技术的内容不应纳入考量范围。

（3）实用性（Industrial Application）。

根据《匈牙利发明专利法》第5条的规定，如果一项发明能够被制造出来或者能够在工业或者农业的任何一个部门中使用，则其应被视为具有实用性。

2.2.2.2 实用新型

相对于发明方面的规定，匈牙利的实用新型法律规定内容相对较少，现行有效的是2013年4月1日修订的《匈牙利实用新型保护法》（Act XXXVIII of 1991 on the Protection of Utility Models），共6章、42条。主要内容包含实用新型保护的主题和权利、实用新型侵权和实用新型保护、实用新型保护的终止、匈牙利知识产权局关于实用新型保护的程序性规定、实用新型的法院程序和诉讼、最后条款。

1）可以保护的实用新型

《匈牙利实用新型保护法》第1条规定，涉及产品（Article）的构造或结构或者构件的布置的任何技术方案，均可受实用新型保护，条件是它是新的、包含创造性步骤（Inventive Step）并适于工业应用。但是，制品的美术设计和植物品种不能获得实用新型保护。

通常而言，有确定形状的物品适于实用新型保护，粉末和液体不适于实用新型保护。实用新型必须是可触知的，并有特定的形状。

2）实用新型保护的条件

类似于发明专利，实用新型的保护也要求具有新颖性、创造性和实用性。如果一项实用新型的使用可能与法律或者公共道德相背离，则其不能被给予保护，除非法律仅仅限制此类商品的交易。

（1）新颖性。

如果实用新型不构成现有技术的一部分，则认为该实用新型是新的。公众在优先权日之前借助于书面描述，或者通过在国内公开使用可得到的任何内容，以及在实用新型的优先权日之后公开的有更早的优先权日的专利或者实用新型申请的内容均构成现有技术。

《匈牙利实用新型保护法》第2（3）条规定，有更早优先权日的专利或者实用新型申请，其内容也应被认为构成现有技术，前提是它在优先权日之后在授权程序中被公开或通知。类似的欧洲专利申请和国际专利申请的内容，只有在《匈牙利发明专利法》有特别规定的情况下，才能被视为构成现有技术。基于这些条款的立法目的，摘要不应被视为构成上述申请的内容。

（2）创造性。

如果实用新型与现有技术相比，对于有技艺的人员（Skilled Craftsman）来说不是显而易见的，则该实用新型具有创造性。《匈牙利实用新型保护法》第2（3）条规定的内容，不应纳入到现有技术的考量范围。

需要说明的是，实用新型的显而易见性是由有技艺的人员而不是专利法中的所属领域的技术人员（Person Skilled in the Art）来评价的。因为在理论上，前者的知识的数量和质量被假定为较低。

（3）实用性。

如果在工业包括农业的任何部门中能够被制造或者使用，则该实用新型应当被认为是适于工业应用的。

2.2.2.3 外观设计

外观设计方面，现行有效的是2013年10月25日修订的《匈牙利设计保护法》（Act XLVIII of 2001 on the Legal Protection of Designs）。该法共分为5部分、11章、69条，分别是：设计和设计保护、匈牙利知识产权局关于设计保护的程序性规定、共同体设计保护和工业设计的国际登记、设计保护的法院程序、最后条款。

1）可以保护的设计

根据《匈牙利设计保护法》第1条的规定，任何新的、具有独特性的设计均可以获得设计保护。

设计是指由产品自身的线条、轮廓、颜色、形状、纹理、材料或其装饰所形成的产品整体或者部分外观。

产品包括任何工业或者手工制品，外观应当包括包装、装扮、图形符号、拓扑图印刷表面（Typographic Typefaces）和意图组装到复杂产品上的部件。计算机程序不应被视为产品。复杂产品是指由多个允许拆卸和重新组装的组件构成的产品。

2）设计保护的条件

一项设计如果要得到法律的保护，必须满足新颖性和独特性的要求。

（1）新颖性。

在优先权日前，公众无法得到相同设计的，该设计应当被认为具有新颖性。如果两个设计仅存在无关紧要的（Immaterial）细节方面的区别，则应视为相同的设计。

（2）独特性（Individual Character）。

如果一项设计给予经验丰富的用户（Informed User）的总体印象（Overall Impression）与公众在优先权日以前能够获得的其他产品所给予此类用户的总体印象不同，则该设计应被认为具有独特性。

在判断独特性的过程中，应当考虑设计者在完成该设计时的自由度（the degree of freedom），尤其是要考虑该产品的性质和所属工业或手工领域的特点。

（3）新颖性和独特性判断的一般规定。

对于"公众能够获得"的认定，《匈牙利设计保护法》第4条规定，如果一项设计已经出版、展览、投放市场或者以其他方式披露，则应被视为已处于公众能够获得的状态，除非在欧盟范围内相关领域的正常业务交往活动中无法被合理地知悉；如果是向负有保密义务的第三人披露，则该设计不应被视为公众所能获得。

在判断新颖性和独特性的过程中，如果满足下列条件，则即使在优先权日之前的12个月内已能够为公众所获得，也不应予以考虑：此种后果是申请人或原权利人滥用权利造成的；或者如果这种可以获得的状态是由申请人、原权利人或者第三人以信息提供或者申请人或原权利人提起诉讼所造成的。

在符合下列条件的情况下，如果一项设计被应用或包含在一个产品中，而该产品构成一个复杂产品的组成部分，则该设计应被视为具有新颖性和独特性：①在组装到复杂产品之中后，该组成部分在复杂产品的正常使用过程中仍然处于可视状态；②组成部分表面可视特征自身符合新颖性和独特性的要求。

2.3 专利申请

在匈牙利，所有的专利申请都应当向匈牙利知识产权局提出，通过该局审查后授权。

2.3.1 专利信息检索与申请文件撰写

2.3.1.1 专利信息检索

检索匈牙利的专利信息，可以登录匈牙利知识产权局的英文官方网站（http：//www. hipo. gov. hu/en），其中包括公报（Gazette）、知识产权搜索（IP Search）、电子注册簿（E - Register）等多个栏目（见图2 -1），用户可以点击相关链接，进行包括专利在内的各项知识产权信息的检索。

图 2 - 1   匈牙利知识产权局英文官方网页

以匈牙利知识产权局的公报为例，其中的内容又可以细分为很多项目（见图2 -2），其中与专利有关的内容包括：匈牙利国家的发明专利信息和欧盟的发明专利信息、匈牙利的实用新型信息、匈牙利的设计信息等重要内容。

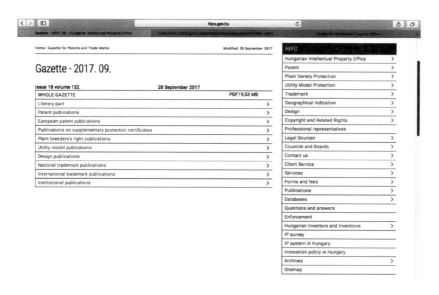

图 2 - 2　匈牙利知识产权局公报网页

需要注意的是，匈牙利知识产权局公报使用的是匈牙利文，该局并未提供英文版或者其他语言文字的版本。

2.3.1.2　专利申请文件

1）形式要求

根据《匈牙利发明专利法》第 57 条的规定，专利申请书应当包含以下内容：授予专利权的申请、包括一个或者一个以上权利要求的说明书、摘要，如果需要，还应当包括附图和其他相关文件。

对于外国专利申请人而言，需要注意的是，如果专利申请书是以匈牙利语以外的其他语言撰写的，《匈牙利发明专利法》要求在申请日之后的 4 个月内提交该申请书（包括权利要求、摘要和附图）的匈牙利语译本。

《匈牙利发明专利法》第 59 条还对联合发明（Unity of Invention）的申请作出了特别规定。根据该条规定，一份专利申请可以寻求对一项发明（One Invention）给予专利保护，也可以对基于同一创造性而联系在一起的一组发明（a group of inventions）申请专利保护。

2）实质要求

在申请文件的撰写过程中，应当符合下列要求。

（1）专利申请应当以足够清晰的方式，对发明以及本领域技术人员基于说明书和附图实施该发明所需的细节予以公开。基因序列或者其部分序列的工业可应用性应当在专利申请中予以公开。

（2）如果一项发明包含或者涉及生物材料，而该生物材料不能为公众所获取或者未按本条前款规定予以公开，该发明只有在符合下列条件的情况下才能被视为本法所称的"以充分和具体的方式公开"：

① 该生物材料已根据本法第 63 条的规定予以保藏（Deposit）；

② 该申请包含上述相关信息，并且基于保藏的生物材料的特征能够为申请人所获得；

③ 专利申请记载了保藏机构的名称和入藏登记号（Accession Number）。

（3）权利要求应当清晰，其限定的范围根据说明书请求包含的范围确定。

（4）摘要应当仅作为技术信息（Technical Information）而使用，而不应以解释请求包含的权利范围或以限定本法第 2（3）条中现有技术（the state of the art）为目的而予以考虑。

2.3.1.3　申请日

关于申请日，《匈牙利发明专利法》第 58 条有如下规定。

（1）向匈牙利知识产权局提交申请文件之日，至少应当满足以下条件才能被作为申请日。

① 有获得专利的明确表示（Indication）；

② 确定申请人以及能够联系他的信息；

③ 说明书（Description）或者能够作为说明书的文件，即使它不符合其他要件，或者仅仅是对一份在先申请的引用（Reference）。

（2）为获得申请日，本条第 1 款（a）、（b）项中的内容应当以匈牙利文形式提交。

（3）为获得申请日，对在先申请的引用应当采用匈牙利文，在先申请的申请号和该申请所提交的主管机关应当予以明确。在该引用中，应当明确它是以为获得申请日的目的而对已提交的说明书和附图的替换。

（4）如果说明书中包含了为获得申请日而对在先申请的引用，则应当在包含该引用的申请被接收之日起两个月内提交在先申请的副本，如果在先申请采用的是外文，则应提交匈牙利语译文。有关副本和译文的规定，可以参照适用本法第 61（5）条①的规定。

2.3.1.4 优先权（Priority）

根据《匈牙利发明专利法》第 61 条的规定，在匈牙利存在三种类型的优先权日：申请优先权日（Application Priority）、公约优先权日（Convention Priority）和内部优先权日（Internal Priority）。其中，申请优先权日是最为常见的优先权类型，是指提交专利申请的日期；公约优先权日是指在《巴黎公约》规定的情形下，提交外国申请的日期；而内部优先权日是指提交在先的、仍在审查过程中而尚未公开的相同主题的专利申请的日期，该日期不得早于当前申请日 12 个月，前提是该在先申请并未被作为优先权的基础而主张过。

申请人如果主张公约优先权日，则应当注意以下相关规定。

（1）主张公约优先权的，应当在最早的优先权日起 16 个月内提出声明。对优先权声明的更正（Correction）也可以在该时限内提出。如果该更正可能影响主张的最早的优先权，更正的 16 个月的时限应当从主张更正的最早失效的优先权日起算。自专利申请提交之日起的 4 个月内，任何有关优先权声明的更正均可被提出。（2）上述相关规定不适用于申请人要求发明申请提前公开的情形；除非该提前公开申请撤回时，为专利申请公开而实施的技术准备尚未完成。（3）主张公约优先权的文件（优先权文件，Priority Document）应当自所主张的最早优先权日起的 16 个月内提交。（4）如果匈牙利知识产权局能够通过其他途径获得，或者基于国际条约或匈牙利知识产权局局长考虑国际合作所作出的决定，并被匈牙利知识产权局官方公报予以公开，优先权文件——外国申请的副本应当被视为已经提交，或者视为专利申请的附件而不需要单独提交。（5）在《巴黎公约》限定的条件下，如果外国申请在世界贸易组织成员国但非《巴黎公约》成员国的国家提出，或者基于互惠原则，在任何其他国家提出，均可主张公约优先权。有关互惠的事项，匈牙利知识产权局局长具有最终决定权。

---

① 《匈牙利发明专利法》第 61（5）条是有关优先权的规定，具体内容见下文。

内部优先权应当在提交申请的 4 个月内提出。如果提出内部优先权，则之前的专利申请应当被视为撤回。

在必要时，可以在一个专利申请中就任何权利要求提出多种优先权主张。

2.3.1.5 派生申请（Derivation from Utility Model Application）

如果申请人已经在先提交了一项实用新型申请，他可以在提交专利申请之日起两个月内在优先权声明文件中就相同主题，主张实用新型申请的提交日期和与该申请有关的优先权（派生，Derivation）。

在授予实用新型保护的决定最终生效之日起 3 个月内，派生专利申请应当予以接受，但不得晚于实用新型申请提交之日起 20 年。如果该实用新型申请派生于欧洲专利申请或者欧洲专利，则上述派生申请不应予以接受。

2.3.2 申请流程与申请费用

2.3.2.1 申请流程

在符合《匈牙利发明专利法》第 41 条①规定的情况下，申请人可以在专利申请公布前撤回其专利申请。

2.3.2.2 申请费用

根据《匈牙利发明专利法》第 57 条和其他专门立法的规定，提交专利申请时应当缴纳申请费（a Filing Fee）和检索费（a Search Fee），上述费用应当在申请日之后的两个月内缴纳。

此外，还应当缴纳维持发明专利权、植物品种保护和实用新型保护的费用，以及维持补充保护证明的费用。在 6 个月宽展期（Grace Period）的前 3 个月缴纳的不需要缴纳附加费（Surcharge）；在宽展期第 4 个月

---

① 《匈牙利发明专利法》第 41 条规定："（1）专利登记簿中记载的申请人或专利权人可以向匈牙利知识产权局提交书面声明放弃其专利保护；（2）除本法另有规定外，如果上述放弃行为影响到第三人依据法律、主管机关的命令、在专利登记簿中记载的许可合同或者其他合同而享有的权利，或者在专利登记簿中记载了诉讼案件，则该放弃行为仅在相关第三人同意的情况下方能生效；（3）对特定的权利要求的放弃亦应准许；（4）放弃专利保护的撤回行为不具有法律效力。"

开始缴纳的，需要额外缴纳 50% 的附加费。如果维持费基于恢复原状的请求而在 6 个月的宽展期届满后缴纳，亦应当缴纳同样的附加费。

如果专利申请和植物品种保护的申请在公开后分案（Divide），对于分案而产生的新申请，在维持费支付方面的宽展期由于分案而届满，当确认分案的决定生效时，从分案前的日期开始计算。

维持费也可以在宽展期开始前的 2 个月内支付。

除上述《匈牙利发明专利法》规定的费用外，根据相关专门立法的规定，对于下列行政服务还需要支付相关费用：

a. 请求修改、延长时限、恢复原状和继续程序的；

b. 请求进行权利承继、许可合同、抵押登记的。

在特定情形下，如果专业代理服务与其要价不符，匈牙利知识产权局局长可以酌减被诉一方当事人所应承担的专业代理的费用。

2.3.3　专利服务组织的选择

根据《匈牙利发明专利法》第 51 条的规定，如果国际条约没有相反规定，外国的专利申请人均应当由授权的专利代理人或者律师代理其在匈牙利知识产权局的全部专利事务。因此，外国企业要在匈牙利申请专利，需要委托匈牙利的专利代理人或律师完成相关事项。

授权书必须采取书面形式。授权可以采取概括的形式，授予代理人代表委托人在匈牙利知识产权局的全部专利案件中作为一方当事人参与相关程序。如果授权是给予一家专利事务所（或合伙），则视为在该事务所（或合伙）内有资格的任何人都获得了授权。

在专利代理组织选择方面，可以通过匈牙利专利代理人公会（Hungarian Chamber of Patent Attorneys，网址为：http：//www. szabadalmikamara. hu/indexfoENG. html）、匈牙利律师协会（Hungarian Bar Association，网址为：http：//www. magyarugyvedikamara. hu/tart/index/130/1）等行业组织寻找具体的代理机构和代理人。其中，匈牙利律师协会的具体联系方式如下：

办公地址：1055 Budapest，Szalay u. 7.

电话：3119 - 800，3311 - 773

传真：3117 - 867

邮箱：muk@ muknet. hu

根据中国相关机构调研获得的信息，位于布达佩斯的 Danubia 专利法律事务所是匈牙利一家拥有 100 余人的大型知识产权法律事务所，拥有 60 余年的历史，业务范围涵盖专利、商标以及各种领域的知识产权的保护及实施。该事务所连续多年被 MIP 评为匈牙利最佳知识产权事务所，众多海外客户通过该事务所寻求在匈牙利及欧盟的知识产权保护。

2.3.4 其他注意事项

关于需要缴纳费用的具体数额，《匈牙利发明专利法》并未给出明确的规定，而是授权其他专门立法予以规定。从实践操作来看，在匈牙利申请和维持专利权的费用属于全世界范围内费用较高的。据统计，在匈牙利，在专利申请之日起 5 年内专利费用总额折合人民币 6000 元左右，自申请日起 10 年内专利费用总额折合人民币接近 25000 元，自申请日起 15 年内专利费用总额折合人民币超过 40000 元，自申请日起 20 年内专利费用总额折合人民币超过 60000 元，总体上不仅远高于德国、法国、荷兰、英国等欧洲发达国家的水平，而且也远高于罗马尼亚、捷克等中东欧国家的水平，也高于在中国的专利申请和维持费用，属于在该统计文献中所有 54 个国家中排名第二高的国家，仅次于美国的专利申请和维持费用。而且从专利申请和维持费用的收取上看，在专利申请和前 10 年的专利有效期内维持专利的费用始终处于世界较高水平，仅在发明专利权最后 5 年的有效期内专利费用的涨幅才有所下降。[①]因此，在匈牙利申请专利权保护，需要在经济支出上有所考量，只有真正具有经济价值的发明才适宜在匈牙利申请专利权保护，否则高额的专利申请和维持费用会对专利权人造成较重的经济负担。

---

① 乔永忠、高佳佳：不同国家或者地区专利年费收费标准比较研究——以54 个国家或者地区四个时间节点专利年费总额分布为例，中国知识产权杂志网站，http://www. chinaipmagazine. com/news - show. asp？20427. html，2017 年 3 月 7 日，最后访问时间：2017 年 10 月 21 日。

2.4 专利审查与授权

匈牙利知识产权局对专利申请进行检索和实质审查，并公布专利申请和检索报告。

2.4.1 专利审查流程

《匈牙利实用新型保护法》第36条规定，有关实用新型申请的优先权、申请日、审查、修订、分案和撤回，实用新型保护的失效、恢复、撤销，以及实用新型说明书的解释、确认不侵权的认定，均参照适用《匈牙利发明专利法》的相关规定。因此，了解了匈牙利的发明专利审查流程，就能够对匈牙利的发明、实用新型方面的审查流程有一个全面的认识。

2.4.1.1 受理审查 (Examination on Filing)

在此阶段，匈牙利知识产权局审查的内容包括申请日的相关要件是否满足法律要求，申请费和检索费是否缴纳，说明书、摘要和附图是否以匈牙利文形式提交。如果相关申请不符合要求，匈牙利知识产权局会要求申请人按照要求予以补正。

2.4.1.2 形式审查 (Examination as to Formal Requirements)

在此阶段，审查的内容主要是说明书的内容是否符合形式要求，如申请书是否包含授予专利权的申请、是否包括一个或者一个以上权利要求的说明书、是否有摘要等。同样的，如果上述形式要件未得到满足，匈牙利知识产权局也会通知申请人予以补正。

如果补正后仍然不能满足法律要求，专利申请将被直接驳回，驳回内容必须清晰而明确地被记载于补正通知中。如果申请人未在指定的时间内予以补正，则专利申请将被视为撤回。

2.4.1.3 新颖性检索 (Novelty Search)

在满足上述审查要求的情况下，匈牙利知识产权局会在考虑说明书和附图的内容的基础上，针对权利要求的内容出具新颖性检索报告。

如果专利申请，针对其全部或者部分请求权利要求，无法进行适当的新颖性检索，检索报告将仅包括一个就此作出的陈述及其理由；如果专利申请中包含了适于新颖性检索的权利要求，则匈牙利知识产权局将针对该部分内容进行一个部分性的检索。

如果专利申请不符合《匈牙利发明专利法》第59条有关联合发明的规定，匈牙利知识产权局将针对排在第一顺位的权利要求进行部分性的新颖性检索，或者针对构成第59条联合发明要求的一组发明进行检索。匈牙利知识产权局在实质审查阶段将要求申请人对专利申请进行分案。

检索报告将提及那些将被考虑的、与决定专利申请是否具有新颖性和创造性有关的发明的文件和资料。检索报告以及它所提及的文件的副本将被转交给申请人。

实施检索的相关信息将与申请同步地公开在匈牙利知识产权局的官方公报中，如果检索报告稍晚才能获得，则其将单独予以公开。

应申请人的请求，匈牙利知识产权局将出具一份附加有其书面意见的检索报告。该书面意见，包含相应理由和是否符合新颖性、创造性和工业实用性的初步意见（基于检索报告中引用的文件和信息）。对这种附有书面意见的报告的请求，应当在申请日的10个月内提交，如果申请超期则将被拒绝。申请的同时，申请人应当缴纳相应的费用。

2.4.1.4　公开（Publication）

在专利申请公开前，只有申请人、其代理人、要求出具专家意见的专家或实体，以及根据法律规定需要完成其任务的法庭、检察官或调查机关可以查阅相关专利文件。但是，即使不是申请人，发明人也可以查阅相关专利文件。而在公开之后，任何人都可以查阅专利申请文件。如果不是法庭、检察官或调查机关提出要求，在支付费用后，匈牙利知识产权局应当提供可以被查阅的文件副本。只有当有对方当事人参与时，与专利有关的程序才应当被公开。

根据《匈牙利发明专利法》第70条的规定，从最早的优先权日起满18个月，专利申请应当予以公开。根据申请人的请求，在申请文件符合法律有关受理审查规定的情况下，申请人也可以请求提前公开。无论哪种形式的公开，申请人都应当得到公开的通知。

2.4.1.5 评论 (Observations)

相对于中国的专利法，评论是匈牙利专利法比较有特点的一项制度。根据《匈牙利发明专利法》第71条的规定，在专利授权程序中，任何人均可向匈牙利知识产权局提交有关发明申请不符合可专利性要求的评论 (Observation)。在相关事项的审查过程中，该评论的内容应当予以考虑。虽然提出评论的人不是专利授权程序的一方当事人，但是，对于评论的结果，其有权获得通知。

2.4.1.6 修改和分案 (Amendment and Division)

专利申请人不得以引入新的主题事项的方式对申请予以修改，因为新的主题事项的引入将超出申请日时申请的范围。在满足上述要求的情况下，在专利授权决定作出日前，申请人有权对说明书、权利要求和附图进行修改。

如果申请人在一个申请中提出了对一个以上发明的专利保护申请，则其可以在专利授权决定作出日前，在保留申请日和最早优先权日的情形下，提出分案申请。在提出分案申请的2个月内，应当缴纳相关专门立法规定的费用。如果未缴纳该费用，匈牙利知识产权局将通知申请人在上述时间内予以缴纳。未按通知缴纳费用的，分案申请将被视为撤回。

2.4.1.7 实质审查 (Substantive Examination)

1）发明专利

匈牙利知识产权局将应申请人的请求对已公开的专利申请进行实质审查申请。实质审查的目的在于确定以下内容：该发明是否超出了主题事项、新颖性、创造性和实用性的要求，是否超出了专利保护范围；该申请是否符合《匈牙利发明专利法》规定的各项要求。

实质审查的申请可以在提交专利申请的同时提出，也可以在获得官方的新颖性检索信息之后的6个月内提出。超出上述期限的，临时专利保护将被视为放弃。

对实质审查申请的撤回，不具有法律效力。也就是说，实质审查申请一旦提交，将不允许撤回。

在提出实质审查申请的 2 个月内，应当按照相关法律的规定，缴纳审查费用。如未按期缴纳，匈牙利知识产权局将通知申请人予以补正。未按通知缴纳的，专利申请将被视为撤回，临时专利保护将被视为放弃。在得出官方的新颖性检索信息之前，申请人撤回专利申请或者放弃临时专利保护的，基于申请人的请求，实质审查的费用应当予以退回。

如果专利申请不符合实质审查的要求，申请人应当根据被拒绝的具体理由，补正相关缺陷、提交说明或者分案。在补正、说明、分案后仍不符合法律要求的内容的，发明申请会被整体地或者部分地予以拒绝。申请只应当基于前述通知中已经明确列明并作出合理分析的理由予以拒绝。如有必要，应当作出进一步的通知。申请人如未对通知作出回应或者未提出分案，则应视为其放弃临时专利保护。

2）外观设计

对于外观设计的审查，《匈牙利设计保护法》第 6 ~ 10 条规定了不授予设计保护的情形。

其中，第 6 条规定：

a. 完全是由产品技术功能决定的产品表面特征，不应授予设计保护；

b. 必须以其确切的形式和尺寸进行复制，以便允许该设计运用于该产品或者纳入其中（简称产品体现设计 the product embodying the design），而机械地连接到或者放置于其中、附近或者靠近另一产品以使任一产品可以实现其功能的产品表面特征的，可以不授予设计保护；

c. 前款规定不适用于系统化模块中允许多重组装或相互连接的可互换产品的设计。

《匈牙利设计保护法》第 7 条规定，违反公共政策或普遍接受的道德原则的设计不得授予设计保护。

《匈牙利设计保护法》第 8 条规定，下列情形不授予设计保护：

a. 包含未经授权使用的国家标志（State Emblems）或其他由《巴黎公约》规定的国际组织的官方标志；

b. 包含不属于前项规定的奖章、标志、徽章，或者包含认证和保证其使用具有公共利益的官方标志和印记。

经主管机关同意而使用或包含前款规定的上述标志的设计，应当授予设计保护。

《匈牙利设计保护法》第 9 条规定，与公众在优先权日以后能够获得的较早优先权设计保护相冲突的，不应授予设计保护。"较早优先权设计保护"是指在匈牙利授予的设计保护或者延伸至匈牙利的设计保护。

《匈牙利设计保护法》第 10 条规定，一项设计如果使用了可能与他人在先的工业产权相冲突的具有显著性的标志，或者该显著性标志已被他人在国内有效地使用，未经该在先使用者同意而使用该标志可能违法的，不应授予设计保护。

如果与在先著作权相冲突的，不得授予设计保护。

在确定前两款规定的在先权利或在先使用时，设计申请的优先权应当予以考虑。

2.4.2 专利授权与保护期限

2.4.2.1 专利授权（Grant of Patent）

1）权利内容

（1）发明专利。

《匈牙利发明专利法》第 19 条明确规定了发明专利权的具体内容。

① 专利保护为专利权的持有人（专利权人）实施发明的排他性权利。

② 基于排他性的实施权，专利权人有权阻止他人未经其许可实施下列行为：

a. 制造、使用、销售或许诺销售专利产品，以及为此种目的而存储或进口专利产品；

b. 使用受专利保护的方法，或者在他人明知或应知专利权人不可能同意的情况下，为使用而向其提供该方法；

c. 制造、使用、销售、许诺销售或为此种目的而存储或进口受专利保护的方法而直接获得的产品。

③ 基于排他性的实施权，在有权实施其发明的人之外的人明知或者应知相关实质性手段（工具或装置）能够实施发明并意图实施该发明的情况下，专利权人有权阻止任何人未经其许可而提供或者许诺提供此类实质性手段。

④ 本条第 3 款的规定不适用于大宗商品（Staple Commercial Products）的提供者，除非该提供者有意诱导其顾客实施本条第 2 款中规定的行为。

⑤ 基于本条第 3 款的目的，实施的行为未落入排他性实施权范围的人，如本条第 6 款提及的那样，不应被认为有权实施该发明。

⑥ 排他性的实施权不及于：

a. 私人实施的或者不涉及经济活动的行为；

b. 为实验目的而实施的涉及发明主题的行为，包括为获得与发明主题相关的产品或者通过专利保护方法获得的产品的市场准入所必须的实验和试验；

c. 在个别情况下根据医疗处方而在药房为准备药品的行为，或者涉及此种药品准备的行为。

⑦ 如无相反证据，在新产品极有可能是以专利保护方法获得的，且即使专利权人通过合理努力也无法确定实际使用方法的情况下，该新产品应当推定是使用专利保护方法获得的。尤其是在专利保护方法是唯一已知方法的情况下，应当认为存在前述的极大可能性。

（2）实用新型。

根据《匈牙利实用新型保护法》第 12 条的规定，实用新型保护为权利人提供了排他性地实施该实用新型的权利，以及在法律规定的前提下许可他人实施的权利。这种排他性权利的内容包括制造、使用、进口以及将实用新型投放到市场等具体权项。

实用新型的保护范围应当根据权利要求的内容加以确定。权利要求应当仅以说明书和附图为基础加以解释。

实用新型保护涵盖所有满足全部权利要求特征的产品，或者一项或多项权利要求特征被等同替代的产品。

如果产品中一项或者多项权利要求特征被实用新型保护的持有人或

者实用新型发明人提供给被许可人的改进特征所替代，则根据实用新型保护获得补偿的权利不受影响。

（3）外观设计。

根据《匈牙利设计保护法》第 16 条的规定，设计保护为权利人提供了排他性的实施该设计的权利。基于该排他性实施的权利，设计保护的权利人有权阻止任何人未经其许可而实施该设计。实施行为包括制作、使用、投放市场、许诺销售、进口和出口采用该设计的产品的行为，也包括为上述目的而存储相关产品的行为。

2）权利用尽（Exhaustion of the exclusive right）

虽然专利权人享有专利保护的权利，但是这种权利并不是没有边界的。《匈牙利发明专利法》第 20 条就专利权利的用尽规则作出了具体规定，即通过专利保护而授予的排他性实施的权利，不应延及由专利权人或经其明确同意而在欧洲经济区（European Economic Area）范围内投放至市场上的产品，除非专利权人享有反对该商品在市场上进一步流通的法定利益。

3）权利限制（Limitations of Patent Protection）

《匈牙利发明专利法》第 21 条对专利权的限制作出了明确规定，具体而言包括以下三个方面。

（1）先用权（Right of Prior Use）。

在优先权日之前已经在其国内经济活动中基于善意而制造或使用发明主题，或者为此目的已进行了充分准备的人，享有先用权。

在先使用人应被视为善意使用人，除非能够证明这种在先使用建立在能够得出专利产品的创造性活动基础之上。

专利保护对在先使用人在优先权日已经实施的制造、使用或者准备行为不具有法律效力。先用权只能连同有权利的经济组织（Entitled Economic Organization）或实施此类制造、使用或准备活动的经济组织的特定部分一同转让。

（2）继续使用权（Right of Continued Use）。

在宣告专利保护终止和相应的权利恢复期间，已经在其国内经济活动中开始制造或者使用发明主题，或者为此目的已进行了充分准备的人，享有继续使用权。根据《匈牙利发明专利法》第 21（4）条的规定，有关先用权的相关规定可以参照适用于继续使用权。

（3）临时过境。

基于互惠，专利保护不及于在国内运输或者不准备在国内市场销售的通信和交通工具。匈牙利知识产权局局长有权对互惠事项作出裁决。

4）补充保护（Supplementary Protection）

在符合欧盟条例规定的条件和时限的情况下，发明主题事项应在期限届满而专利保护终止之后授予补充保护。此处所指的欧盟条例应当专门立法予以特别列明。在上述条例或者特别立法未做相反规定的情况下，应当参照适用《匈牙利发明专利法》有关补充保护证明的相关规定。

为取得补充保护证明，应当支付年费（Annual Renewal Fee）。年费应当在每一年中原先提交基础申请的日期前缴纳。授予证明前的年费可以在最终确定授权后的 6 个月的宽展期内缴纳，而其他的年费应当在付款到期日后的 6 个月的宽展期内缴纳。

5）保护范围（Scope of Patent Protection）

专利权的保护范围根据权利要求予以确定。权利要求应当根据说明书和附图加以解释。

专利保护应当覆盖任何包含权利要求全部技术特征的产品或方法。

权利要求的术语不应严格限于它们的字面含义，权利要求也不应被认为仅仅是本领域技术人员确定请求保护的发明的准则。

为判断专利保护是否延及某一产品或方法，该产品或方法中与权利要求的技术特征等同的技术特征都应当予以考虑。

6）权利承继

与发明有关的权利以及专利保护权，除精神权利外，均可转让、授权或者抵押。抵押权仅在担保合同采用书面形式且抵押权记载于专利登记簿时方能成立。

7）共有专利

如果两个或者两个以上的专利权人共有同一专利，每一共有专利权人均可按照其权利份额行使权利。如果一个共有专利权人要放弃其份额，其他共有专利权人相对于第三方当事人，享有优先购买权。

任何一个共有专利权人均可单独实施该发明；但是，其有义务向其他共有专利权人支付符合他们权利份额的补偿。

授予第三方当事人的发明实施许可，须由共有专利权人共同为之。集体同意可以由法庭依照民法一般条款而作出的裁决所代替。

如有争议，全部共有专利权人的权利份额应当视为是平等的。如果一个共有专利权人放弃他的专利保护，其他共有专利权人的权利将按原有比例扩展至他放弃的份额。

任何一个共有专利权人也可以单独维持或者保护专利权。其所采取的法律行为，和解、承认请求和放弃权利的行为除外，都对没有注意到时间限制或实施相应行为的其他共有专利权人有效，前提是这些其他共有专利权人后续没有就其疏漏作出补救。

如果各共有专利权人的行为存在差异，则应当结合程序中的其他相关事实加以确定。

与专利有关的费用由共有专利权人按照其权利份额分担。如果虽经通知，但共有专利权人没有支付其应付的费用，支付了该费用的共有专利权人可以要求受让未履行义务的共有专利权人的份额。

有关共有专利权的相关规定，可以参照适用于共同的专利申请。

《匈牙利实用新型保护法》第17（3）条规定，有关共有实用新型和共有实用新型保护的事项，均应参照适用《匈牙利发明专利法》有关专利共有权（Join Right to a Patent）和共有专利权（Join Patent）的规定。

2.4.2.2 保护期限

发明专利权的保护期限为20年，起算点为申请日。而且根据《匈牙利发明专利法》第18条的规定，发明专利权的保护期限始于专利申请公开之日，而且此类保护溯及既往地自申请日起发生法律效力。但是，因公开而获得的保护是临时的（Provisional），只有当一项发明被最终授予专利权时，这种临时保护才能成为确定的。

实用新型的保护期限为10年，自申请日起算。

外观设计专利的保护期限为5年，可以续展5年。

根据《匈牙利发明专利法》第41条、《匈牙利实用新型保护法》第

23 条、《匈牙利设计保护法》第 27 条的规定，各权利人均可以向匈牙利知识产权局提交书面声明的方式放弃自己的权利，也可以仅放弃专利权或者实用新型保护中的部分权利要求或者部分设计。如果该权利放弃行为影响到第三人基于法律规定或者经登记备案的许可合同而享有的权利，或者登记簿中记载有相关诉讼案件，则其放弃行为只有经过相关利害关系人同意方能生效。

2.4.2.3　终止（Lapse）与恢复（Restoration）

1）专利保护的终止

（1）专利的临时保护（Provisional Patent Protection）的终止。

根据《匈牙利发明专利法》第 38 条的规定，专利的临时保护在下列情况下终止：

a. 如果专利申请最终被驳回；

b. 如果超出宽展期而未缴纳年费；

c. 如果申请人放弃保护。

（2）确定的专利保护（Definitive Patent Protection）的终止。

《匈牙利发明专利法》第 39 条规定，在下列情形下，确定的专利保护终止：

a. 专利保护期限届满，自届满之日的次日终止；

b. 如果超出宽展期而未缴纳年费，自应当缴纳之日的次日终止；

c. 如果专利权人放弃保护，自收到放弃申请之日或者放弃保护的人指定的更早的日期的次日终止；

d. 如果专利权被撤销，效力溯及至申请提交之日。

2）专利保护的恢复

根据《匈牙利发明专利法》第 40 条的规定，如果专利保护因未缴纳年费而终止，专利权可以根据申请人或者专利权人的申请而恢复。但这种申请应当在宽限期后的 3 个月内提出，并且应当在该期限内缴纳专门立法规定的费用。

《匈牙利实用新型保护法》第 22 条规定，如果实用新型保护因未缴纳年费而终止，如果存在正当理由，匈牙利知识产权局根据请求应当恢复该实用新型保护。

2.5 专利权的撤销

虽然《匈牙利发明专利法》中仅就专利权的撤销作出了规定，而不是像中国专利法一样规定了专利权的无效宣告程序，但是，从《匈牙利发明专利法》第 42 条的规定看，在符合相应条件的情况下，专利权撤销的效力是溯及既往（Ex Tunc）地予以无效，因此，匈牙利专利权的撤销可以等同地视为中国专利法中的无效程序，即专利权一旦被撤销，该专利权视为自申请日起即不具有效力。

如果实用新型不满足新颖性、创造性和工业实用的要求，或者如果说明书没有公开予以保护的内容，保护应当被撤销。

2.5.1 知识产权局的撤销程序

2.5.1.1 撤销的条件

《匈牙利发明专利法》第 42 条规定，专利权在下列情形下应当予以撤销：

a. 发明的主题不符合法定要求①；

b. 说明书未按照法律要求②以清晰完整的方式公开发明内容；

c. 专利主题超出了申请日提交的申请的范围，在分案的情形下，超出了分案申请的内容；

d. 专利授予了根据本法规定无权获得专利权的人。

如果撤销的理由仅涉及专利的部分内容，那么专利仅在其对应的部分被撤销。

需要注意的是，一旦专利权撤销申请最终被生效的裁决驳回，则任何人不得基于相同的理由再次提出撤销申请。

2.5.1.2 撤销的程序

1）程序的启动

根据《匈牙利发明专利法》第 80 条的规定，任何人均可以针对专

---

① 《匈牙利发明专利法》第 6（1）（a）条的规定。
② 《匈牙利发明专利法》第 60（1）条的规定。

利权人的专利启动撤销程序，但该法第41（1）（d）条规定的情形只能由权利人启动撤销程序。而第41（1）（d）条规定的例外情形是指，专利权被错误地授予了无权获得专利权的人。因此，总的来看，除授权主体错误外，对于一般的专利权而言，任何人均可以启动撤销程序。

启动撤销程序时，应当陈述具体理由，并应当将证据材料作为附件一并提交。在提出撤销申请的2个月内，应当缴纳申请费用。如果撤销申请不符合法律规定或者未按期缴纳申请费，申请人将被通知予以补正；未按通知要求补正的，撤销申请将被视为撤回。

2）程序参与人

对于职务发明的撤销而言，匈牙利知识产权局应当通知发明人，告知其在收到撤销请求通知之日起30日内可以作出声明，作为一方当事人参与撤销程序。

匈牙利知识产权局将通知专利权人，在职务发明撤销程序中还包括发明人，提交针对撤销请求的答辩意见。

3）具体程序

在完成书面准备工作后，应当以口头审理的方式决定对专利予以撤销，或者对专利权作出限制，或者对撤销申请予以驳回。同时，也可能不经口头审理而作出终止程序的决定。在匈牙利知识产权局给撤销申请人确定时限之后，在该时限内不得再增加未提出过的撤销理由。对于超期提出的理由，在决定终止撤销程序时不应予以考虑。

如果针对同一专利存在多个撤销申请，在可能的情况下，则可以在同一程序中予以合并处理。

即使撤销申请被撤回，撤销程序也可以依职权继续进行。在此种情形下，匈牙利知识产权局应当按照原请求的框架，考虑原程序中当事人的陈述和请求，继续推进撤销程序。

口头审理所作的命令和决定应当在口头审理当日予以宣布。只有在复杂案件中，在不可避免的情况下，才可以迟延宣布，但此种迟延不得超过8日。而且，迟延宣布的时间应当在口头审理时立即确定，并在决定作出之日以书面方式作出。

决定的宣告应当包括程序和理由两部分，并在形成之日起15日内以书面方式作出，在匈牙利知识产权局推迟宣告的情况下，应当在以书面方式作出之日的 15 日内予以发布。

对专利的撤销或者限制应当记载于专利登记簿中，相关信息应当在匈牙利知识产权局的官方公报中予以提供。

4）费用的负担

撤销程序败诉一方当事人应当负担撤销程序的费用。如果专利权人未提交任何理由，并放弃专利保护（至少是在请求涉及的权利要求方面），撤销的效力溯及至答辩期届满前的申请日，撤销程序的费用应当由提出撤销申请的一方负担。

5）加速审理

如果撤销程序是因之前的专利侵权诉讼或临时措施而启动，则根据任何一方当事人的请求，撤销程序均应加速审理。请求加速审理，应当在提出该申请的 1 个月内缴纳相关专门立法规定的申请费用。

无论是加速审理的申请不符合法律规定的要求，还是未按期缴纳申请费用，申请人都将被通知予以补正。未按要求补正上述缺陷的，加速审理的申请将被视为撤回。

匈牙利知识产权局可以作出加速审理的命令。一旦启动加速审理程序，通知、答辩等相应的时限都将缩短，比如原来 30 日的通知和答辩时间都将缩短至 15 日，只有在特殊情况下才会允许时限的延长，口头审理也只有在各方当事人共同参与方能查清事实或者当事人按期提出请求的情况下才会举行。

2.5.2 撤销决定的司法审查

对匈牙利知识产权局关于专利授权、宣告保护终止或者撤销的决定，以及关于不侵权的裁决可以申请法院进行司法审查。此处重点介绍对匈牙利知识产权局专利撤销决定的司法审查程序，其他决定的司法审查程序均可借鉴相关规定。

2.5.2.1 管辖

根据《匈牙利发明专利法》第 86 条的规定，当事人对匈牙利知识产权局有关专利撤销决定不服而提起诉讼的案件，由大都会法院（the Metropolitan Court of Justice，或译为"都市法院"或"布达佩斯市法院"）享有排他性的专属管辖权。

2.5.2.2 时限

在时限方面，当事人应当在自收到匈牙利知识产权局决定之日起30日内，提交或者以挂号信的方式邮寄司法审查的申请。

司法审查的申请应当向匈牙利知识产权局提交，匈牙利知识产权局应当在15日内连同专利申请文件一并提交法院。如果程序中有对方当事人，匈牙利知识产权局应当同时将司法审查的申请通知该当事人。作为例外，如果司法审查申请涉及重要的基础性法律问题，匈牙利知识产权局可以在30日内制作书面意见陈述，连同司法审查申请、专利申请文件一并提交给法院。

超出上述期限而提交司法审查申请的，法院应当就是否恢复原状（Restitutio in Integrum）作出裁决。

法院在收到匈牙利知识产权局提交的针对司法审查申请的书面意见后，合议庭的审判长应当以书面形式通知对方当事人。

2.5.2.3 程序

对于匈牙利知识产权局作出的司法审查决定，除法律另有规定的情形外，应当采用民事非讼程序（Non – contentious Civil Procedure）规则予以审理。

除非与《匈牙利发明专利法》或者程序的非讼性质不一致，否则，1952年关于民事诉讼法典的第三号法令（Act III of 1952 on Code of Civil Procedure，以下简称《民事诉讼法典》）中的规则应当参照适用。

应当事人的申请，法院可以排除公众旁听案件，民事程序法典中的一般性规定可以不予适用。

2.5.2.4 当事人

提交司法审查申请的人应当作为法院程序的一方当事人。支持诉讼的公诉人应当享有除和解、承认诉讼请求或放弃任何权利以外一方当事人所享有的全部权利。

如果在匈牙利知识产权局的程序中有对方当事人，法院程序应当针对该当事人而启动。

共有专利权人为维持和保护专利权而单独实施的行为，或者程序针对共有专利权人中的一个而启动的，法院应当通知其他共有专利权人，其他共有专利权人可以参加诉讼程序。

与匈牙利知识产权局决定的司法审查结果有利害关系的任何人（诉讼参加人 Intervenor）都可以在法院作出最终裁决前，参与到诉讼程序中来以支持与他共享利益的一方当事人。

除和解、承认诉讼请求和放弃权利外，发明人可以行使其所支持的一方当事人所能采取的所有行为，但只有在上述行为与相关当事人的行为不发生冲突时，发明人所采取的行为才发生法律效力。

诉讼参加人和当事人之间的任何法律纠纷都不应在该专利司法审查程序中予以处理。

2.5.2.5　代理人

专利代理人也可以作为代理人参加司法审查程序。

在判断授予专利代理人或者律师的代理权限是否有效方面，无论是在国内还是在国外，只要有委托人本人的签名即生法律效力。

2.5.2.6　诉讼费用

在有对方当事人参与诉讼的情况下，程序中相关费用的垫付和承担应当参照适用有关诉讼费用（Litigation Costs）的规定。

在没有对方当事人参与诉讼的情况下，申请人应当垫付和负担诉讼费用。

专利代理人代理当事人所支出的开销和费用，应当计算到诉讼费用中。

2.5.2.7　缺席审理

如果申请人和其他当事人都未出席庭审，或者当事人没有在指定的期间内对法庭的通知作出回应，那么，法院应当基于其收到的材料作出裁决。

2.5.2.8 审理和证据采信

一审法院应当按照民事程序法典的规定采信证据并举行庭审。

如果没有对方当事人参加庭审，而且案件能够基于书面证据作出处理，则法院可以不经庭审而作出裁决，但是当事人的请求应当得到审理。

即使法院认为不需要开庭，但如其在审理过程中认为有必要开庭审理，则法院可以决定在任何时候开庭。但是，一旦法院认为案件需要开庭审理或者已决定开庭，则其不得取消开庭命令或者改变观点认为不需要开庭审理了。

如果和解在匈牙利知识产权局的程序中无法实现，则不得在法院诉讼中和解。

参照《匈牙利发明专利法》第84/M条的规定，如果在撤销决定司法审查程序中，又有针对同一专利的撤销决定司法审查请求被提出，则在后的审查申请应当中止，直到在先的诉讼程序终结，针对在后的司法审查请求所启动的诉讼才能继续进行。

2.5.2.9 裁判

法院应当就案件的争议焦点和其他问题作为裁决。

如果法院在专利案件中作出了改判，则由该改判的判决替代匈牙利知识产权局的决定。

根据《匈牙利发明专利法》第100条的规定，在下列情形下，法院应当撤销匈牙利知识产权局的决定并判令匈牙利知识产权局启动新的审查程序：

a. 如果决定的作出有本应被拒绝的、应被排除在外的人参与的；

b. 在匈牙利知识产权局的审查阶段违反了程序的实质性规定，而且在法院诉讼阶段无法予以补救的。

如果当事人请求对在匈牙利知识产权局程序中未涉及的事项作出裁决，法院应当将该请求转交匈牙利知识产权局处理，除非在撤销程序中，匈牙利知识产权局根据法律规定对该事项将不予考虑，或者该事项涉及的是在提交撤销申请时未提及的新的理由；此类撤销理由应排除在法院审理考虑的范围之外。如有必要，在将请求转交处理的案件中，法院可以撤销匈牙利知识产权局的决定。

法院应当对当事人在司法审查请求中或其后提出的所有事实、请求或证据不予考量，前提是匈牙利知识产权局按照《匈牙利发明专利法》的相关规定①，已对上述内容进行了排除。

当匈牙利知识产权局在他人提出司法审查的申请后，撤回其有关《匈牙利发明专利法》第85（1）（b）至（d）条规定（均为程序性事项方面的规定）的决定的，法院应当终止诉讼程序。如果匈牙利知识产权局改变其决定的，法院可以仅就仍有争议的事项进行审理。

如果法院进行了开庭审理，则关于案件争议焦点问题的判决应当在庭审时予以宣判。在案件复杂难以当庭宣判的情况下，宣判可以推迟，但不得超过8天。在延迟宣判的情况下，宣判时间应当立即予以确定，而且在宣判之前应当制作书面的判决。

2.5.2.10 上诉

对大都会法院的判决不服的，可以提起上诉。② 在二审程序中，《匈牙利民事诉讼法典》第257条的规定应当参照适用，在审理这类案件时，二审法院仍应以口头方式进行审理，除非上诉所针对的是匈牙利知识产权局涉及《匈牙利发明专利法》第85（1）（c）和（d）条规定而作出决定的判决。

---

① 《匈牙利发明专利法》第47（3）条的规定。

② 有资料指出："对都市法院（注：即本书中的'大都会法院'）的判决不服的，可在接到通知之日起15日内向最高法院提出上诉。"参见中华人民共和国国家知识产权局网站：《匈牙利专利局情况介绍》，2001年9月29日，网址：http：//www. sipo. gov. cn/gjhz/qkjs/201310/t20131023_832309. html，最后访问日期：2017年10月20日。但是，新近资料指出，匈牙利的法院体系分为四级：县镇法院、地区法院（包括本书中的"大都会法院"或称"布达佩斯市法院"）、上诉法院（包括"布达佩斯市上诉法院"）和匈牙利最高法院。对大都会法院一审判决不服的，应当向布达佩斯市上诉法院提起上诉，只有在极少数情况下，布达佩斯上诉法院的裁决可以由匈牙利最高法院进行监督提审。参见：管育鹰主编：《"一带一路"沿线国家知识产权法律制度研究——中亚、中东欧、中东篇》，法律出版社2017年版，第196－198页。《匈牙利发明专利法》并未明文规定对大都会法院判决提起上诉的上诉法院是哪一级，但是按照通常理解，除非有明确的法律规定，否则应当对上诉法院受理地区法院一审裁判的上诉案件。

2.6 专利的许可与转让

2.6.1 专利许可

根据许可的产生基础不同，可以将专利许可分为两种类型，即基于实施合同而产生的专利许可和基于法定许可而产生的专利许可。

2.6.1.1 专利实施合同（Exploitation Contract）

当事人可以通过订立专利实施许可合同，对专利实施许可的事项作出约定。在专利实施合同（专利许可合同 Patent License Contract，实用新型许可合同 Utility Model License Contract）中，专利权人授予实施发明或者实用新型的权利，而实施发明或者实用新型的人（被许可人）应当支付许可费（Royalties）。

专利实施合同应当包含专利全部的权利要求和所有实施形式，包括在任何范围内，没有时间限制和领土范围内的地域限制。

只有在合同中明确作出约定的，实施的权利才是排他性的。在排他性实施许可的情况下，除获得实施权的被许可人外，专利权人也可以实施该发明，除非合同作出了明确的排除。如果被许可人在合理期限内未在约定的条件下实施该发明，专利权人在扣除相应许可费的前提下，可以终止排他性许可的授权。

1）专利权人的权利义务

在实施合同的有效期内，专利权人应当保证他人不享有能够阻止或限制被许可人行使实施权利的专利权。民法典关于权利担保的规定可以参照适用于此种担保责任，作为例外，被许可人可以终止而非撤销合同，并立即发生法律效力。

专利权人应当对发明的技术可行性负责。民法典关于瑕疵担保责任的规定可以参照适用于此种担保责任，作为例外，被许可人可以终止而非撤销合同，并立即发生法律效力。被许可人也可以根据合同有关违约责任的约定，主张因技术上不具有可行性而导致的损失。

专利权人应当告知被许可人与专利权有关的信息以及其他重要信

息。但是，只有在他已明确表示同意的情形下，专利权人才有义务移交经济、技术和组织方面的专有技术（Know – how）。

专利权人应当维持专利权有效。

2）被许可人的权利义务

被许可人应当按照合同约定支付许可费。

被许可人只有在专利权人明确同意的情况下，才可以转让许可或者向第三人颁发再许可。

3）实施合同的终止

在合同约定的期限届满，或者约定的条件成立，或者专利到期的情况下，专利实施合同应当终止。

在法律不禁止的情况下，当事人可以在协商一致的情况下，对实施合同的相关条款作出删减。

2.6.1.2 法定许可（Compulsory License）

1）未实施专利的法定许可

自专利申请之日起 4 年或者自专利授权之日起 3 年内，以两个时间中在后到期的为准，专利权人未境内实施该发明以满足国内需求的，其也未进行认真的实施准备，也未为此目的而颁发授权许可的，法定许可应当颁发给该许可的申请人，除非专利权人能够证明其未实施专利具有正当理由。

《匈牙利实用新型保护法》第 17（2）条规定，有关实用新型保护的法定许可、权利限制、权利用尽的内容，均应当参照适用《匈牙利发明专利法》关于法定许可的一般性规定以及权利限制和权利用尽的规定。

2）从属专利的法定许可

《匈牙利发明专利法》第 32 条规定，如果受到专利保护的发明不侵犯另一项专利就无法实施［以下简称主导专利（the Dominant Patent）］，根据请求以及实施主导专利所必须的程度，从属专利（the Dependent Patent）的持有人应当被授予法定许可，前提是从属专利所请求保护的发明较之主导专利所请求保护的发明，具有显著经济意义的重大技术进步。

根据前述规定授予主导专利的法定许可的情况下，主导专利的持有人根据法定许可的一般规定，有权在合理的条件下取得实施从属专利所请求保护的发明。

《匈牙利实用新型保护法》第 16 条也规定，如果受到保护的实用新型不侵犯另一项实用新型保护就无法实施，则应当在实施所必须的限度内授予主导实用新型的法定许可；如果受到专利保护的发明或者受到保护的植物新品种不侵犯另一项实用新型保护就无法实施，则应当在实施所必须的限度内授予主导实用新型的法定许可。

3）涉及欧盟专利的法定许可

在符合欧洲议会和欧盟理事会关于向存在公共卫生问题的国家出口药品相关的法定许可的 2007 年 5 月 17 日第 816/2006 条例（以下简称欧盟 816/2006/EC 条例）规定的条件的情况下，匈牙利知识产权局应当颁发法定许可以实施一项发明。基于前述规定而获得法定许可的被许可人不得再向他人授予实施该发明的许可。被许可人可以随时放弃其根据前述规定而取得的法定许可。除非法定许可被放弃或取消，根据前述规定而取得的法定许可一直有效，直至匈牙利知识产权局规定的有效期届满或者直至专利保护失效。

涉及欧盟 816/2006/EC 条例的法定许可，申请书应当包括以下内容：

a. 请求给予实施法定许可的发明的专利注册号；

b. 符合欧盟 816/2006/EC 条例第 105 条规定的细节，以使基于法定许可而生产的药品能够区别于专利权人或经其授权的人生产的产品（例如：特殊包装、颜色或形状）；

c. 欧盟 816/2006/EC 条例第 10（6）条规定的网站地址。

《匈牙利发明专利法》第 83/B（4）条规定，针对上述法定许可申请，匈牙利知识产权局应当审查以下内容：

a. 申请是否包含了前款和欧盟 816/2006/EC 条例第 6（3）条规定的细节；

b. 欧盟 816/2006/EC 条例第 8 条规定的条件是否得到满足；

c. 申请人是否提交了证据，用以证明他之前已经按照欧盟 816/

2006/EC 条例第 9（1）条的规定与专利权人进行了谈判；

d. 经法定许可准备生产的产品数量符合欧盟 816/2006/EC 条例第 10（2）条规定的条件。

如果法定许可的申请不符合欧盟 816/2006/EC 条例和《匈牙利发明专利法》的规定，或者申请人未按规定缴纳申请费，申请人应当被通知补正上述瑕疵或者提交说明。即使进行了补正或者提交了说明，如果申请仍然不符合审查条件，则该申请应当被拒绝。如申请人未在规定的时间内对通知予以回应，则该申请将被视为撤回。

匈牙利知识产权局将通知专利权人就专利法定许可申请提交答复意见。在完成书面准备工作后，匈牙利知识产权局将在口头审理程序中作出授予或者拒绝法定许可的决定；同样地，匈牙利知识产权局也可以不经口头审理而直接决定终止该程序。

授予法定许可的决定应当记载于专利登记簿中，相关信息应当在匈牙利知识产权局的官方公报中予以公布。匈牙利知识产权局也将在其网站上公布欧盟 816/2006/EC 条例第 12 条规定的以及那些能够使基于法定许可而生产的药品区别于专利权人或经其授权的人生产的产品的细节。

2.6.2　专利转让

《匈牙利发明专利法》第 25 条规定，基于发明而取得的权利以及基于专利保护而取得的权利，除精神权利外，均可以移转、转让和抵押。

抵押权只有在抵押合同以书面方式订立并记载于专利登记簿中方才成立。

《匈牙利实用新型保护法》第 14 条规定，基于实用新型而取得的权利以及基于实用新型保护而取得的权利，除发明人所享有的精神权利外，均可以移转、转让和抵押。第 17 条规定，基于实用新型或者实用新型保护而取得的权利的承继、抵押以及许可合同，均应参照适用《匈牙利发明专利法》的相关规定。

2.7 专利权的保护

专利保护范围由权利要求确定。对于权利要求，应当基于说明书和附图解释。匈牙利专利保护期是自申请之日起 20 年。《匈牙利发明专利法》第 35（1）条明确规定，任何人违法实施专利保护的发明的行为均构成专利侵权（Patent Infringement）。

实用新型保护范围由权利要求确定。权利要求仅应当根据说明书和附图加以解释。保护范围还包括权利要求中的一个或多个特征被等同的特征代替后的方案。实用新型的保护期为自申请之日起 10 年。

设计的保护期为自申请之日起的 5 年。其与发明专利和实用新型保护的不同之处在于，在匈牙利，设计保护在到期之后可以申请续展，每次续展的保护期仍为 5 年，最多可以续展 4 次。也就是说，设计保护最长可达 25 年，自申请之日起满 25 年的设计不得再申请续展。在存在续展的情形下，设计保护新的保护期应当从前一保护期限届满之日起算。

《匈牙利设计保护法》第 20 条规定，设计保护的范围应当根据影响产品全部或者部分外观的特征加以确定，而上述特征则根据设计登记簿中记载的照片、附图或者其他图形标志［以下简称标志（Representation）］加以确定，如果有，则还应考虑部分放弃说明（Partial Disclaimer）。

2.7.1 专利的司法保护

2.7.1.1 案件类型

《匈牙利发明专利法》第 43/A 条第 2 款规定，发明人有权依据匈牙利民法典，对任何对其发明人身份（Authorship）提出质疑或者侵犯其基于发明而获得的精神权利（Moral Rights）的人提起诉讼。

同时，《匈牙利发明专利法》第 104 条规定，大都会法院对下列诉讼享有专属管辖权：

a. 涉及法定许可的授予、修改和撤销的诉讼，其中，涉及适用欧盟 816/2006/EC 号指令的法定许可的事项除外；

b. 涉及优先权存在或者继续使用的诉讼，也包括根据第 84/K（6）条、第 112（a）条和第 122（5）条规定取得的权利的诉讼；

c. 涉及侵犯发明和专利权（the Infringement of an Invention or of a Patent）的诉讼。

法院在审理上述案件时，由三名法官组成合议庭，其中两名须有技术方面的大学文凭或者同等资格。

其他与专利有关的诉讼均应当由该法院（the Court of Justice）审理。除《匈牙利发明专利法》明确规定的情形①外，民事程序法典中的一般规定应当适用于专利诉讼案件中。

《匈牙利实用新型保护法》第 18 条规定，如果有关实用新型申请或者实用新型保护的权利被他人不当行使，受损害的当事人或其权利承继者可以请求将该实用新型申请或者实用新型保护全部或者部分地移转给自己。第 19 条规定，实用新型保护的持有人可以请求获得与《匈牙利发明专利法》规定的专利权人在受到侵权时所能获得的民事救济相同的民事救济；在实用新型保护受到侵害的案件中，经权利人授权，《匈牙利发明专利法》有关相关权利的规定可以适用于被许可人。

2.7.1.2 民事救济

《匈牙利发明专利法》第 35（2）条规定，专利权人有权根据案件具体情况获得如下民事救济：

a. 请求法院对侵权的事实予以宣告；

b. 请求法院颁发责令侵权人停止其侵权行为或任何直接损害专利权的行为的禁令；

c. 要求侵权人提供识别参与生产、分销侵权产品的人，或者提供侵权服务的部门或其分销渠道的信息；

d. 要求侵权人以作出声明的方式或者其他适当方式以获得救济；

e. 要求放弃因专利侵权行为所获得的收益；

f. 要求对侵权产品予以扣押、向指定人员移交、从商业渠道中召回和移除，或者销毁，包括完全或者主要用于侵权行为的工具和物品。

---

① 《匈牙利发明专利法》第 89 条、第 94 条和第 95（3）条的规定。

第 35（3）条规定，如果专利被侵权，专利权人可以按照民事责任的规则请求获得损害赔偿。如果专利权人未按规定提交欧盟专利说明书的匈牙利文译文，而侵权人在匈牙利拥有住所或者营业场所，则在专利权人遵守《匈牙利发明专利法》第 84/G（2）条的规定，或者匈牙利知识产权局按照第 84/H（10）条的规定，向公众提供根据第 84/H（10a）条所提交的信息前，侵权人不应承担侵权责任，除非专利权人能够证明侵权人在没有前述译文的情况下已理解了欧盟专利的说明书。

根据《匈牙利发明专利法》第 35（4）条、第 35（5）条的规定，对于依据第 35（2）（b）条可以提出的主张，专利权人除可以向侵权人提出外，还可以向下列人员提出：

a. 被发现在商业领域中持有侵权产品者；

b. 被发现在商业领域中使用侵权服务者；

c. 被发现在商业领域为侵权活动提供服务者；

d. 由前述 a 至 c 项规定的人指出的参与侵权产品生产或者分销者或者参与侵权服务的部门。

基于前述第（5）款（a）项至第（5）款（c）项的立法目的，如果从侵权产品或服务的性质和数量看，相关行为明显地是直接或者间接为经济或者商业利益而实施的，则相关行为应当被认为是在商业领域中实施的。除非有相反证据，消费者善意地实施的行为不应被视为是在商业领域中实施的行为。

在《匈牙利发明专利法》第 35（2）（c）条和第 35（5）条的基础上，侵权人或者在第 35（5）条中被提及的人，可以被要求提供下列信息：

a. 侵权产品或者服务的生产者、分销者、提供者和持有者的姓名、地址，也包括具有故意的或者参与其中的批发商和零售者；

b. 生产、运输、接收或预订的侵权产品和服务的数量，也包括为此类产品或服务所获得或支付的价格。

《匈牙利发明专利法》第 35（8）条规定，根据专利权人的请求，法院可以裁定被扣押的工具、物品和产品的侵权性质，从商业渠道中召回和移除侵权产品，如果无法实现，则销毁侵权产品。在特定情况下，作为对销毁措施的替代，法院可以按照司法执行法的规定将侵权工具和物品予以拍卖；在此类案件中，法院应当决定由此获得的价款如何使用。

即使用于侵权行为的侵权工具和物品以及侵权产品并不由侵权人所控制，但如果持有人知道或者有合理理由应当知道该侵权行为的，亦可实施扣押。

法院应当就第35（2）（f）条和第35（8）条规定的措施作出裁决，相关费用由侵权人负担，除非根据案件的特殊情形，相关费用的酌减是适当的。在采取从商业渠道中召回和移除，或者销毁等措施时，法院应当在考虑第三人利益和保证相关措施和侵权行为的严重性成比例的基础上，作出裁决。

根据专利权人的请求，法院可以裁定公布相关决定，费用由侵权人负担。法院应当决定公开的具体方式。公开一般应在全国性的日报或者互联网上公布。

2.7.1.3　临时措施（Provisional Measures）

如果原告能够证明发明已经取得专利权，他是专利权人或者有权以自己名义提起诉讼的实施权人，那么除非有相反规定，否则原告有权获得专门的临时措施的保护。在存在相反规定的情况下，也应当考量所有因素，尤其是该专利权被匈牙利知识产权局或者一审法院予以撤销、在匈牙利有效的欧盟专利被欧洲专利局的其他机构或者欧盟专利组织的其他成员国撤销的事实，应当予以考虑。因为上述临时措施是建立在相关措施必要性的推定基础上的，因此，当专利侵权行为已经持续了6个月，或者原告知道侵权行为的存在，并知道具体侵权人超过60日的，就不得再给予其临时措施的保护。

在考虑临时措施造成的损失或者可能取得的利益时，应当将如果采取该措施可能给公共利益或者第三方当事人的合法利益造成的明显而合理的损失考虑在内。

在专利侵权诉讼案件中，可以在提起诉讼前请求给予临时措施的保护，大都会法院应当适用无争议程序对该请求作出裁决。除了基于无争议程序的性质所决定的例外，《匈牙利发明专利法》的规定以及民事程序法典中的一般规则均应当参照适用于给予临时措施保护的无争议程序。如果原告已根据相关规定提起了专利侵权诉讼，则在已支付的无争议程序费用之外的费用，应当作为诉讼费用予以缴纳。

在专利侵权诉讼中，除了可以适用民事救济外，专利权人还可以基于其情况向法院请求采取下列临时措施：

a. 如果原告能够证明相关侵权情况的存在，可能导致其就损害或后续获得的收益无法得到满足的，可以根据司法执行法的规定采取预防措施；

b. 在采取符合 a 项规定的临时措施的情形下，强制侵权人提供其银行、金融或商业方面的文件；

c. 在侵权人被要求停止（Discontinuance）被控侵权行为而专利权人同意继续实施（Continuation）该行为的情况下，要求侵权人就被控侵权行为提供担保（Lodging of Security）。

在专利权人未提出前述请求的情况下，法院也可以要求被控侵权人提供担保，前提是专利权人提交了继续专利侵权行为的请求而法院对此未予准许。

法院在收到临时措施保护申请的 15 日内，就是否给予临时措施保护作出裁决。当事人如对该裁决不服，可以提起上诉，二审法院在受理针对临时措施保护的上诉的 15 日内作出裁决。

如果专利权人没有在诉前临时措施保护获得支持的 15 日内提起诉讼，根据被告的请求，法院应当在收到被告前述请求的 15 日内，撤销其包括前述各项临时措施在内的临时措施保护的决定。

在专利侵权诉讼程序进行过程中，如果一方当事人已经提交了合理的现有证据，根据提交证据一方当事人的请求，法院可以要求被告：

a. 提供其持有的文件和其他资料并配合检查；

b. 提交其银行、金融或商业文件。

2.7.1.4 初步证据开示（Preliminary Production of Evidence）

如果专利权人提交证据证明存在专利侵权行为合理存在的风险，在提起专利侵权诉讼前，初步证据开示的请求应当被接受。如果诉讼程序尚未开始，初步证据开示请求应当向大都会法院提出。① 大都会法院应当接受初步证据（Preliminary Evidence）。不服初步证据开示的裁定，可以提起上诉。

如果专利权人没有在决定初步证据开示的裁定送达之日起 15 日内提起专利侵权诉讼，根据被告的请求，法院应当在收到被告前述请求的 15 日内撤销其关于初步证据开示的裁定。

如果迟延会造成无法弥补的损失，在充分考虑紧急程度的基础上，可以不听取被告的意见即采取各种临时措施。如果迟延会造成无法弥补的损失，或者存在证据灭失的风险，作为紧急情况并将此作为考虑因素，可以不听取被告的意见即采纳初步证据。此种未听取被告意见而作出的决定应当向被告送达。该决定送达后，被告可以提出审理请求，审查或者撤销该采取临时措施或初步证据开示的决定。

法院可以发布初步证据开示的命令，和除《匈牙利发明专利法》第 104（5）（c）条②和第 104（6）条③之外的提供担保的临时措施的命令。

在前述提及的有关提供担保的各项规定中，自撤销初步证据开示或临时措施保护的决定被撤销或者停止实施侵权行为的决定发生法律效力之日起 3 个月内，如果有权从担保数额中获得赔偿的一方当事人未采取措施，提供担保的一方当事人可以要求取回其担保。

如果专利权人未按照《匈牙利发明专利法》第 84/H 条的规定提交欧盟专利的匈牙利文译文，也未按照第 84/G（2）条的规定向被控侵权

---

① 有文献指出，"匈牙利民事程序法也接受当事一方给出的必要的、不是在法庭审判过程中要求提交的初步证据。对权利人来说，如果担心有可能证据不容易发现和获得，在启动诉讼之前要求获得初步证据是非常明智的。权利人可以要求请求国家公职机关对被告的支出、证据所在地等进行调查；如果请求被批准，司法部会派专家来处理这个非诉讼程序，即由国家公证机构聘任专家在给定的地点对涉嫌侵权产品或过程进行调查，并提供专家意见。"管育鹰主编：《"一带一路"沿线国家知识产权法律制度研究——中亚、中东欧、中东篇》，法律出版社 2017 年版，第 198 页。但是，根据《匈牙利发明专利法》第 104 条的规定，请求获得初步证据的请求是应当向法院提出的。

② 在侵权人被要求停止被控侵权行为而专利权人同意继续实施该行为的情况下，要求侵权人就被控侵权行为提供担保。

③ 在专利权人未提出前述请求的情况下，法院也可以要求被控侵权人提供担保，前提是专利权人提交了继续专利侵权行为的请求而法院对此未予准许。

人提供该译文，应当视为被告未就诉讼提供任何理由。

在涉及欧洲专利的案件中，该专利的匈牙利文译文应当作为请求的附件予以提交。未遵守该规定的，应当给予通知。翻译费用由专利权人负担。

2.7.2 专利的行政保护

与中国专利法明确规定管理专利工作的部门有权对专利侵权行为进行认定、查处等规定不同，匈牙利专利行政部门的职责主要限定在专利申请、授权、专利保护失效的认定及其恢复、专利权撤销、不侵权认定、专利说明书的解释、专利信息的登记和公开等方面，[①] 匈牙利的相关法律并未授予匈牙利知识产权局对专利权进行行政保护的权利。

2.7.3 其他保护途径

《匈牙利发明专利法》第35/A条规定，如果存在专利侵权，专利权人可以根据专门立法的规定，请求海关当局采取行动，以阻止侵权产品流入市场。

2.7.4 确认不侵权的认定

《匈牙利发明专利法》第37条规定，任何认为有可能被提起专利侵权诉讼的人，均可以在此类专利侵权诉讼发生前，请求认定其实施的或者准备实施的产品或方法并不侵犯其所指明的专利权。而确认不侵权的终局裁决一经作出，不得基于同一专利权就相关产品或者方法提起专利侵权诉讼。

《匈牙利发明专利法》第82条对确认不侵权认定的具体程序作出了规定：

提交确认不侵权认定的申请，应当包含实施的或者准备实施的产品或者方法的说明书、附图，以及所设计的专利的说明书和附图。如果使

---

① 《匈牙利发明专利法》第44条。

欧盟专利在匈牙利生效的匈牙利文译文尚未提交，或者专利权人没有使提出请求的当事人获得该译文，匈牙利知识产权局根据提出确认不侵权请求的当事人的请求，应当通知专利权人提交该译文。如果专利权人未按照上述规定提交匈牙利文译文，请求人可以提交该译文，费用由专利权人负担，除非专利权人在答复中明确该实施的或者准备实施的产品或方法不构成对其专利权的侵权。

申请书应当仅针对一项专利权和一项实施的或者准备实施的产品或者方法而提出。相关申请费用应当在提出申请的 2 个月内缴纳。

如果确认不侵权申请不符合相关法律要求或者未缴纳相关费用，申请人应当被通知作出补正；经通知而未补正上述缺陷的，申请应当视为撤回。

该法第 83 条规定，匈牙利知识产权局应当通知专利权人提交其关于确认不侵权请求的意见。在完成书面准备工作后，匈牙利知识产权局应当在口头审理过程中决定该不侵权认定的请求是否予以支持。同样地，匈牙利知识产权也可以不经口头审理而直接决定终止该程序。

专利权人应当负担准备匈牙利文译文的翻译费用。提出确认不侵权认定的请求人应当负担该程序的费用。

《匈牙利实用新型保护法》第 20 条、《匈牙利设计保护法》第 24 条也分别就实用新型和外观设计的确认不侵权认定作出了基本相同的规定，此处不再赘述。

2.8 中国企业在匈牙利的专利策略与风险防范

匈牙利属于发达的资本主义国家，人均生活水平较高。自东欧剧变后，匈牙利加入了欧盟和北约。经济高速发展的匈牙利，到 2012 年，其人均 GDP 按国际汇率计算达到 1.27 万美元，已经达到中等发达国家水平。按照购买力平价计算，则匈牙利的人均 GDP 为 2 万美元。[①] 作为

---

① 百度百科"匈牙利"词条，https：//baike. baidu. com/item/匈牙利/191888？ fr = aladdin，最后访问日期：2017 年 10 月 22 日。

"一带一路"倡议沿线上的一个重要国家,在匈牙利投资创业充满了无限的商机。虽然匈牙利在加入欧盟后,相关法律制度都已经有了很大的调整,基本上与世界各国尤其是欧盟的法律制度接轨,但是,还是有一些自己的特点,因此,在匈牙利投资一定要注意该国相关法律的规定。比如在匈牙利,外观设计最长可以受到 25 年的保护,这在中国是难以想象的,中国企业就不能想当然地把自己在中国的专利布局和保护经验套用于匈牙利,入乡问禁是必需的。具体到专利法律制度,应当留意以下内容。

2.8.1　匈牙利专利制度特点与应对

相对于中国的专利法,匈牙利的专利制度具有以下几个方面的特点。

2.8.1.1　不同客体分别立法保护

对于中国企业常见的发明、实用新型和外观设计三种专利权利客体,匈牙利没有在同一部法律中作出规定,而是分别制定了《匈牙利发明专利法》《匈牙利实用新型保护法》和《匈牙利设计保护法》三部不同的法律加以规定。这种立法模式有利于在法律框架内保持规范的纯粹性,不需要在同一部法律的立法中过多地考虑权利客体上的差异,因而相关规定更加清晰准确,但是,分别立法也给一般公众全面了解和掌握专利法律制度带来了困难。

当然,与实用新型、外观设计和发明专利分别立法的一般规则不同,《匈牙利发明专利法》将植物新品种保护纳入保护范围,其有关从属专利法定许可的第 32 条还明确规定,发明专利的法定许可规定可以参照适用于植物新品种的保护,这是中国的植物新品种保护制度中所没有的。

针对这一立法模式,中国企业有必要在进入匈牙利市场前,通过专业机构全面了解匈牙利的专利法律制度,区分发明、实用新型和外观设计保护各自的优缺点,寻找适合企业自身的专利保护路径,进行有针对性的保护申请。同时,中国企业也要在自己感兴趣的领域全面了解当地企业以及其他外国企业、跨国公司的专利布局情况,避免自己打算申请一项发明、实用新型或外观设计,便仅就发明、实用新型、外观设计一个领域的在先申请进行检索，而忽略了相关领域的专利保护情况。

2.8.1.2 职务发明制度特色鲜明

《匈牙利发明专利法》《匈牙利实用新型保护法》和《匈牙利设计保护法》中不但有职务发明的规定，而且在职务发明之外，规定了雇员发明的内容，从而形成了十分详细完备的职务发明专利制度。作为进入匈牙利市场的中国企业，不可避免地会雇佣匈牙利本国人员为自己的企业工作，那么，在签订劳动合同时，就应当充分考虑匈牙利的职务发明、雇员发明法律制度，在合同中就相关权利的归属、发明的实施、补偿费用等事项事先作出约定。

2.8.1.3 完善的确认不侵权制度

不同于中国的专利法，《匈牙利发明专利法》《匈牙利实用新型保护法》和《匈牙利设计保护法》均规定了确认不侵权制度，因此，对于中国企业而言，如果在进入匈牙利市场前，根据自己事先的判断，实施相关技术方案并不会落入到相关专利的保护范围，但为避免商业上的不确定性，可以根据相关法律规定的确认不侵权制度获得一个确切的市场准入预期。虽然相关程序的推进需要缴纳一定的费用，相应地会提高企业的成本，但是，相较于事后的补救而言，事先的预防措施无疑是最为有效的选择。

2.8.1.4 公众可以参与审查程序

根据《匈牙利发明专利法》第71条的规定，在专利授权程序中，任何人均可向匈牙利知识产权局提交有关发明申请不符合可专利性要求的评论。当相关事项在审查过程中，该评论的内容应当予以考虑。虽然提出评论的人不是专利授权程序的一方当事人，但是，对于评论的结果，其有权获得通知。根据这一规定，公众就可以参与到专利授权程序中来。对于专利申请者而言，除了面对知识产权局的专业审查外，还可能面临不确定的公众可能提出的挑战，这无疑增加了专利最终获得授权的不确定性。因此，对于中国企业而言，如果想在匈牙利申请专利，尤其是发明专利，必须选择真正有技术含量、具有较高授权前景的技术提交申请，否则就有可能陷入缴纳了申请费用而最终无法获得授权的尴尬局面。

2.8.1.5 司法保护处于主导地位

虽然匈牙利知识产权局在专利的申请、审查、撤销等环节发挥着不可替代的作用，但是，对于专利权的保护而言，匈牙利知识产权局并没有太多的话语权。在匈牙利，专利权的保护主要有赖于法院的诉讼程序，司法保护处于专利保护的主导地位。这也意味着，中国企业如果在匈牙利获得了专利权，那么在维权环节就主要应当依靠自己的理论，通过民事诉讼的方式维护自己的权利，无法像在中国国内一样，借助知识产权局等行政机关的行政执法措施来保护自己的专利权，企业的维权成本必然要高于国内。

2.8.2 专利风险与应对措施

由于匈牙利的官方语言为匈牙利语，并非国际交往中的常用语言，而匈牙利的专利法律制度中又要求相关申请文件必须使用匈牙利语或者提交匈牙利语译文，否则就无法获得授权，或者即使获得了授权也无法得到保护。匈牙利的专利法律规范虽然都可以找到英文译文，但是包括匈牙利知识产权局的《匈牙利专利商标公告》在内的众多官方文件，只能找到匈牙利语文本，不掌握匈牙利语是很难及时准确地获得匈牙利的专利发展动态的。

因此，对于中国企业而言，首要的问题就是如何在匈牙利国内建立一个分支机构作为立足点和联络点，熟悉和了解当地的环境。除了在匈牙利设立子公司或者分公司、办事处外，最为可行的办法就是与匈牙利本国的专利代理机构、律师事务所等建立委托代理关系，由匈牙利本国的专利代理人、律师协助处理专利方面的相关事务。

其次，需要注意的是，在匈牙利申请专利权保护的成本是相对较高的，需要缴纳的费用远高于在中国国内支付的费用，所以，对于中国企业而言，一定要有清晰准确的定位，对相关技术是否需要申请专利权保护以及申请何种专利权利要作出一个预估，避免投入产出不成正比。

最后，在匈牙利获得专利权后，还要及时地投入实际商业使用，不能将已经获得授权的专利技术束之高阁，否则就有可能面临被他人申请法定许可的被动局面。

白俄罗斯专利工作指引

前　言

白俄罗斯共和国（白俄罗斯语：Рэспубліка Беларусь，英语：Republic of Belarus），简称白俄罗斯，首都是明斯克（Минск，Minsk）。官方语言为白俄罗斯语和俄罗斯语。1991 年 8 月 25 日，白俄罗斯宣布脱离苏联独立，同年 12 月 19 日改名为白俄罗斯共和国。

白俄罗斯位于东欧平原西部，国土面积约为 20.76 万平方公里，共有 6 个州，100 多个民族，2017 年人口为 949.55 万人①，大部分居住在明斯克和其他大城市附近。白俄罗斯国民主要信奉东正教（70% 以上），西北部一些地区的国民信奉天主教及东正教与天主教的合并教派②。

白俄罗斯实行立法、行政、司法三权分立。白俄罗斯是总统制共和国，总统是国家元首，也是白俄罗斯共和国宪法、人权和自由的保障。白俄罗斯的行政权由政府内阁行使，总理是部长委员会之首。公民们通过地方代表会议、执行管理机关、地区社会自治机关、投票、会议和其

---

① 世界银行：白俄罗斯，https：//data. worldbank. org. cn/country/BY，2017 年 10 月 13 日访问。

② 中华人民共和国外交部：白俄罗斯国家概况（最近更新时间：2017 年 8 月），http：//www. fmprc. gov. cn/web/gjhdq_676201/gj_676203/oz_678770/1206_678892/1206x0_678894/，2017 年 10 月 13 日访问。

他形式，实行地方管理和地方自治。白俄罗斯的司法权属于法院。最高法院对国家的标准文件是否符合宪法实行监督。国民议会是白俄罗斯共和国的代表和立法机构。[①]

白俄罗斯营商环境较好，世界银行发布的《2016 经商环境报告》显示，白俄罗斯在全球 190 个经济体中排名第 44 位。[②] 2017 年白俄罗斯的营商环境便利度全球排名上升到第 38 位。[③] 白俄罗斯 1990 年至 2016 年的年均 GDP 总体发展情况如图 3 - 1 所示。[④]

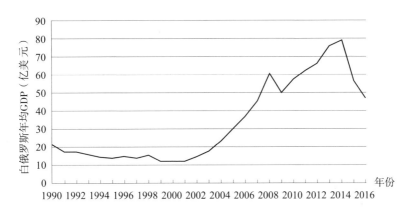

图 3 - 1　白俄罗斯年均 GDP 发展情况

白俄罗斯工农业基础较好：机械制造业、冶金加工业、机床、电子及激光技术较为先进；农业和畜牧业较发达，马铃薯、甜菜和亚麻等产量在独联体国家中居于前列。

目前，白俄罗斯与世界上 166 个国家建立了外交关系，在 47 个国家设有 60 个外交机构。[⑤] 中国与白俄罗斯自 1992 年 1 月 20 日建交以来，

---

① 白俄罗斯共和国驻华大使馆：白俄罗斯共和国概况，http：//china. mfa. gov. by/zh/ob-zor_belarusi/obzor/，2017 年 10 月 13 日访问。

② 驻白俄罗斯经商参处：白俄罗斯在世界银行《2016 年营商环境报告》中排名上升，居第 44 位，http：//by. mofcom. gov. cn/article/jmxw/201510/20151001149695. shtml，2017 年 10 月 13 日访问。

③ 世界银行：经济体排名，http：//chinese. doingbusiness. org/rankings，2017 年 11 月 3 日访问。

④ 世界银行：白俄罗斯，https：//data. worldbank. org. cn/country/BY，2017 年 10 月 13 日访问。

⑤ 白俄罗斯共和国驻华大使馆：白俄罗斯共和国概况，http：//china. mfa. gov. by/zh/ob-zor_belarusi/obzor/，2017 年 10 月 13 日访问。

两国关系发展顺利。2013 年 7 月，两国签署了关于建立全面战略伙伴关系的联合声明。[①] 中国是白俄罗斯第 3 大贸易伙伴，也是白俄罗斯在亚洲最大的贸易伙伴。[②]

白俄罗斯地处"欧亚经济联盟"和欧盟交界之地，是"丝绸之路经济带"建设的重要枢纽。2013 年，中国在明斯克州兴建中白合作工业园区，总规划面积91.5 平方公里，预计总投资额近 60 亿美元，这是白俄罗斯招商引资的最大项目，也是中国在海外参与建设的最大工业园区。截至 2017 年 5 月，在工业园注册的企业已有 22 家，其中 9 家企业已正式入驻，并享受相关的优惠政策。[③]

3.1　白俄罗斯专利法律制度的发展历程

3.1.1　知识产权发展情况

白俄罗斯在独立后就一直致力于建立本国的知识产权保护体系，通过十几年的努力，已经形成了比较完善的，包括法律、法规、法律实施细则以及执法体制等内容的知识产权法律保护体系。白俄罗斯知识产权保护体系的特色在于：

第一，顺应现代国际专利发展趋势，对发明、工业品外观设计、实用新型给予法律保护，并且进行专利性审查，即新颖性、创造性（对工业品外观设计而言则为独创性）和工业实用性。发明专利保护期为自申请日起 20 年；工业品外观设计为 10 年，可以延期 5 年，保护期最长为 15 年；实用新型证书保护有效期为 5 年，通常可以延期 3 年。

第二，对前苏联的有效专利或已颁发发明人证书的发明或工业品外观设计采取两种做法，即在法律规定的期限内根据专利权人或发明人的

① 白俄罗斯共和国驻华大使馆：关于白中政治关系，http：//china. mfa. gov. by/zh/bilateral_relations/political/，2017 年 10 月 13 日访问。
② 中华人民共和国外交部：中国同白俄罗斯的关系，http：//www. fmprc. gov. cn/web/gjhdq_676201/gj_676203/oz_678770/1206_678892/sbgx_678896/，2017 年 10 月 13 日访问，最近更新时间：2017 年 8 月。
③ 新华社："一带一路"为白中合作注入发展新动力，http：//news. xinhuanet. com/world/2017 - 05/17/c_1120987724. htm，2017 年 10 月 13 日访问。

请求，就其剩余的有效期转授各自国家的发明专利或工业品外观设计专利，或承认原保护文件在各自国家境内仍然有效。

第三，施行专利文献两类公布（专利申请的公布以及专利授权信息的公布），但多为在官方公报中刊登著录项目信息和权利要求，而不出版各阶段的详细专利说明书，公众可以根据公报中刊登的文献代码和文献号进一步查询。①

根据世界知识产权组织（WIPO）公布的相关信息，白俄罗斯的知识产权相关法律及实施细则信息分别如表3－1和表3－2所示。②

表 3－1　白俄罗斯知识产权相关法律

法律名称	保护主题	发布日期	生效日期	最后修订日期
白俄罗斯宪法		1994 年	1994 年 3 月 30 日	
白俄罗斯共和国第 3725 XII 号法	关于针对植物品种的专利	1995 年 4 月 13 日		2014 年 1 月 4 日
白俄罗斯共和国第 2181 － XII 号法	关于商标和服务标记	1993 年 2 月 5 日		2012 年 7 月 9 日
白俄罗斯共和国第 262 － Z 号法	关于版权及邻接权	2001 年 5 月 17 日	2011 年 11 月 30 日	
白俄罗斯共和国第 160 － Z 号法	关于发明，实用新型，工业品外观设计	2002 年 12 月 16 日		2011 年 12 月 22 日
白俄罗斯共和国第 214 － Z 号法	关于集成电路布图设计保护法	1998 年 12 月 7 日		
白俄罗斯共和国第 225 － Z 号法	关于广告	2007 年 5 月 10 日	2007 年 11 月 10 日	2014 年 4 月 23 日
白俄罗斯共和国第 94 － Z 号法	关于反垄断和促进竞争	2013 年 12 月 12 日	2014 年 7 月 1 日	2013 年 12 月 12 日
白俄罗斯共和国第 194 － Z 号	治安处罚法典	2003 年 4 月 21 日		2013 年 7 月 12 日

---

① 国家知识产权局规划发展司：《中东欧地区有关国家知识产权环境研究报告（上）》，2015。

② 世界知识产权组织：白俄罗斯，http：//www. wipo. int/wipolex/zh/profile. jsp？code＝BY，2017 年 10 月 13 日访问。

法律名称	保护主题	发布日期	生效日期	最后修订日期
白俄罗斯共和国第275 - Z号刑法典		1999年7月9日	2000年6月18日	2013年7月12日
白俄罗斯共和国第218 - Z号民法典		1998年12月7日		2013年12月31日
白俄罗斯共和国行政违法法典程序性实施细则		2006年12月20日		
白俄罗斯海关法典		2007年1月4日		
白俄罗斯共和国2008年7月17日第427 - W号媒体法		2008年7月17日	2008年11月17日	
白俄罗斯共和国1993年2月3日第2151 - XII号海关关税法		1993年2月3日	1993年2月3日	
白俄罗斯共和国第347 - W号外贸管理法		2004年11月15日	2005年6月16日	

表3-2　白俄罗斯知识产权相关实施细则

条例名称	保护主题	发布日期	生效日期	最后修订日期
白俄罗斯共和国部长理事会第173号决议	关于针对若干白俄罗斯共和国部长理事会的决议进行修改和补充	2014年2月27日	2014年4月6日	
白俄罗斯共和国部长理事会第1719号决议	关于批准商标和服务标记的注册程序，以及修订白俄罗斯共和国理事会的若干决议	2009年12月28日	2010年1月25日	2013年1月14日
白俄罗斯共和国部长理事会第1038号决议	关于国家电影注册机制	2012年11月13日	2012年11月17日	

条例名称	保护主题	发布日期	生效日期	最后修订日期
白俄罗斯共和国部长理事会第 1039 号决议	关于向作者支付的最低费用及相关程序，以及电影产业中其他类型的补偿	2012 年 11 月 13 日	2012 年 11 月 21 日	
白俄罗斯共和国部长理事会科学和技术委员会第 14 号决议	关于修改科学和技术委员会 2008 年 1 月 15 日第 2 号决议	2011 年 7 月 7 日	2011 年 7 月 26 日	
白俄罗斯共和国部长理事会下属的科学和技术委员会第 4 号决议	关于批准对发明专利授权的文件格式	2011 年 2 月 2 日		
白俄罗斯共和国部长理事会下属的科学和技术委员会第 5 号决议	关于批准对实用新型授权的文件格式	2011 年 2 月 2 日		
白俄罗斯共和国部长理事会下属的科学和技术委员会第 6 号决议	关于批准对工业品外观设计授权的文件格式	2011 年 2 月 2 日		
白俄罗斯共和国部长理事会第 121 号决议	批准关于工业品外观设计申请，审查程序以及根据审查结果做出决定的实施细则	2011 年 2 月 2 日	2011 年 2 月 3 日	
白俄罗斯共和国部长理事会第 403 号决议	关于在知识产权领域采取保护权利和制裁侵权行为的措施	2003 年 3 月 26 日		
白俄罗斯共和国部长理事会第 1957 号决议	批准关于工业产权服务对象的实施细则	1998 年 12 月 23 日		
白俄罗斯共和国部长理事会第 1824 号决议	批准关于延长发明专利，实用新型和工业品外观设计效力的实施细则	2010 年 12 月 15 日	2011 年 2 月 3 日	
白俄罗斯共和国部长理事会下属的科学和技术委员会第 12 号决议	关于批准集成电路布图设计的申请程序，以及知识产权管理部门对代理人的资格要求	2010 年 4 月 30 日		

条例名称	保护主题	发布日期	生效日期	最后修订日期
白俄罗斯共和国部长理事会下属的科学和技术委员会第 13 号决议	关于批准植物新品种专利的申请程序，知识产权管理部门对代理人的资格要求，以及植物新品种的调查问卷	2010 年 4 月 30 日		
白俄罗斯共和国部长理事会第 628 号决议	批准关于集成电路布图设计申请和注册程序的实施细则	2010 年 4 月 28 日		
白俄罗斯共和国部长理事会第 237 号决议	涉及对白俄罗斯共和国部长理事会 1998 年 3 月 6 日第 368 号决议的修改和增补	2010 年 2 月 19 日	2010 年 3 月 10 日	
白俄罗斯共和国部长理事会第 209 号决议	关于批准白俄罗斯共和国合理化活动的实施细则	2010 年 2 月 17 日		
白俄罗斯共和国部长理事会下属的科学和技术委员会第 1 号决议	关于批准文件的形式	2010 年 1 月 12 日		
白俄罗斯共和国部长理事会下属的科学和技术委员会第 2 号决议	关于商标证书	2010 年 1 月 12 日		
白俄罗斯共和国部长理事会下属的科学和技术委员会第 6 号决议	涉及批准许可协议注册，工业产权客体的转让合同，以及复杂的企业许可协议（特许经营）等事项程序的指导意见	2009 年 4 月 15 日	2009 年 3 月 21 日	
白俄罗斯共和国部长理事会第 1719 号决议	关于批准商标和服务标记的注册程序，以及修订白俄罗斯共和国理事会的若干决议	2009 年 12 月 28 日		

条例名称	保护主题	发布日期	生效日期	最后修订日期
白俄罗斯共和国部长理事会第 1679 号决议	涉及向知识产权管理部门上诉委员会进行申诉，异议，申请和审查的实施细则	2009 年 12 月 22 日	2010 年 1 月 25 日	
白俄罗斯共和国部长理事会第 1152 号决议	关于根据白俄罗斯共和国植物新品种专利法可收保护的植物新品种名单	2009 年 9 月 8 日		
白俄罗斯共和国第 314 号总统法令	涉及公民权的保护的若干措施，表演受民法和雇佣合同规制的作品	2005 年 6 月 6 日		
白俄罗斯共和国部长理事会科学和技术委员会决议	关于批准行政违法行为案件的格式	2008 年 6 月 10 日		
白俄罗斯共和国部长理事会下属的科学和技术委员会第 6 号决议	关于批准针对为个人使用复制视听作品和录音制品中的作品所应支付补偿的收取和分发的指南	2008 年 5 月 29 日	2008 年 6 月 11 日	
白俄罗斯共和国部长理事会第 321 号决议	关于为个人使用复制视听作品和录音制品中的作品所应支付补偿的若干规定	2008 年 3 月 3 日		
白俄罗斯共和国部长理事会第 210 号决议	关于针对电视和广播转播领域的作者的最低补偿标准，支付程序以及其他形式的补偿	2008 年 2 月 15 日		
白俄罗斯共和国部长理事会科学和技术委员会决议第 2 号	关于授权制定与行政诉讼有关的条款	2008 年 1 月 15 日	2008 年 2 月 25 日	

条例名称	保护主题	发布日期	生效日期	最后修订日期
白俄罗斯共和国部长理事会第 1555 号决议	关于批准 2008 年至 2010 年知识产权国家计划	2007 年 11 月 21 日		
白俄罗斯共和国国家海关委员会第 55 号	关于延迟含有知识产权的货物通关过程中采取的海关措施的决定	2007 年 6 月 25 日	2007 年 7 月 9 日	
白俄罗斯共和国部长理事会第 871 号决议	关于促进国家公共管理机构和知识产权保护执行机构之间协调工作的规则	2005 年 8 月 5 日		2006 年 8 月 2 日
白俄罗斯共和国部长理事会第 900 号决议	批准秘密发明,实用新型和工业品外观设计实施细则	2003 年 7 月 2 日		
白俄罗斯共和国部长理事会下属的科学和技术委员会第 12 号决议	涉及批准国家知识产权中心官方出版物的实施细则	2005 年 12 月 26 日	2006 年 1 月 1 日	
白俄罗斯共和国部长理事会下属的科学和技术委员会第 4 号决议	批准秘密发明,实用新型和工业品外观设计申请程序指南	2005 年 4 月 4 日		
白俄罗斯共和国部长理事会第 641 号决议	关于批准国家知识产权中心实施细则	2004 年 5 月 31 日		
白俄罗斯共和国部长理事会下属的科学和技术委员会第 2 号决议	关于批准知识产权管理部门上诉委员会实施细则	2003 年 1 月 10 日		
白俄罗斯共和国部长理事会下属的科学和技术委员会第 14 号决议	关于批准针对艺术和实用艺术品作者的最低补偿标准申请程序的实施细则,以及支付针对艺术和实用艺术品作者的最低补偿程序的实施细则	2002 年 10 月 24 日		

条例名称	保护主题	发布日期	生效日期	最后修订日期
白俄罗斯共和国部长理事会第 1319 号决议	关于针对艺术和实用艺术品作者的最低补偿标准	2002 年 9 月 25 日		
白俄罗斯共和国部长理事会第 1818 号决议	关于针对版权的最低补偿标准，执行与为公开演出创作的文学和艺术作品，或对未发表作品的首次公开演出有关的命令	2000 年 11 月 29 日		
白俄罗斯共和国第 2 号命令	关于驰名商标的认定规则	2001 年 8 月 9 日	2001 年 9 月 13 日	
白俄罗斯共和国部长理事会第 452 号决议	关于作者著作财产权的集体管理，以及针对使用文化和艺术作品最低限度的补偿标准	1997 年 5 月 8 日		
白俄罗斯共和国部长理事会第 697 号决议	关于针对使用科学，文化和艺术作品最低限度的补偿标准	1996 年 11 月 1 日		

近年来，白俄罗斯将工业创新视为经济增长与发展的驱动力。"2011—2015 年白俄罗斯共和国政府的创新发展"计划于 2011 年 5 月 26 日通过，该计划指出，知识产权体系确保了作者及其他权利人的权利和合法利益得到有效的保护，对于以创新为基础的白俄罗斯的发展来说是最重要的环节之一。2012 年，白俄罗斯还制定颁布了《2012—2020 知识产权发展战略纲要》，纲要提出从社会经济各个方面全面营造知识产权氛围，加强知识产权保护。①

---

① National Center of Intellectual Property（NCIP）：Strategy of the Republic of Belarus in the Sphere of Intellectual Property for 2012 – 2020，http：//belgospatent. by/eng/index. php？ option = com_content&view = article&id = 363，2017 年 10 月 8 日访问。

白俄罗斯于 1970 年 4 月 26 日成为 WIPO 的成员国。1991 年 12 月 25 日白俄罗斯共和国政府声明,《专利合作条约（PCT)》,《巴黎公约》《马德里国际注册马德里协定》继续适用于白俄罗斯共和国领土,并接受"条约""公约"和"协定"所规定的关于该领土的义务。[①] 白俄罗斯签订 WIPO 管理的国际公约的具体情况如表 3 - 3 所示。[②]

表 3 - 3　白俄罗斯签订 WIPO 管理条约

WIPO 管理条约名称	生效日期
专利法条约	2016 年 10 月 21 日
商标法新加坡条约	2014 年 5 月 13 日
保护表演者、音像制品制作者和广播组织罗马公约	2003 年 5 月 27 日
保护录音制品制作者防止未经许可复制其录音制品公约	2003 年 4 月 17 日
世界知识产权组织表演和录音制品条约（WPPT)	2002 年 5 月 20 日
世界知识产权组织版权条约（WCT)	2002 年 3 月 6 日
商标国际注册马德里协定有关议定书	2002 年 1 月 18 日
国际承认用于专利程序的微生物保存布达佩斯条约	2001 年 10 月 19 日
国际专利分类斯特拉斯堡协定	1999 年 3 月 12 日
建立工业品外观设计国际分类洛迦诺协定	1998 年 7 月 24 日
商标注册用商品和服务国际分类尼斯协定	1998 年 6 月 12 日
保护文学和艺术作品伯尔尼公约	1997 年 12 月 12 日
专利合作条约（PCT)	1991 年 12 月 25 日
保护奥林匹克标志的内罗毕条约	1991 年 12 月 25 日
保护工业产权巴黎公约	1991 年 12 月 25 日
商标国际注册马德里协定	1991 年 12 月 25 日
建立世界知识产权组织公约	1970 年 4 月 26 日

此外,白俄罗斯是欧亚专利组织成员国,适用欧亚专利体系。白俄罗斯虽是欧洲主权国家,但目前并没有加入欧盟。同时为促进其知识产权在国际范围内更充分、有效的保护,白俄罗斯积极签署知识产权相关

[①] 国家知识产权局规划发展司:《中东欧地区有关国家知识产权环境研究报告（上)》,2015。

[②] 世界知识产权组织:白俄罗斯, http：//www. wipo. int/wipolex/zh/profile. jsp? code = BY, 2017 年 10 月 13 日访问。

的双边条约和多边条约，具体如表3-4、表3-5所示。

表3-4　白俄罗斯签署知识产权相关多边条约①

知识产权多边条约名称	生效日期
残疾人权利公约	2016 年 12 月 29 日
生物多样性公约关于获取遗传资源和公正和公平分享其利用所产生惠益的名古屋议定书	2014 年 10 月 12 日
1949 年 8 月 12 日《日内瓦公约》关于采纳一个新增特殊标志的附加议定书（第三议定书）	2011 年 9 月 30 日
保护与使用越境水道和国际湖泊 1992 年公约关于水与健康的伦敦议定书	2009 年 7 月 21 日
保护和促进文化表现形式多样性公约 2005	2007 年 3 月 18 日
保护非物质文化遗产公约	2006 年 4 月 20 日
国际植物保护公约	2005 年 10 月 2 日
关于发生武装冲突时保护文化财产公约第二议定书（海牙，1954 年）的第二议定书	2004 年 3 月 9 日
《生物多样性公约》卡塔赫纳生物安全议定书	2003 年 9 月 11 日
保护植物新品种国际公约（UPOV）	2003 年 1 月 5 日
生物多样性公约	1993 年 12 月 29 日
1952 年 9 月 6 日世界版权公约，及其有关第十七条的附加声明与有关第十一条相关的决议	1991 年 7 月 27 日
保护世界文化和自然遗产公约	1989 年 1 月 12 日
关于禁止和防止非法进出口文化财产和非法转移其所有权的方法的公约	1988 年 7 月 28 日
经济、社会及文化权利国际公约	1976 年 1 月 3 日
内陆国家过境贸易公约	1972 年 8 月 10 日
关于发生武装冲突时保护文化财产的公约	1957 年 8 月 7 日
关于发生武装冲突时保护文化财产的公约议定书	1957 年 8 月 7 日

---

① 世界知识产权组织：白俄罗斯，http：//www.wipo.int/wipolex/zh/profile.jsp? code = BY，2017 年 10 月 13 日访问。

表 3 – 5　白俄罗斯签署的知识产权双边条约①

知识产权双边条约名称	生效日期
乌克兰政府与白俄罗斯共和国政府相互保护智力活动协定	2007 年 3 月 20 日
乌克兰与白俄罗斯共和国自由贸易协定	2006 年 11 月 11 日
白俄罗斯共和国家知识产权管理部门与乌兹别克斯坦共和国国家知识产权管理部门工业产权保护合作协定	1995 年 1 月 31 日
大不列颠及北爱尔兰联合王国政府与白俄罗斯共和国政府促进和保护投资协定	1994 年 12 月 28 日
瑞士联邦与白俄罗斯共和国贸易和经济合作协定	1994 年 8 月 1 日
乌克兰政府与白俄罗斯共和国政府工业产权保护合作协定	1993 年 10 月 20 日

3.1.2　专利法律制度的发展历程

　　白俄罗斯对发明、实用新型与工业品外观设计专利统一立法保护。白俄罗斯知识产权的主要行政部门是国家知识产权中心〔National Center of Intellectual Property（NCIP）〕，隶属于白俄罗斯"科学技术委员会"，是专门处理依法授予工业产权等知识产权事务的行政管理机构。1992 年 4 月 9 日和 8 月 7 日，白俄罗斯部长理事会分别通过了成立"白俄罗斯专利局"和"将白俄罗斯著作权委员会转为白俄罗斯著作权及相关权部"的条例。1993 年 2 月 5 日，白俄罗斯保护发明、外观设计、商标等内容的工业产权立法通过；1996 年 5 月 16 日，保护著作权及相关权的立法通过。鉴于知识产权有效运用的重要性，白俄罗斯总统于 1997 年 1 月 11 日颁发第 30 号令，将专利局改设为"白俄罗斯国家专利委员会"。2001 年 12 月 24 日，依据第 516 号总统令，白俄罗斯国家专利委员会重组，变更为"国家知识产权中心"，原白俄罗斯著作权及相关权部也同时并入。目前，白俄罗斯国家知识产权中心还包括国家专利基金会、专利代理人和知识产权评估人协会、发明人协会以及各地区设立的知识产权咨询、服务、管理等组织。关于知识产权的法律适用问题则由白俄罗斯最高法院的司法委员会负责，最高法院知识产权庭是白俄罗斯知识产

---

　　①　世界知识产权组织：白俄罗斯，http://www.wipo.int/wipolex/zh/profile.jsp? code = BY，2017 年 10 月 13 日访问。

权纠纷诉讼的专业化审判机构。另外，白俄罗斯的科学技术委员会下设立的"国家科学技术图书馆"收录了全国的专利文献，供公众查阅。①

NCIP 的联系方式为：

工作时间：周一至周四 9：00—18：00，午休时间 13：00—13：45

　　　　　周五 9：00—16：45，午休时间 13：00—13：45

办公地址：ul. Kozlova, 20, Minsk, 220034, Republic of Belarus

邮箱：icd@ belgospatent. by ；网址：http：//belgospatent. by

NCIP 网站还公布了其内部一些相关机构的联系电话，具体如表 3－6 所示。②

表 3－6　NCIP 内部机构的联系电话

名　　称	联系电话
Consultations & Inquiries 问讯处	＋375 17 290 44 21
Patent – related information paid services 专利费用信息处	＋375 17 392 52 19
Application Filing：IP Objects 工业产权申请提交处	＋375 17 290 44 22
Title of Protection Issue（patent for invention，patent for utility model，industrial design patent，trademark certificate）证书种类咨询处 Payment of fees to keep Titles of Protection in force	＋375 17 294 83 84
State Register certificates 证书颁发处	＋375 17 285 38 27
Computer Program Registration 计算机程序登记处	＋375 17 294 43 17
Execution of Agreements on Collective Management of Copyright and Related Rights 著作权及相关权集体管理执行处	＋375 17 294 85 03 ＋375 17 294 12 59
Training at the Intellectual Property Education Centre 知识产权教育培训中心	＋375 17 290 44 11
Application to publish an article in an Intellectual Property in Belarus magazine 白俄罗斯期刊社知识产权论文发表申请处	＋375 17 294 25 30
Subscription to NCIP periodicals NCIP 期刊订阅处	＋375 17 290 44 12

① 国家知识产权局规划发展司：《中东欧地区有关国家知识产权环境研究报告（上）》，2015。

② National Center of Intellectual Property（NCIP）：Contacts，http：//belgospatent. by/eng/index. php？option ＝com_content&view ＝article&id ＝144&Itemid ＝92，2017 年 10 月 30 日访问。

《白俄罗斯发明专利法》及《白俄罗斯工业品外观设计专利法》于
1993 年 2 月 5 日生效。《白俄罗斯发明和实用新型专利法》于 1997 年 7
月 8 日生效。现行白俄罗斯共和国 No. 160 - Z 号法《白俄罗斯发明、实
用新型和工业品外观设计专利法》（Law of the Republic of Belarus No.
160 - Z of December 16, 2002, on Patents for Inventions, Utility Models,
Industrial Designs）在 2002 年 11 月 14 日由众议院通过，2002 年 12 月 2
日由共和国议会批准，2002 年 12 月 16 日生效，并分别于 2004 年 10 月
29 日、2007 年 5 月 7 日、2007 年 12 月 24 日、2010 年 7 月 15 日及 2011
年 12 月 22 日进行了 5 次修正。2011 年的主要修订内容为：①

（1）与发明专利的续期、工业设计的法律保护范围、同一技术方案
在几个不同国家专利的法律效力、因创造工业产权对象而产生的雇员和
雇主所拥有的权利等有关的规定；

（2）增加了与专利申请人或专利权人相关的条款，即如果专利申请
人或专利权人由于非故意的原因而未在登记时写明优先权条款或者未及
时缴纳专利证书费或年费，从而导致丧失相关权利的，可以申请恢复
权利。

白俄罗斯专利法律的发展历程情况如表 3 - 7 所示。

表 3 - 7　白俄罗斯专利法律的发展历程②③

时　间	名　称	内　容
2002 年 12 月 16 日	白俄罗斯共和国法律第 160 - Z 号	发明、实用新型和工业品外观设计专利法
2003 年 7 月 2 日	白俄罗斯共和国部长理事会第 900 号决议	批准秘密发明，实用新型和工业品外观设计实施细则（BY044）

---

① 国家知识产权局规划发展司：《中东欧地区有关国家知识产权环境研究报告（上）》，
2015。

② National Center of Intellectual Property（NCIP）：NORMATIVE LEGAL ACTS OF THE RE-
PUBLIC OF BELARUS IN THE SPHERE OF INDUSTRIAL PROPERTY，http://belgospatent. by/
eng/index. php? option = com_content&view = article&id = 331&Itemid = 54#2，2017 年 10 月 14 日
访问。

③ 世界知识产权组织：白俄罗斯共和国 2002 年 12 月 16 日第 160 - Z 号法，关于发明，
实用新型，工业品外观设计（最新于 2011 年 12 月 22 日修改），http：//www. wipo. int/wipolex/
zh/details. jsp? id = 14919，2017 年 10 月 14 日访问。

时　间	名　称	内　容
2005 年 4 月 4 日	白俄罗斯共和国部长理事会下属的科学和技术委员会第 4 号决议	批准秘密发明，实用新型和工业品外观设计申请程序指南（BY049）
2005 年 12 月 26 日	白俄罗斯共和国部长理事会下属的科学和技术委员会第 12 号决议	涉及批准国家知识产权中心官方出版物的实施细则（BY042）
2009 年 12 月 22 日	白俄罗斯共和国部长理事会第 1679 号决议	涉及向知识产权管理部门上诉委员会进行申诉，异议，申请和审查的实施细则（BY039）
2010 年 12 月 15 日	白俄罗斯共和国部长理事会第 1824 号决议	批准关于延长发明专利，实用新型和工业品外观设计效力的实施细则
2011 年 2 月 2 日	白俄罗斯共和国部长理事会第 119 号决议	批准关于发明专利申请，审查程序以及根据审查结果做出决定的实施细则
2011 年 2 月 2 日	白俄罗斯共和国部长理事会第 120 号决议	批准关于实用新型专利申请，审查程序以及根据审查结果做出决定的实施细则
2011 年 2 月 2 日	白俄罗斯共和国部长理事会条例第 121 号决议	批准关于工业品外观设计申请，审查程序以及根据审查结果做出决定的实施细则（BY048）
2011 年 2 月 2 日	白俄罗斯共和国国家科学技术委员会决议第 4 号	关于批准对发明计专利授权的文件格式
2011 年 2 月 2 日	白俄罗斯共和国国家科学技术委员会决议第 5 号	关于批准对实用新型专利授权的文件格式
2011 年 2 月 2 日	白俄罗斯共和国国家科学技术委员会决议第 6 号	关于批准对工业品外观设计专利授权的文件格式

3.2　专利权的主体与客体

3.2.1　权利主体

3.2.1.1　权利主体概念

专利权的主体，即专利权人，是指依法享有专利权并承担与此相应的义务的人。

3.2.1.2 专利权人

白俄罗斯共和国 No. 160 – Z 号法《白俄罗斯发明、实用新型和工业品外观设计专利法》（以下简称《白俄罗斯专利法》）第 6 条规定，专利权人是指被授予发明、实用新型或工业品外观设计专利权的自然人和法人。有权成为专利权人的自然人包括：发明、实用新型、工业品外观设计的发明人或共同发明人；作为发明、实用新型、工业品外观设计的发明人的雇主；以及上述发明人或雇主的继承人。

3.2.1.3 发明人

除另有其他有效约定或协议，专利申请文件中所指的专利发明人是指发明、实用新型、工业品外观设计的创造者。

如果发明、实用新型、工业品外观设计是由两个或两个以上自然人共同创作的作品，则他们应被视为共同发明人，共同发明人间的权利顺序取决于他们之间的协议。

如果自然人本人未对发明、实用新型、工业品外观设计作出创造性的贡献，而仅在发明、实用新型、外观设计创造过程中提供给发明人技术、组织、物资的支持，或仅在发明、实用新型、工业品外观设计专利权的申请中给予协助，则不被视为共同发明人。

3.2.1.4 职务发明

如果雇员创造的发明、实用新型和工业品外观设计，涉及雇主的经营领域且与雇员的工作职责相关，或与雇主分配的具体任务执行相关，或在创造过程中雇员利用了雇主的经验或方法途径，则专利权属于雇主所有，但双方另有约定的除外。

3.2.2 权利客体

3.2.2.1 权利客体概念

专利权客体，也称专利法保护的对象，是指能取得专利权，可以受专利法保护的发明创造。根据《白俄罗斯专利法》第 1 条，下列各项不能被授予专利权：

（1）完全由产品的技术功能衍生的解决方案；

（2）违背公共利益、人道原则和道德的发明设计；

（3）建筑物（包括工业建筑、水电技术建筑及其他固定结构建筑，小型建筑物除外）；

（4）印刷品；

（5）包含有液体、气体、自由流动和类似物质等无固定形状的物体。

依据《白俄罗斯专利法》第5条，专利共分为三类：发明专利、实用新型专利、工业品外观设计专利。

3.2.2.2 发明专利的客体

专利法对任何技术领域的发明创造给予法律保护，前提是它是一种产品或方法，具备新颖性、创造性和实用性。所谓"产品"是指人类劳动的成果，"方法"是指对物体实施相关的动作步骤的流程、方法或手段，也指为实现特定目的而操作的一种流程、方法、处置手段。

新颖性是指发明创造不属于现有技术。现有技术包括申请日或优先权日之前在全球公开的所有数据或信息。需要强调的是，现有技术也包括所有专利申请材料，他人在优先权日之前在白俄罗斯已提交、未撤回的发明、实用新型专利申请材料，以及在白俄罗斯已经授权的发明、实用新型专利。

创造性是指该发明创造对于所属技术领域的技术人员来说是非显而易见的。

实用性是指发明创造可用于工业、农业、医疗保健以及其他领域。

但以下情况不被视为发明创造：

（1）发现、科学理论或数学方法；

（2）为满足美观且针对产品外观进行的解决方案；

（3）心理活动、游戏或商业的计划、规则和方法，以及用于电子数据处理的算法和程序；

（4）信息的简单呈现。

另外，植物和动物品种、集成电路拓扑图，根据专利法违背公共利益、人道原则和道德的发明创造，也不能申请发明专利。

3.2.2.3 实用新型专利的客体

根据《白俄罗斯专利法》第 3 条，实用新型专利保护的客体是指具备新颖性和实用性，且与装置有关的技术解决方案。如果实用新型的基本特征不属于现有技术的一部分，则具备新颖性。如果可用于工业、农业、医疗保健或是其他领域，则具备实用性。但仅为满足美观而仅针对产品外观的设计，或违背公共利益、人道原则和道德的技术方案，则不能申请实用新型专利。

3.2.2.4 工业品外观设计专利的客体

《白俄罗斯专利法》第 4 条对工业品外观设计专利作了说明：工业品外观设计是指通过线条、色彩、形状、纹理或质材等对产品及其组成部分的外观形状或装饰物所做出的新的有个性的设计。如果工业品外观设计的具体特征来源于设计者的创作工作，则该设计被认为是原创的。

3.3 专利申请与费用

3.3.1 专利信息检索与申请文件

3.3.1.1 检索

白俄罗斯的专利国别代码是"BY"，如需检索专利信息，可以向知识产权咨询机构（详见 3.3.3 节）咨询相关信息，也可以通过各检索平台检索其公开专利，以下介绍通过白俄罗斯国家知识产权中心（NCIP）工业产权数据库（DATABASES OF INDUSTRIAL PROPERTY OBJECTS）进行检索的方法。

1）检索地址

白俄罗斯国家知识产权中心提供在线专利检索数据库，网页地址分别为：

俄语：http：//belgospatent. by/database/index. php？ pref = inv&lng = ru&page = 1

英语：http：//belgospatent. by/database/index. php？ pref = inv&lng = en&page = 1

也可通过白俄罗斯 NCIP 主页的网页链接点击进入，具体步骤如下。

第一步：登录白俄罗斯 NCIP 主页，网址为 http：//belgospatent. by。进入之后，网页如图 3 - 2 所示，可通过网页右上角的语言选择按钮切换显示语言，其中"Рус"代表俄语，"Eng"代表英语。

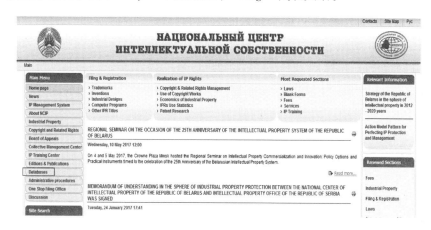

图 3 - 2 白俄罗斯知识产权中心主页

第二步：切换到英文显示之后，点击页面左方导航栏中的"Databases（数据库）"选项，进入如图 3 - 3 所示的数据库页面，再选择"INFOR-MATION RETRIEVAL SYSTEM（信息检索系统）"，即可进入检索页面。

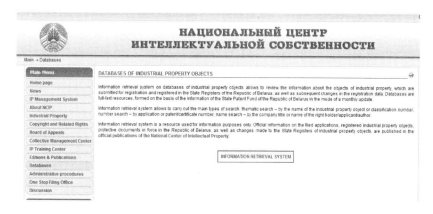

图 3 - 3 白俄罗斯 NCIP 数据库相关页面

白俄罗斯信息检索系统提供发明、实用新型、工业品外观设计、植物品种、商标和集成电路布图设计 5 个检索入口，可对应检索上述 5 类工业产权信息。以下对三种专利类型的专利检索进行简要介绍。

2）检索语言

检索页面的显示语言分为俄语和英语，可以通过检索页面右上角的按钮切换页面显示语言。检索时的输入语言为数字或俄语，检索结果均以俄语显示。

3）简单检索

首先，确定要检索的专利类型，而后点击与其对应的检索入口，俄文版本的检索页面如图3-4、图3-5和图3-6所示。

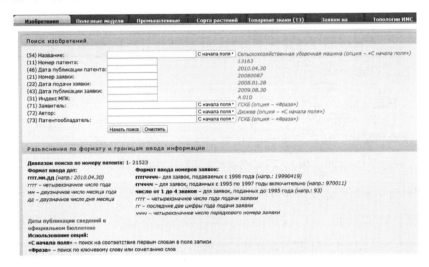

图3-4　发明检索页面（俄文版）

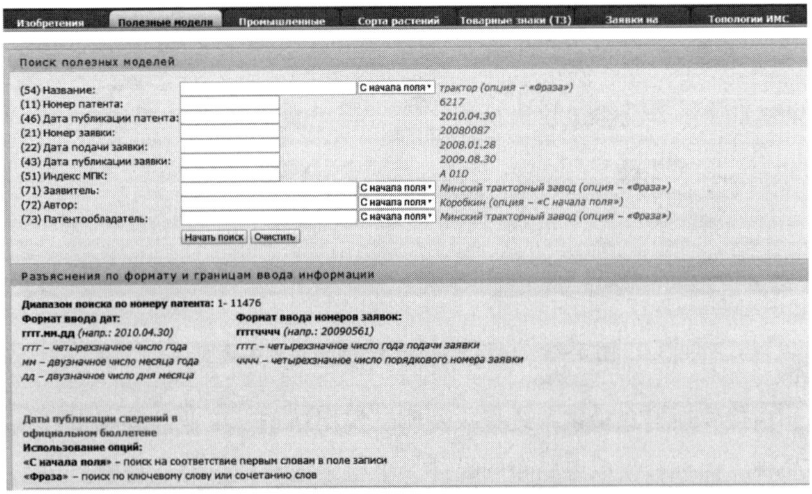

图3-5　实用新型检索页面（俄文版）

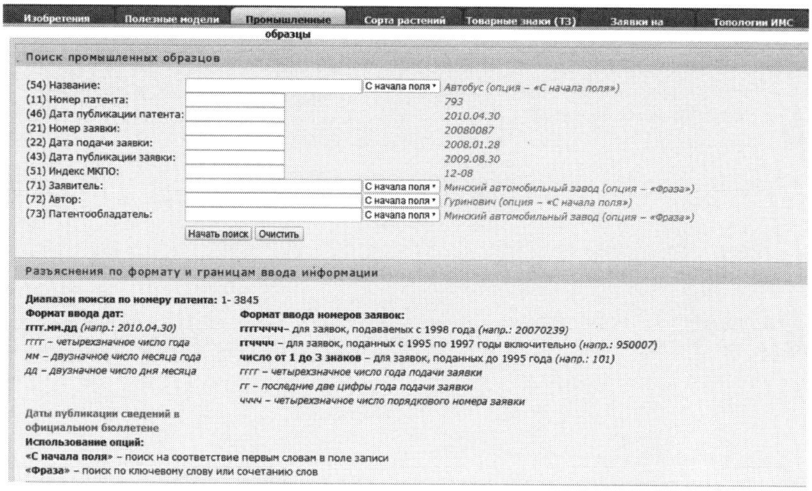

| Изобретения | Полезные модели | Промышленные образцы | Сорта растений | Товарные знаки (ТЗ) | Заявки на | Топологии ИМС |

Поиск промышленных образцов

(54) Название:		С начала поля	Автобус (опция – «С начала поля»)
(11) Номер патента:			793
(46) Дата публикации патента:			2010.04.30
(21) Номер заявки:			20080087
(22) Дата подачи заявки:			2008.01.28
(43) Дата публикации заявки:			2009.08.30
(51) Индекс МКПО:			12-08
(71) Заявитель:		С начала поля	Минский автомобильный завод (опция – «Фраза»)
(72) Автор:		С начала поля	Гуринович (опция – «С начала поля»)
(73) Патентообладатель:		С начала поля	Минский автомобильный завод (опция – «Фраза»)

Начать поиск | Очистить

Разъяснения по формату и границам ввода информации

Диапазон поиска по номеру патента: 1- 3845
Формат ввода дат:
гггг.мм.дд (напр.: 2010.04.30)
гггг – четырехзначное число года
мм – двузначное число месяца года
дд – двузначное число дня месяца

Формат ввода номеров заявок:
гггггччч – для заявок, подаваемых с 1998 года (напр.: 20070239)
ггччччч – для заявок, поданных с 1995 по 1997 годы включительно (напр.: 950007)
число от 1 до 3 знаков – для заявок, поданных до 1995 года (напр.: 101)
гггг – четырехзначное число года подачи заявки
гг – последние две цифры года подачи заявки
чччч – четырехзначное число порядкового номера заявки

Даты публикации сведений в официальном бюллетене
Использование опций:
«С начала поля» – поиск на соответствие первым словам в поле записи
«Фраза» – поиск по ключевому слову или сочетанию слов

图 3 – 6　工业品外观设计专利检索页面（俄文版）

俄文版本提供 10 个检索入口，分别是（11）Номер патента 专利号、（21）Номер заявки 申请号、（22）Дата подачи заявки 申请日、（43）Дата публикации заявки 申请公布日、（46）Дата публикации патента 专利公布日、（51）Индекс МПК（工业品外观设计：Индекс МКПО）IPC 分类号（工业品外观设计：工业品外观设计国际分类号）、（54）Название 名称、（71）Заявитель 申请人、（72）Автор 发明人和（73）Патентообладатель 专利权人。

检索时，可将查询内容分别输入到对应的检索入口（白色方格）中，点击"Начать поиск"开始进行检索，点击"Очистить"可以清除已输入内容。以发明专利为例，检索专利公开日为 2010 年 4 月 30 日的专利，得到初步检索结果如图 3 – 7 所示。需注意的是，检索结果中，显示红色字体的专利为失效专利。

点开任意一项检索结果，可跳转至该专利的详细介绍，如图 3 – 8 所示。其中包括法律状态、专利名称、专利号、专利公布日、申请号、申请日、申请公布日、IPC 分类号、申请人、作者、专利权人、权利要求和附图。

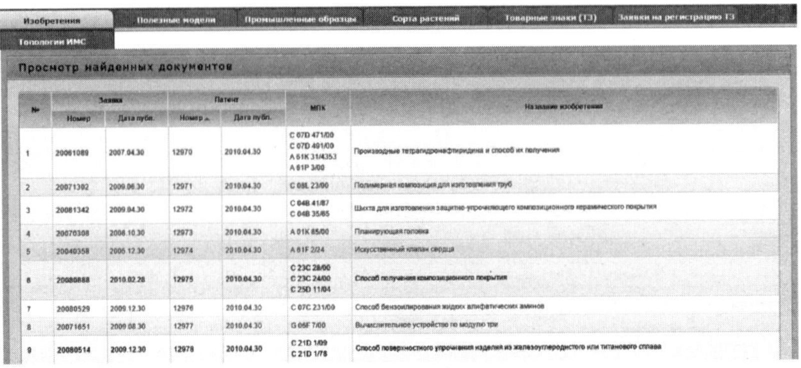

图 3 - 7　初步检索结果

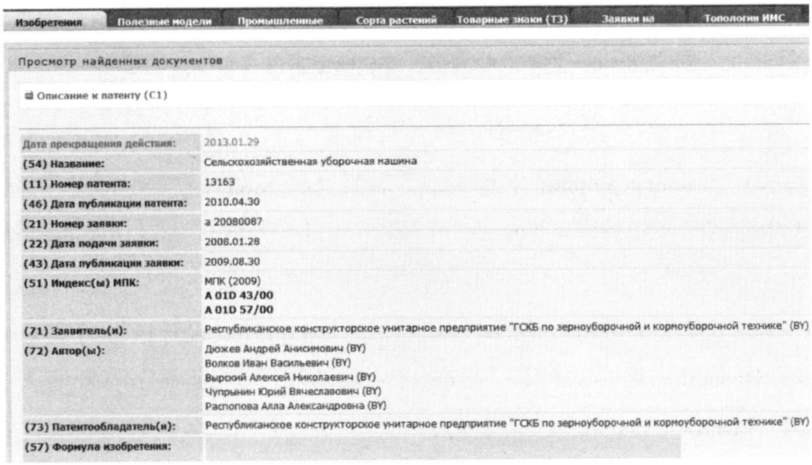

图 3 - 8　详细检索结果

需要注意的是，显示红色的第一行法律状态栏"Дата прекращения действия патента：2013.01.29"，表示"该专利权的终止日期为2013年1月29日"。

点击著录项上方带有 PDF 图标的"Описание к патенту（C1）"文件，即可下载所检索专利的单行本，如图 3 - 9 所示。

三种不同类型专利的俄文版检索方式基本一致，关于实用新型和工业品外观设计的检索方式在此不予赘述。

英文检索页面分别如图 3 - 10、图 3 - 11 和图 3 - 12 所示，输入格式与俄文版一致。相比于俄文版本有 10 个检索入口，英文版本只有 5 个检索入口，减少了专利名称、申请人、发明人、专利权人和申请公布日 5 个检索入口，详见表 3 – 8。

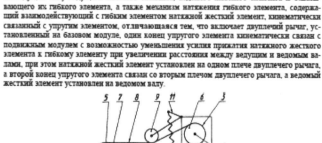

ОПИСАНИЕ
ИЗОБРЕТЕНИЯ
К ПАТЕНТУ
(12)

РЕСПУБЛИКА БЕЛАРУСЬ

НАЦИОНАЛЬНЫЙ ЦЕНТР
ИНТЕЛЛЕКТУАЛЬНОЙ
СОБСТВЕННОСТИ

(19) **BY** (11) **13163**
(13) **C1**
(46) **2010.04.30**
(51) МПК (2009)
A 01D 43/00
A 01D 57/00

(54) СЕЛЬСКОХОЗЯЙСТВЕННАЯ УБОРОЧНАЯ МАШИНА

(21) Номер заявки: a 20080087
(22) 2008.01.28
(43) 2009.08.30
(71) Заявитель: Республиканское конст-рукторское унитарное предприятие "ТСКБ по зерноуборочной и кормо-уборочной технике" (BY)
(72) Авторы: Дюжев Андрей Анисимович; Волков Иван Васильевич; Вырский Алексей Николаевич; Чупрынин Юрий Вячеславович; Распопова Алла Алек-сандровна (BY)

(73) Патентообладатель: Республиканское конструкторское унитарное предприя-тие "ТСКБ по зерноуборочной и кормо-уборочной технике" (BY)
(56) Комбайн самоходный кормоуборочный КСК-100. Техническое описание и ин-струкция по эксплуатации. - Минск: Полымя, 1985. - С. 28-31.
RU 2081551 C1, 1997.
RU 2243430 C1, 2004.
SU 1427119 A1, 1988.
US 3977266, 1976.
US 2799175, 1957.
DE 2118208, 1972.

(57)
1. Сельскохозяйственная уборочная машина, содержащая базовый модуль, шарнирно связанный с базовым модулем подвижный модуль, привод рабочих органов подвижного модуля, включающий установленный на базовом модуле ведущий вал, установленный на подвижном модуле ведомый вал, гибкую передачу, выполненную в виде установленного на ведущем валу ведущего жесткого элемента, ведомого жесткого элемента и охваты-вающий их гибкого элемента, а также механизм натяжения гибкого элемента, содержа-щий взаимодействующий с гибким элементом натяжной жесткий элемент, кинематически связанный с упругим элементом, отличающаяся тем, что включает двуплечий рычаг, ус-тановленный на базовом модуле, один конец упругого элемента кинематически связан с подвижным модулем с возможностью уменьшения усилия прижатия натяжного жесткого элемента к гибкому элементу при увеличении расстояния между ведущим и ведомым ва-лами, при этом натяжной жесткий элемент установлен на одном плече двуплечего рычага, а второй конец упругого элемента связан со вторым плечом двуплечего рычага, а ведомый жесткий элемент установлен на ведомом валу.

BY 13163 C1 2010.04.30

图 3 – 9　专利单行本扉页

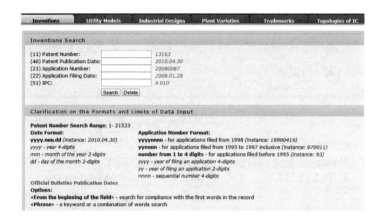

图 3 - 10　发明专利检索页面（英文版）

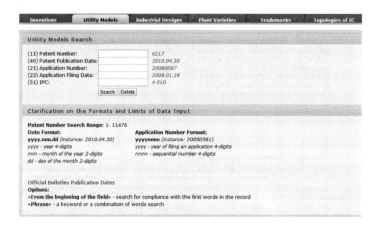

图 3 - 11　实用新型检索页面（英文版）

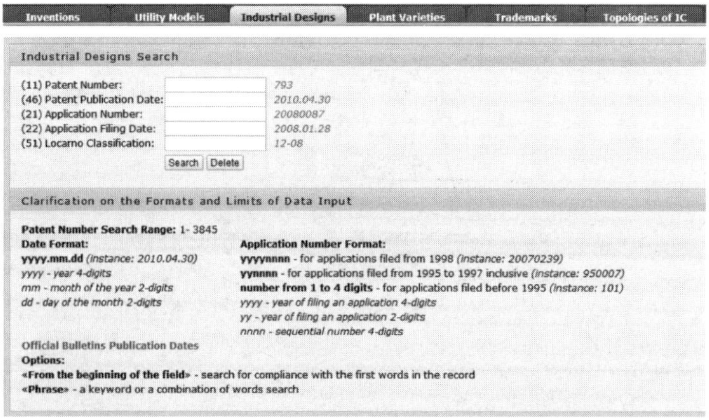

图 3 - 12　工业品外观设计专利检索页面（英文版）

表3-8　检索入口名称对照表

INID 代码	俄文版	英文版	中文
11	Номер патента	Patent Number	专利号
21	Номер заявки	Application Number	申请号
22	Дата подачи заявки	Application Filing Date	申请日
43	Дата публикации заявки	—	申请公布日
46	Дата публикации патента	Patent Publication Date	专利公布日
51	Индекс МПК（工业品外观设计：Индекс МКПО）	IPC	IPC 分类号（工业品外观设计：工业品外观设计国际分类号）
54	Название	—	名称
71	Заявитель	—	申请人
72	Автор	—	发明人
73	Патентообладатель	—	专利权人

在对话框中输入相应的检索内容后，点击"Search"开始进行检索，点击"Delete"可以清除以上的输入内容。

虽然检索页面是英文的，但是检索结果显示的文字均为俄文，与俄文检索页面的检索结果相同，可供下载的专利文件也是俄文版本，此处不再赘述。

4）检索信息输入的格式和限制

检索项目具体输入规则如下。

（1）专利号检索范围：1—21523。

（2）日期输入格式：yyyy. mm. dd（例如：2010.04.30），其中，yyyy 代表四位数年份，mm 代表两位数月份，dd 代表两位数日期。

（3）申请号格式：（y 代表年份，n 代表顺序号）

yyyynnnn——1998 年以后的申请（例如：19990419）

yynnnn——1995 年到 1997 年的申请（例如：970011）

1 到 4 位数——1995 年前的申请（例如：93）。

3.3.1.2　申请文件

根据《白俄罗斯专利法》第 12 条、第 13 条、第 14 条、第 15 条，发明、实用新型、工业品外观设计这三种专利所需的申请文件略有区别，具体如下。

1）发明专利的申请文件

发明专利的申请应当仅限于一项发明或相互关联形成一个总的发明构思的一项发明（发明的单一性要求）。发明专利申请材料如下。

（1）申请书。申请书中需说明发明人或共同发明人、专利权人，以及他们的住址或地址。

（2）说明书。说明书中应该清楚、客观、完整地描述具体技术方案，本领域技术人员按照所描述的内容能够重现发明。

（3）权利要求书。权利要求应当保护发明的核心要点，并以说明书为依据。

（4）附图。附图可以补充说明书文字部分的描述，使人能够直观地、形象化地理解本发明的每个技术特征和整体技术方案。

（5）摘要。

（6）如果已申请优先权，则需要优先权日期、申请的第一个国家及该申请号（有关第一优先权申请资料的公证副本可自优先权日期16个月内提供）。

（7）国际公告，国际检索报告，国际PCT申请的初步审查，将进入国家阶段的报告。

（8）由申请人签字盖章的授权委托书（无须公证、认证；可在申请日后的2个月内提供）。

2）实用新型专利的申请文件

实用新型专利的申请，应当仅限于一项实用新型或相互关联形成一个总的发明构思的一项实用新型（实用新型的单一性要求）。

实用新型专利申请材料如下。

（1）申请书。申请书中需说明实用新型的发明人或共同发明人、专利权人，以及他们的住址或地址。

（2）说明书。说明书中应该清楚、客观、完整地描述具体技术方案，本领域技术人员按照所描述的内容能够重现该实用新型。

（3）权利要求书。权利要求应当保护实用新型的核心要点，并以说明书为依据。

（4）附图。附图可以补充说明书文字部分的描述，使人能够直观地、形象化地理解本实用新型的每个技术特征和整体技术方案。

（5）摘要。

（6）优先权日期、申请的第一个国家及该申请号（如已申请优先权，有关第一优先权申请资料的公证副本可自申请日起 3 个月内提供）。

（7）国际公告，国际检索报告，国际 PCT 申请的初步审查，将进入国家阶段的报告。

（8）由申请人签字盖章的授权委托书（无须公证、认证，可在申请日后的 2 个月内提供）。

3）工业品外观设计专利的申请文件

一件工业品外观设计专利申请，应当仅限于一种产品所使用的一项外观设计（工业品外观设计的单一性要求）。工业品外观设计专利申请材料必须包括如下各项。

（1）申请书。申请书中需说明工业品外观设计的发明人或共同发明人、专利权人，以及他们的住址或地址。

（2）工业品外观设计的图片或照片。这些图片或照片应该能充分、详细地展示产品的外观（整体效果、正面效果、俯视效果、侧面效果、背部效果及底部效果）。

（3）工业品外观设计专利简要说明。说明中应包括设计要点，工业品外观设计的设计要点是指决定产品外观的美学和/或人体工程学特点、形状、构造、装饰及色彩方案。

（4）如果已申请优先权，则需要有关优先权资料的公证副本（可在申请日后的 2 个月内提供）。

（5）由申请人签字盖章的授权委托书（无须公证、认证，可在申请日后的 2 个月内提供）。

3.3.2 申请流程与申请费用

3.3.2.1 申请流程

《白俄罗斯专利法》对在白俄罗斯申请专利的流程作出了相关规定，

图 3 – 13 是根据该法绘制的专利申请流程图。

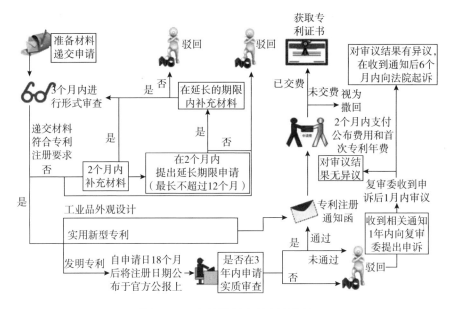

图 3 – 13　白俄罗斯专利申请流程

　　首先，根据《白俄罗斯专利法》第 12 条、第 13 条、第 14 条、第 15 条的规定，申请人向白俄罗斯国家知识产权中心提交专利申请，应当委托在官方备案的专利代理人办理相关事务，并在提交专利申请时提供委托书。知识产权行政部门收到专利申请文件的当天为申请日。如果所有申请材料未能在同一天提交，则以收到最后一份文件的日期为准。

　　如要求优先权，则需依照《白俄罗斯专利法》第 16 条关于优先权的规定，参考 3.3.2.3 节优先权。

　　此外，申请人应当在发明、实用新型、工业品外观设计专利申请材料提交当日，或自申请材料提交之日起 2 个月内，提交已缴纳专利费用的证明文件、免缴专利费的证明文件或减缴专利费的证明文件以及确认减缴理由的文件。如在规定时间内未提交以上文件，知识产权行政部门将驳回该专利申请。

　　需要提醒注意的是，申请文件应当使用白俄罗斯国家知识产权中心统一制定的表格，该类表格可以从 NCIP 网站下载，下载地址为 http：//belgospatent. by/index. php？ option ＝ com ＿ content&view ＝ article&id ＝

103&Itemid = 30，例如，发明专利的申请表格如图 3 - 14 所示。

图 3 - 14　白俄罗斯发明专利申请表格

3.3.2.2 申请费用

根据《白俄罗斯专利费用计算和时间框架程序（税法第 28 章）》，白俄罗斯发明、实用新型、工业品外观设计专利申请针对不同项目分别有不同的收费标准，2017 年 1 月起的具体费用类别分别参考表 3 - 9、表 3 - 10、表 3 - 11。此外，白俄罗斯的专利费用可能每年会有变动，具体以官方公布的最新数据为准。

表 3 - 9　白俄罗斯发明专利费用表

单位：白俄罗斯卢布 BYR

收费项目	具体明细	费用（BYR）
提交发明专利申请	1 项发明专利申请提交及初审	115
	1 组发明专利	115
	每超过 1 项加	46
发明专利申请延期费（申请时要求常规优先权）		92
发明专利常规优先权恢复费		92
发明专利申请公开，经收到申请 18 个月内初步审查合格		115
发明专利申请审查	不超过 10（含 10）项从属权利要求	552
	10 项以上从属权利要求	552
	10 项以上每项从属权利要求加收	46
	一组发明创造	552
	1 项以上每项从属权利要求加收	322
发明专利申请转为实用新型专利申请		115
在白俄罗斯国家发明专利登记簿上登记发明专利授权		230
发明专利的再审查		230
发明专利维持费	第 1 年	—
	第 2 年	—
	第 3 年	115
	第 4 年	115
	第 5 年	161
	第 6 年	161
	第 7 年	230
	第 8 年	230
	第 9 年	276

收费项目	具体明细	费用（BYR）
发明专利 维持费	第 10 年	276
	第 11 年	322
	第 12 年	322
	第 13 年	391
	第 14 年	391
	第 15 年	437
	第 16 年	437
	第 17 年	506
	第 18 年	506
	第 19 年	552
	第 20 年	552
	第 21 ~ 25 年，每年	759

表 3 – 10　白俄罗斯实用新型专利费用表

收费项目	具体明细	费用（BYR）
实用新型 专利申请 及审查	不超过 10 （含 10）项从属权利要求	230
	10 项以上从属权利要求	230
	10 项以上每项从属权利要求加收	46
	1 组实用新型	23
	1 项以上每项从属权利要求加收	115
实用新型专利申请延期费（申请时要求常规优先权）		92
实用新型专利申请转为发明专利申请		115
申请人主动提出对实用新型专利申请材料进行修改		46
授权在白俄罗斯国家实用新型专利登记簿上登记		230
专利维持费	第 1 年	92
	第 2 年	92
	第 3 年	92
	第 4 年	138
	第 5 年	138
	第 6 年	138
	第 7 年	230
	第 8 年	230

表 3 - 11   白俄罗斯工业品外观设计专利费用表

收费项目	具体明细	费用（BYR）
工业品外观设计专利申请及审查	工业品外观设计的一种变型 包含不超过 7 种（含 7 种）产品	230
	工业品外观设计的一种变型，包含 7 种以上产品	230
	7 种以上每种产品加收	23
	工业品外观设计的几种变型	230
	1 种以上变型每种加收	115
	每种变型超过 1 种产品，则每种产品加收	23
工业品外观设计专利申请延期费（申请时要求常规优先权）		92
申请人主动提出对工业品外观设计专利申请材料进行修改		46
在白俄罗斯国家工业品外观设计专利登记簿上登记		230
工业品外观设计专利维持费	第 1 年	92
	第 2 年	92
	第 3 年	92
	第 4 年	138
	第 5 年	138
	第 6 年	138
	第 7 年	230
	第 8 年	230
	第 9 年	276
	第 10 年	276
	第 11 年	276
	第 12 年	322
	第 13 年	322
	第 14 年	322
	第 15 年	322

3.3.2.3 优先权

根据《白俄罗斯专利法》第 16 条，申请人自向白俄罗斯的知识产权行政部门提出发明、实用新型专利或工业品外观设计专利申请之日起，即可享有优先权。另外，申请人自发明或者实用新型在《巴黎公约》成员国第一次提出专利申请之日起 12 个月内，或者自工业品外观设计在《巴黎公约》成员国第一次提出专利申请之日起 6 个月内向白俄罗斯知识产权行政部门提出专利申请的，可以享有优先权。经申请人请求，知识产权行政部门可以延长该时间期限，但是不能超过 2 个月。

申请人希望享有发明专利优先权的，应当自申请日起或自知识产权行政部门收到专利申请之日起 2 个月内提出申请，并在申请日起 16 个月内提供认证副本。申请人未遵守上述期限的情况下，应当在到期之前提出申请，如果申请人在 14 个月之内申请第一份申请的副本，且在申请人收到之日起 2 个月内提交给知识产权行政部门，则可以重新享有优先权。申请人希望享有实用新型或工业品外观设计的优先权，应当自实用新型或工业品外观设计专利申请提出之日起或自知识产权行政部门收到专利申请之日起 2 个月内需提出优先权申请。

如果申请人收到知识产权行政部门通知之日起 3 个月期限届满之前提出申请，提交相关的附加材料，并且此材料不能要求改变保护的发明，实用新型或工业品外观设计的实质内容，则可以享有优先权。

同一申请人自发明在知识产权行政部门提出专利申请之日起十二个月内，或者自实用新型或者工业品外观设计在专利审查机构提出专利申请之日起六个月内，且上述在先专利申请未被撤回的情况下，又在知识产权行政部门就在先的发明、实用新型或者工业品外观设计申请中公开的实质内容提出专利申请的，可以享有在先申请的优先权。要求在先申请优先权的后一申请提出后，在先申请将被驳回。已经要求了优先权的在先申请不能再作为要求优先权的基础。

如果发明、实用新型或者工业品外观设计按照《白俄罗斯专利法》第 28 条规定提交分案申请时，首次申请未被撤回，且分案申请是在专利驳回复审有效期限届满之日前提出的，或者如果首次申请已作出授权权决定，分案申请是在授权登记之日前提出的，则上述分案申请可以享有同一申请人在知识产权行政部门提出的公开了相同实质内容的前述首次申请的优先权。

知识产权行政部门所称"分案申请"是指，如果发明、实用新型或者工业品外观设计的首次申请不符合单一性要求，而从首次申请中分离出的专利申请。在下述情况下，首次申请的申请人可以提交发明分案申请：发明内容没有包括在已提交申请的权利要求中，但是在说明书中公开了；一件专利申请中包括了一组发明，申请人希望就每一项发明获得一个专利的。

如果在专家审查过程中出现了具有同一优先权日的相同发明、实用新型或者工业品外观设计专利申请，专利的授予需根据申请人之间的协议确定。申请人应当在收到知识产权行政部门通知之日起 2 个月内告知知识产权行政部门所达成的协议。如果没有提交上述协议，所有专利申请都将被驳回。若专利申请最终被授权，上述相同发明、实用新型或者工业品外观设计的所有发明人将被视为共同发明人。

3.3.2.4 《巴黎公约》途径

目前，《巴黎公约》有 175 个成员国。中国是《巴黎公约》成员国，中国申请人在中国提交发明或实用新型专利申请后 12 个月内，或提交工业品外观设计 6 个月内，可以在先申请为优先权向白俄罗斯申请专利。

《巴黎公约》途径的主要优势在于其优先权制度，即可排除他人在优先权期限内就同样的发明创造提出专利申请，同时使申请人在优先权期限内有机会对自己的发明创造进行改善。

3.3.2.5 PCT 国际申请途径

PCT 是 WIPO 国际局管理的、在《巴黎公约》基础上的一个方便专利申请人获得国际专利保护的国际条约。目前 PCT 有 148 个成员国。中国于 1994 年加入 PCT。

通过 PCT 途径在国外申请专利，申请人只需根据该条约规定提交一份国际专利申请，即可同时在所有成员国中要求对其发明进行保护。但需要注意的是，PCT 途径只接受发明和实用新型专利申请，不接受工业品外观设计专利申请。

PCT 途径的优点在于最长可以有 30 个月的时间选择进入国家阶段，申请人有更为充裕的时间决定申请的目的国。由于中国国家知识产权局是 PCT 的受理局、国际检索单位和国际初步审查单位，所以，中国申请人可以直接将申请文件递交到中国国家知识产权局，且仅用中文一种语言提交即可。

3.3.2.6 欧亚专利申请途径

欧亚专利组织（Eurasian Patent Organization，EAPO）成立于 1994年，总部设在莫斯科。目前《欧亚专利公约》针对亚美尼亚、白俄罗斯、阿塞拜疆、哈萨克斯坦、吉尔吉斯斯坦、俄罗斯联邦、塔吉克斯塔、摩尔多瓦和土库曼尼斯坦 9 个国家，建立了一套在上述国家适用的欧亚专利体系。欧亚专利只保护具有新颖性与实用性的发明创造。

欧亚专利申请流程与一般发明专利申请类似，包括提交申请、形式审查、实质审查、授权或驳回四个主要环节，一般需要 2 ~ 4 年。

欧亚专利途径的优势在于，如果申请人希望同时在数个独联体国家寻求专利保护，只需提出单一欧亚专利申请即可通过指定成员国的方式获得该国的专利保护。此方式省去了向多国申请的烦琐手续，也节省了申请费用。

3.3.2.7 其他注意事项

根据我国与相关国际组织签署的知识产权国际公约，我国申请人申请白俄罗斯专利，通常有三种途径：《巴黎公约》途径、PCT 国际申请途径和欧亚专利途径。多数情况下，申请人在向白俄罗斯提出专利申请之前，会首先在中国提出申请，但如果申请人认为自身技术在中国市场推广价值不大而在白俄罗斯的市场潜力巨大，也可以不在中国申请专利，而利用上述几种途径直接向白俄罗斯申请专利。不过这种做法相当于放弃利用优先权制度，由于白俄罗斯和中国专利申请规定的差异，很有可能导致申请成本和风险大幅上升，因此实践中较少为申请人采用。

另外，需要注意的是，无论申请人以上述哪种途径申请专利，根据中国《专利法》第 20 条的规定，"任何单位或者个人将在中国完成的发明或者实用新型向外国申请专利的，应当事先报经国务院专利行政部门进行保密审查。"所以，在专利申请前，中国申请人需要通过中国法律规定的保密审查。

3.3.3 专利服务机构的选择

3.3.3.1 政府咨询机构

目前，白俄罗斯共设有 7 个知识产权咨询机构，一个直属于 NCIP，另外 6 个分布在白俄罗斯的各个地区，隶属于白俄罗斯发明家和创新者协会或国家科学技术公共图书馆。各咨询机构的基本信息如表 3 - 12 所示①。

表 3 - 12　白俄罗斯知识产权咨询机构信息

咨询点名称	详细信息	
国家知识产权中心咨询处 Consulting point at NCIP	地址	20, Kozlov Str., Minsk, Room 118
	电话	+ 375 17 290 44 21
	服务时间	10：00 - 13：00；14：00 - 16：00 （除周末及国家法定节假日以外）
国家科学技术公共图书馆 the Republican Library for Science and Technology	地址	7, Pobeditelei Av., Minsk, Room 503
	电话	+ 375 17 226 65 01, 226 65 05
	服务时间	周一、周三：15：00—18：00
г. Брест, ул. Пушкинская, д.	地址	19, Pushkinskaya Str., Brest, Room 509
	电话	+ 375 162 20 95 11
	服务时间	周二、周三：14：00—16：00
白俄罗斯发明家和创新者协会区域委员会 Regional council of the Belarusian Society of Inventors and Innovators	地址	2, Victory Av., Vitebsk
	电话	+ 375 212 57 48 91, + 375 29 597 27 20
	服务时间	周二、周四：16：00—18：00
葛美尔科学技术图书馆（国家科学技术公共图书馆分馆） Gomel Regional Library for Science and Technology（regional branch of the Republican Library for Science and Technology）	地址	3, Lenin Av., Gomel, Room 205
	电话	+ 375 232 74 95 38
	服务时间	周二、周四：15：00—17：00

---

①　http：//belgospatent. by/eng/index. php? option = Com - content&view = article&id = 312&Itemid = 65.

咨询点名称	详细信息	
格罗德诺科学技术图书馆（国家科学技术公共图书馆分馆） Grodno Regional Library for Science and Technology (regional branch of the Republican Library for Science and Technology)	地址	72a, Gorky Str., reading room
	电话	+375 152 41 62 31
	服务时间	周一：15：00—17：00； 周三：10：00—12：00
毛格列夫科学技术图书馆（国家科学技术公共图书馆分馆） Mogilev Regional Library for Science and Technology (regional branch of the Republican Library for Science and Technology)	地址	19, Cosmonauts Str., Mogilev, Room 608
	电话	+375 222 23 59 34
	服务时间	周一、周五：16：30—18：30

这 7 个咨询机构可以为下列问题提供咨询。

一般问题：

（1）关于发明、实用新型、工业品外观设计、商标、集成电路布图设计、植物品种的法律保护，申请文件结构及其起草要求；

（2）专利费用的计费方式和付款方式；

（3）专利的申请步骤和审查条件。

参考性问题：

（1）支付专利费用的银行详细信息；

（2）学习知识产权相关法律；

（3）了解知识产权的对象、建议和说明等；

（4）了解与知识产权相关的表格；

（5）查看白俄罗斯共和国的专利代理人名单；

（6）关于共和国科学技术图书馆的国家专利基金；

（7）NCIP 提供的有偿服务清单。

政府咨询机构提供的服务有些是免费的，有些需要支付费用，具体费用可访问 NCIP 网站（俄文版）下载收费标准表格，其网址为：http：//belgospatent. by/index. php？ option = com_content&view = article&id = 105&Itemid = 29，该网站的截图如图 3 - 15 所示，点击图中"Прейскурант"（已在图中用方框框出），便可下载专利信息服务价格表，如图 3 - 16

所示。

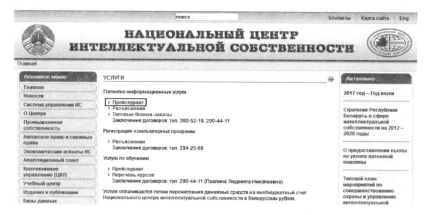

图 3 – 15　NCIP 提供的有偿服务清单下载网址截图

№ п/п	Наименование услуг	до деноминации			после деноминации		
		Тариф без НДС, руб.	НДС 20%, руб.	Тариф с НДС, руб.	Тариф без НДС, руб.	НДС 20%, руб.	Тариф с НДС, руб.
ИЗОБРЕТЕНИЯ, ПОЛЕЗНЫЕ МОДЕЛИ ПРОМЫШЛЕННЫЕ ОБРАЗЦЫ							
1	Определение классификационного индекса международной классификации (МПК) по заданной теме в течение 10 рабочих дней с оплатой за один документ						
1.1	для изобретений, полезных моделей по международной патентной классификации (МПК)	166 667	33 333	200 000	16,67	3,33	20,00
1.2	для промышленных образцов - по Международной классификации промышленных образцов (МПО)	166 667	33333	200 000	16,67	3,33	20,00
2	Проведение тематического поиска по патентной документации Республики Беларусь (BY), Российской Федерации (RU), Союза Советских Социалистических Республик (SU), Евразийского патентного ведомства (EA), США (US), Европейского патентного ведомства (EP), Франции (FR), Германии (DE), Великобритании (GB), Швейцарии (CH), Всемирной организации интеллектуальной собственности (WO) и другим странам с предоставлением отчета о поиске в виде библиографических сведений патентных документов (с Заказчиком согласовываются: перечень стран, подгруппы МПК и глубина поиска) в течение 1 месяца						
2.1	по одной подгруппе МПК для одной страны на глубину	1333333	266 667	1 600 000	133,33	26,67	160,00

图 3 – 16　NCIP 网站上下载的有偿服务清单首页截图

3.3.3.2　专利代理机构

　　由于中国、白俄罗斯两国在语言、政策、民族习惯、税收和政策等方面有着诸多的不同点，如白俄罗斯计划主导型经济和政府管理体制会对中国企业造成不适，知识产权服务行业的规范和标准与中国存在较大的差异。建议中国企业根据自身情况，选择国内知名知识产权服务机构和白俄罗斯的代理机构或代理人合作，保护企业利益，减少企业损失。

除了通过上述机构进行相关咨询外，NCIP 还提供了白俄罗斯登记在案的知识产权代理人名录，申请人可登录主页，如图 3 - 17 所示，点击右侧"Patent attorneys of the Republic of Belarus"，进入列表页面。

图 3 - 17　白俄罗斯知识产权中心主页

代理人名录页面截图如图 3 - 18 所示，其中提供了代理人的姓名、注册时间地址以及联系方式。

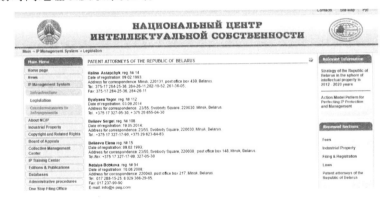

图 3 - 18　白俄罗斯知识产权代理人名录

3.4　专利审查与授权

3.4.1　专利审查流程

上文 3.3.2.1 节中介绍了专利申请人向白俄罗斯国家知识产权中心

递交专利申请后，审查机构会根据相关的法律对不同种类的专利申请进行审查，其中发明专利的审查包括形式审查和实质审查两个阶段，实用新型和工业品外观设计只进行形式审查。

白俄罗斯的发明专利申请的审批程序主要包括受理、初步审查、公布、实质审查和授权五个阶段。实用新型和工业品外观设计专利申请的审批程序主要包括受理、初步审查和授权三个阶段。下文将简要介绍白俄罗斯发明专利申请的实质审查制度。

3.4.1.1　实质审查的启动

根据《白俄罗斯专利法》第 21 条的规定，发明专利申请提交时或提交日之后 3 年内，申请人或任何其他相关人可以向知识产权行政部门提出发明专利申请实质审查的请求（以下简称专利审查）。如果在上述时限内未收到专利审查请求，将驳回该发明专利申请。

3.4.1.2　专利审查

专利审查主要包括审查该发明是否符合授予专利权的条件和确定其优先权日。在专利审查期间，如果发现提交的申请文件不符合能被授予专利权的条件，知识产权行政部门有权要求申请人按时提交相关的证明材料，或是修改发明专利申请的权利要求。申请人在收到知识产权行政部门上述要求的 1 个月内，有权请求知识产权行政部门提供在专利审查中发现的影响其专利性的资料复印件。申请人应当以适当的方式准备知识产权行政部门要求的补充材料，并于收到补充材料要求之日或收到与专利授权冲突的对比文件复印件之日起 2 个月内，提交补充材料。经申请人请求，提交补充材料时限可以延长，但最长不得超过 12 个月，且必须在时限到期前提出请求。

如果在上述时限内，申请人未向知识产权行政部门提交补充材料，也未提交延期请求，将驳回其专利申请。

申请人提交的补充材料如果修改了发明的核心要点，专利审查时将对此不予考虑，并告知申请人。

经专利审查确定申请人在发明专利的权利要求中表述的发明创造符合授予专利权的条件，知识产权行政部门将确定其优先权日。

如果在专利审查中确认申请人就相同的发明创造提交了多份专利申请，专利权将只授予优先权日最早的发明专利申请。

知识产权行政部门审查确定申请人在发明专利权利要求中表述的发明创造不符合授权条件，将决定拒绝授予其专利权。

另外，在如下情形下知识产权行政部门也会拒绝授予专利权：申请人提交的发明专利申请符合专利授予条件，但权利要求中的技术要点在说明书中不支持，而申请人收到通知后不修改权利要求的。

知识产权行政部门在根据审查意见作出授权与否的决定后5个工作日内，以书面形式通知申请人。

如果收到优先权日在先的发明、实用新型、工业品外观设计专利申请，或发现优先权日相同、方案相同的发明、实用新型专利申请或已授权专利，根据《白俄罗斯专利法》第16条第3款至第6款的规定，知识产权行政部门可以在专利登记前修改授权决定。

如果专利审查违反了法律规定的发明专利申请流程的顺序，知识产权行政部门可以修改专利审查决定。发明专利授权在国家发明专利登记簿登记之前，知识产权行政部门可以修改授予专利权的决定。

3.4.1.3 专利复审

上诉委员会（相当于中国的专利复审委员会，为便于理解，下文统称为"复审委员会"）是白俄罗斯国家知识产权中心的专门机构，成立于1995年，负责审理解决白俄罗斯工业产权保护问题的争议。复审委员会的工作是负责监督知识产权法律的遵守情况。

如果专利申请人不同意知识产权行政部门关于专利申请的驳回决定，有权在收到决定通知或收到影响其专利性的对比文件复印件后3个月内，向知识产权行政部门请求复审。

如果对复审结果有异议，可以向白俄罗斯最高法院知识产权庭起诉。可以说，对关于可授权性的争议进行诉前解决，是NCIP复审委员会的主要工作。

3.4.2 专利授权与保护期限

根据《白俄罗斯专利法》第30条，专利权自知识产权行政部门对发明、实用新型、工业品外观设计进行授权公告后 5 日内生效。当有多人有权取得专利权时，专利授权公告中将写明所有专利权人的名称。

当同一申请人就相同的技术方案同日提交一项发明与一项实用新型申请时，对其中一件申请授予专利权后，只有当申请人向知识产权行政部门提交请求将相同方案的前一已授权专利终止，才可以对另一件申请授予专利权。自对另一件专利授权信息公告之日起，先授权的同一技术方案的发明或实用新型专利权将终止。对后一件发明或实用新型专利的授权信息，将与先授权的同一技术方案的发明或实用新型专利权的终止信息同时公告。

《白俄罗斯专利法》第 1 条对专利的保护期限作了如下规定。

（1）对发明予以专利保护，实行实质审查制。发明专利保护期限自申请日起 20 年，针对药物、杀虫剂或农药（其使用按法律规定需要得到授权机构的允许）的发明专利，经专利权人申请最多可以延期 5 年。

（2）对实用新型予以法律保护，实行登记制，实用新型保护期限自申请日起 5 年，经专利权人申请最多可以延期 3 年。

（3）对工业品外观设计予以法律保护，实行登记制，工业品外观设计保护期限自申请日起 10 年，经专利权人申请最多可以延期 5 年。

3.5 专利权的无效

3.5.1 专利权的无效

根据《白俄罗斯专利法》第 33 条，在发明、实用新型、工业品外观设计专利不符合本法规定的授权条件，或缺乏符合要求的技术方案描述，或专利的发明人（共同发明人）或专利权人的指定不合法的情况下，在有效期内的发明、实用新型、工业品外观设计专利可以被认定为全部或部分无效，知识产权行政部门将在官方公报中公告专利权失效认定的信息。

任何自然人或法人均可以根据《白俄罗斯专利法》第 1 条第 2 款向专利复审委员会提交专利无效请求。复审委员会接到专利无效请求后 6 个月内必须开始审查。无效请求的提交人与专利权人有权参与审查过程。如果对专利无效请求的专利复审委员会复审意见有异议，无效请求人或专利权人可以在收到复审意见后 6 个月内上诉到法院。根据本法第 1 条第 3 款提出的专利无效请求，由法院审理。

被认定为全部或部分无效的发明、实用新型、工业品外观设计专利，自向知识产权行政部门提交专利申请之日起即被视为无效。在后来被宣告无效的专利权基础上签署的许可合同，自作出专利无效决定之日起失效。

3.5.2　专利权的终止

根据《白俄罗斯专利法》第 34 条，专利权人向知识产权行政部门提交终止请求，或在规定时限内未缴纳专利维持费的情形下，专利权将在未到期前终止，知识产权行政部门将在公报上公告未到期终止的专利信息。

3.6　专利权的许可与转让

3.6.1　专利许可

根据《白俄罗斯专利法》第 37 条和第 38 条，专利许可包括公开许可和强制许可。

3.6.1.1　公开许可

根据《白俄罗斯专利法》第 37 条，专利权人可以向知识产权行政部门提交公开请求，按照简单许可、非独家许可的条件，将发明、实用新型、工业品外观设计专利的实施权利许可给任何人。有意愿实施发明、实用新型、工业品外观设计专利的自然人或法人有权要求与专利权人按照公开许可声明的条件签署许可协议。

3.6.1.2　强制许可

根据《白俄罗斯专利法》第 38 条，如果专利权人在发明专利授权信息公告后 5 年之内（实用新型、工业品外观设计专利公告后 3 年之内），未实施或未充分实施该专利，且专利权人拒绝与之签署许可协议，任何有意愿且已准备实施该发明、实用新型、工业品外观设计专利的自然人或法人，可以上诉至法院，申请颁发非独占强制许可证。如果权利人没有提供不实施或不充分实施专利的充分理由，法院将颁发强制许可令，该许可令包括实施范围、规模、期限和使用费等内容。

3.6.2　专利转让

根据《白俄罗斯专利法》第 11 条，专利权人可以通过合同将专利权转让给其他自然人或法人，也可以通过专利许可合同将实施发明、实用新型和工业品外观设计的权利许可给其他自然人或法人。专利权人实施发明、实用新型和工业品外观设计专利的专有权利，以及发明人的报酬权，可以通过继承的方式转让给他人，包括遗产继承。

根据《白俄罗斯专利法》第 36 条，任何有意愿实施发明、实用新型、工业品外观设计专利的自然人或法人，应与专利权人签署发明、实用新型、工业品外观设计专利实施权利转让的协议，并且合同必须在知识产权行政部门注册备案，否则无效。多人共有专利权的，须有协议明确如何行使实施权，没有协议的，则每位专利权共有人都可以自行实施该专利权、但不得对外许可实施或转让。

在申请日前，任何人在白俄罗斯已经做出了相同发明并善意使用或做好实施准备的，有权在原有范围内继续善意使用，该权利称为专利先用权。专利先用权可以转让给另一个自然人或法人，但转让的同时必须连同拥有该专利先用权的企业实体一起转让给对方。

3.7　专利权的保护

根据《白俄罗斯专利法》第 41 条，侵占发明人身份，强迫成为共同申请人，或是未得到发明人的同意、在专利申请提交前非法披露发明、实用新型、工业品外观设计的核心要点，侵犯专利权人的专有权利，根据法律应当承担相应的责任。

根据法律规定，国家知识产权行政部门的工作人员如果在专利申请公开前披露申请资料的核心要点，也应承担相应的责任。此外，国家知识产权行政部门工作人员在任职期间及离职后 1 年内，不得提交专利申请，也不能直接或间接取得专利权，或为他人准备申请材料。

3. 7. 1 专利的司法保护

白俄罗斯关于知识产权的司法保护体系如图 3 – 19 所示。

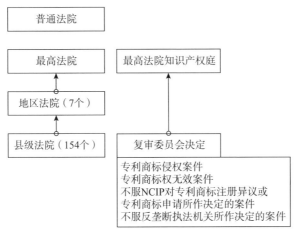

图 3 – 19 白俄罗斯关于知识产权的司法保护体系①

白俄罗斯的司法体系在历史上受到波兰（17 ~ 18 世纪）、俄罗斯（19 ~ 20 世纪）和苏联的影响。在法律渊源上，白俄罗斯属于大陆法系，比如有法治、公私法划分的概念和制定成文法规范的传统，司法权由法院独立行使。自 2014 年 1 月 1 日开始，白俄罗斯司法体系分为宪法法院和普通法院两套体系。宪法法院就法律的合宪性、法律间的冲突与协调、国际条约的批准决定、公民基本权利保护等重大事项进行审查。普通法院分为三级，最高一级是白俄罗斯最高法院，中间为地区法院，第三级为县级法院，审理一般民事、行政、刑事案件。其中，有一方当事人是自然人的案件由普通庭审理，双方都是法人的案件由经济庭审理。

自 2000 年 3 月开始，凡是涉及知识产权的授权、保护的案件，不论

---

① 国家知识产权局规划发展司：《中东欧地区有关国家知识产权环境研究报告（上）》，2015。

当事人是自然人还是法人，均由白俄罗斯最高法院的知识产权庭专属管辖。在知识产权法庭的案件审理从立案到审结一般不超过 2 个月，但如果有一方当事人是外国人或企业，则程序可能需要持续 1 年。不过，外国企业多习惯于通过法院获得救济。白俄罗斯最高法院知识产权庭的判决自宣布之日起即生效，不可上诉。只有在最高法院更高级别的官员或检察机关的官员监督和提出抗诉时才能复查，这种监督或抗诉进行的复查约占该法庭每年度判决数量的 3%～6%。白俄罗斯工业产权确权程序的救济，也由最高法院知识产权庭管辖。①

如果自然人或法人有侵犯知识产权的行为，将被追究行政或刑事责任。白俄罗斯最高法院知识产权庭负责审判此类案件。违法者将被处以社会劳动、罚款、监督劳动 2 年。情节严重者（违法收入超过最低工资基数 500 倍以上），可被处以限制自由 5 年或监禁 5 年的处罚。

3.7.2　专利的海关保护

与中国的行政保护体系不同，白俄罗斯的专利行政保护主要通过海关实施。

在海关执法方面，白俄罗斯于 2010 年 6 月 18 日加入了与俄罗斯、哈萨克斯坦三国建立的关税联盟，采取"知识产权单一登记备案系统"，负责该系统中的国家登记部分。目前，在白俄罗斯实行的知识产权海关保护的法律依据包括《白俄罗斯关税同盟海关法》第 46 章和《白俄罗斯海关法》第 12 章关于包含知识产权货物的海关程序规定，以及 2011 年 7 月 18 日白俄罗斯总统第 319 号令。知识产权人可以依据这些法律向白俄罗斯海关申请登记以获得边境保护，通常情况下，登记备案在 1 个月内完成。海关登记需要提交的文件包括：

（1）权利人信息及权利保护对象清单；

（2）包含这些受保护对象的商品的详细描述；

（3）有权生产和使用这些知识产权保护对象的自然人或法人信息；

---

① 国家知识产权局规划发展司：《中东欧地区有关国家知识产权环境研究报告（上）》，2015。

（4）假冒商品的描述以及帮助海关识别的信息。

在系统登记备案后，仍在保护期内的有效知识产权在 2 年内受到海关边境措施的保护。如果海关在检查中发现货物涉嫌侵害在其系统中登记备案知识产权的，将采取推迟 10 天清关的措施；经权利人申请，可以再延长 10 天。海关采取延迟清关措施的，将在次日通知通关申报人和知识产权权利人或者他们的代表人，告知对方的姓名、地址等联系方式。知识产权权利人须及时向海关、警署、国家知识产权中心、法院知识产权审判庭等主管当局请求知识产权保护相关程序，如果在规定期限内没有主管当局决定提取或扣押货物，海关将继续进行清关放行程序。

3.8 中国企业在白俄罗斯的专利策略与风险防范

3.8.1 申请专利的策略与专利布局

近年来，中国与白俄罗斯的贸易顺差比例逐年增加。白俄罗斯已经形成比较完善的专利保护体系，"市场未动，专利先行"，制定相关的专利战略，在白俄罗斯进行专利申请，加强对产品和技术的保护是刻不容缓的事情，而专利申请策略是专利战略的最为重要的一部分。一般而言，在白俄罗斯申请专利的策略与布局需要考虑以下四个部分。

3.8.1.1 申请前的考量

中国企业到白俄罗斯申请专利前，要着重考量以下因素。

（1）相关技术的产品目前或未来是否在白俄罗斯生产或销售。如果不是主要的产品市场，不建议申请专利。

（2）白俄罗斯市场内的竞争对手能否通过反向工程复制该产品。如果确定竞争对手难以通过反向工程破解我方技术、复制我方产品，可以暂时不进行专利申请，后期根据市场部门提供的信息实时跟进。

（3）该技术是否在白俄罗斯有商业化的可能性。专利是为技术商业化服务的工具，如果该技术由于国家政策和当地生活习俗等原因没有商业化的可能性，不建议申请专利。

（4）中国企业在白俄罗斯是否拥有自然垄断性。如果在白俄罗斯政策支持下，中国企业的产品拥有自然垄断性，则不建议申请专利。

3.8.1.2 申请路径的选择

在"1.3.2.1 申请流程"一节中已经提到，在白俄罗斯申请专利的途径有三种：《巴黎公约》途径、PCT 国际申请途径和欧亚专利途径。申请人可根据自身需求，结合这三种专利的申请特点作出选择。

3.8.1.3 专利申请类型

由于白俄罗斯的专利类型也包括发明、实用新型和工业品外观设计专利三种，但是实用新型和工业品外观设计专利的保护时效跟中国相比有一定的差异性；实用新型有效期 5 年、最多可以延长 3 年；工业品外观设计专利有效期 10 年、最长可以续展 5 年。因此，中国企业在白俄罗斯决定选择申请发明专利、实用新型专利还是工业品外观设计专利时，可以结合发明创造涉及产品的生命周期、市场周期、可替代性等经营因素以及申请所需成本时效等进行综合考量，选择合适的申请类型，并基于公司战略对专利布局进行整体考量。

3.8.1.4 专利申请布局

通常而言，为了避免竞争对手捷足先登，及早提出专利申请是较为有利的。但是，中国企业的专利申请进入白俄罗斯的时机以及专利申请的公开时机应当考虑与技术成熟度、专利与技术演进及产业链的关联度、产业发展前景、企业发展战略等紧密结合。

1）先入为主，无中生有

对于通讯、高铁、电站、光伏、风电等具有自主知识产权的装备制造业，在面临非常严峻的技术竞争的情况下，企业必须未雨绸缪地抢先申请专利，占据先机，先发制人。即利用先申请原则，在研发工作全面完成之后的第一时间或完成之前，对重要技术抢先提交专利申请，在激烈的专利战中占据有利地位。然后合理利用本国优先权制度在 12 个月之内将相关技术完善，并结合配套的专利技术将专利布局完备。

2）伺机而动，以逸待劳

对于短期内未打算实施的技术和难以被他人通过反向工程破解的技术，企业在核心技术研发结束后可以作为技术秘密保护，同时研发外围专利。根据产品市场推广的需要、竞争对手的研发情况等因素，等待时机适时提交专利申请。

3）养精蓄锐，后发制人

对于轻工、纺织、服装、家电、汽车、互联网等具有较大技术优势的企业，以及在化工、冶金、建材等领域的技术领先型的企业，为了避免相对先进的技术过早公开导致泄密，可以采取暂缓申请或早申请避免提前公开的策略。同时应密切关注对手的研究步伐，以及白俄罗斯、中白关系及世界大环境下相关技术的专利申请节奏。

3.8.2 专利风险与应对措施

在中国"一带一路"倡议的带动下，将会有更多的中国企业在白俄罗斯开展经贸活动，产生知识产权纠纷的可能性随之增大。因此，建议准备赴白俄罗斯开拓市场的中国企业，必须强化知识产权风险意识，做好风险的全过程管控。

（1）尊重对方知识产权，做好专利风险预警。

通过前文可知，白俄罗斯的专利法律制度相对完善，中国企业在白俄罗斯无论是参展还是销售产品，均需预先进行专利风险排查。具体包括，根据自身产品和技术，检索与其高度相关的白俄罗斯专利，并进行侵权风险分析，作出侵权风险判断。如果存在较高的侵权风险，则应当采取规避措施，如排除障碍专利、研究技术规避、证明享有先用权、开发交叉许可技术、获得转让或许可等。

（2）重视自身知识产权，做好专利储备。

中国企业进军白俄罗斯的同时，必定会与当地企业或其他国家的企业形成竞争关系。为了保护自身技术和产品，抵御竞争对手的专利攻击，最好的方式之一就是对自身技术和产品开展专利保护。依据前文介绍，企业可以结合自己发展的需要，选择适合的申请途径进行专利申请。建议尽量做到提前规划布局，做好专利储备，一方面在遭遇竞争对手的仿冒假冒行为时可以用来维权，另一方面在遇到侵权纠纷或其他利益纠纷时，可以用作谈判筹码，通过专利许可、转让等方式降低企业的经济损失。

（3）提升知识产权应急能力，依托专业服务机构。

白俄罗斯与中国政治、经济及法律环境差异较大，建议企业在开展贸易准备的同时，组建专门的专利风险应急小组，预先了解和掌握当地情况。应急小组的成员应当包括企业的高层领导、商务人员、技术、法律及知识产权等专业人员，制定专利风险应急预案，以应对突发专利事件。必要时，可以签约中国或白俄罗斯当地的法律服务机构，借助专业人员提供指导和帮助。

4

乌克兰专利工作指引

前　言

　　乌克兰（乌克兰语：УКРАïНА，英语：Ukraine），首都基辅（КИЕВ，Kiev），官方语言为乌克兰语，通用乌克兰语和俄语。1990 年乌克兰最高苏维埃通过《乌克兰国家主权宣言》，并于 1991 年宣布独立。

　　乌克兰位于欧洲东部，是欧盟与独联体特别是与俄罗斯地缘政治的交叉点。乌克兰国土面积为 60.37 万平方公里，全国分为 24 个州，1 个自治共和国，2 个直辖市，共有 110 多个民族，主要信奉东正教和天主教。[①] 截至 2016 年年底，乌克兰人口约 4500 万。[②]

　　独立后，乌克兰的政体在总统议会制和议会总统制之间不断徘徊，2014 年再次恢复 2004 年宪法，实行议会总统制。西方国家和俄罗斯对乌克兰的政治都有较大影响，但目前乌克兰尚未加入由西方国家主导的

---

　　① 中华人民共和国外交部：乌克兰国家概况（最近更新时间：2017 年 8 月），http：//www.fmprc.gov.cn/web/gjhdq_676201/gj_676203/oz_678770/1206_679786/1206x0_679788/，2017 年 10 月 13 日访问。

　　② 世界银行：乌克兰，https：//data.worldbank.org.cn/country/ukraine？view = chart，2017 年 10 月 13 日访问。

欧盟或由俄罗斯主导的欧亚联盟。①②

乌克兰1990～2016年的年均GDP发展情况如图4-1所示,③其2017年的营商环境便利度居全球排名76位。④

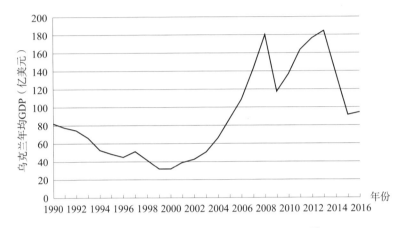

图4-1　乌克兰1990～2016年年均GDP发展情况

2016年乌克兰国内生产总值为932亿美元,同比增长2.3%,外汇储备155亿美元,外贸总额755亿美元（其中出口363.7亿美元,进口391.8亿美元）。2017年第一季度,乌克兰国内生产总值同比增长2.4%。⑤

乌克兰是独联体国家中科技实力仅次于俄罗斯的科技大国,科研单位包括科学院系统、部门研究所和高校科研单位三大体系,主要有航空、航天、冶金、机械制造、造船、化工等工业部门,偏重开展以航天军工为中心的科研生产活动,集中了苏联时期号称"五大材料研究所"

---

① 赵会荣:"当前乌克兰政治基本特征与影响因素"载《俄罗斯学刊》,2016年第2期,第62-68页。

② 黄日涵:"一带一路"投资政治风险研究之乌克兰,http://opinion.china.com.cn/o-pinion_5_144405.html,2017年10月13日访问。

③ 世界银行:乌克兰,https://data.worldbank.org.cn/country/ukraine? view = chart,2017年10月13日访问。

④ 世界银行:经济体排名,http://chinese.doingbusiness.org/rankings,2017年10月13日访问。

⑤ 中华人民共和国外交部:乌克兰国家概况（最近更新时间:2017年8月）,http://www.fmprc.gov.cn/web/gjhdq_676201/gj_676203/oz_678770/1206_679786/1206x0_679788/,2017年10月13日访问。

的乌克兰科学院材料学研究所、超硬材料研究所、晶体学研究所、强度问题研究所、金属物理研究所。乌克兰还有"欧洲粮仓"之称，在优良冬小麦育种，玉米、甜菜育种，优良牧草，高产高质的欧洲大甜樱桃的育种方面有独到之处。

1992 年 1 月 4 日，乌克兰与中国建交，2001 年建立全面友好合作关系，2011 年，中乌两国共同宣布建立战略伙伴关系，召开了中乌政府间合作委员会第一次会议，正式启动委员会机制。2017 年 5 月，乌克兰第一副总理兼经贸部部长库比夫来华出席"一带一路"国际合作高峰论坛。

目前，乌克兰是中国在独联体地区的第三大贸易伙伴，中国是乌克兰第二大贸易伙伴，也是乌克兰在亚洲最大的贸易伙伴。中乌双方在科技、教育、文化等领域合作顺利，成果丰硕。2016 年中乌双边贸易额为67.04 亿美元，2017 年 1~5 月，中乌贸易额为 26.99 亿美元。乌克兰对中国出口的主要产品为植物产品、矿产品和动植物油脂，乌克兰自中国进口的主要产品为机电产品、化工产品和贱金属及制品。①

4.1 乌克兰专利法律制度的发展历程

4.1.1 知识产权发展情况

在乌克兰，知识产权受国家法律保护。《乌克兰宪法》（1996 年 6月 28 日颁布，分别于 2004 年 12 月 8 日、2010 年 9 月 30 日和 2016 年 6月 6 日作了三次修改）第 41 条和第 54 条规定："每个人都有权利拥有、使用和支配智力创造活动中获得的成果。保障公民进行文学、艺术、科学、技术、创意活动的自由，保护知识产权及著作者权益，以及各种因智力活动而出现的精神或物质利益。除法律规定以外，任何人未经他们同意都不能利用或传播他们的成果"。乌克兰的与知识产权保护相关的

---

① 中华人民共和国外交部：中国同乌克兰的关系（最近更新时间 2017 年 8 月），http：//www.fmprc.gov.cn/web/gjhdq_676201/gj_676203/oz_678770/1206_679786/sbgx_679790/，2017 年 10 月 13 日访问。

法律及实施细则信息分别如表4－1和表4－2所示。[①]

表4－1　乌克兰的知识产权相关立法

法律名称	保护主题	发布日期	生效日期	最后修订日期
乌克兰宪法	基本法	1996年6月28日	1996年6月28日	2016年6月6日
第3687－XII号法	关于发明和实用新型权利的保护	1993年12月15日	1994年7月1日	2012年12月5日
第3688－XII号法	关于保护工业品外观设计权	1993年12月15日	1994年7月1日	2012年12月5日
第621/97－VR号法	关于集成电路布图设计保护	1997年11月5日	1997年12月11日	2012年12月5日
第752－XIV号法	关于保护商品原产地标记权（地理标志）	1999年6月16日	2000年1月21日	2012年12月5日
第9/98－VR号法	关于电影的版权保护	1998年1月13日	1998年2月12日	2017年4月26日

表4－2　乌克兰知识产权法律的实施细则

条例名称	保护主题	发布日期	生效日期	最后修订日期
乌克兰内阁第1555号条例	关于批准销售视听作品，录音制品，录像制品，计算机程序，数据库复制件的规定	2000年10月13日	2000年10月13日	2012年1月19日
乌克兰内阁第71号条例	关于批准商业使用录音制品，录像制品及其复制件，以及录制表演支付费用（许可费）的数额，程序和条件	2001年1月18日	2003年1月18日	2011年9月21日

----

① 世界知识产权组织：乌克兰，http：//www.wipo.int/wipolex/zh/profile.jsp？code＝ua，2017年10月17日访问。

条例名称	保护主题	发布日期	生效日期	最后修订日期
乌克兰内阁第72号条例	关于批准使用版权和邻接权的最低许可费率（许可费）	2003年1月18日	2003年2月7日	2011年9月21日
乌克兰内阁第1756号条例	关于国家对作品版权和相关合同的注册	2001年12月27日	2002年1月11日	2011年9月21日
乌克兰内阁	标准化和认证法令	1993年4月10日	1993年5月22日	2009年
内阁决议	关于海关当局的知识产权注册，收集信息，海关当局与其他法律执行和控制机构，海关当局进行海关清关过程中扣押货物等相关事务	2007年4月13日	2007年4月19日	
乌克兰内阁第1209号条例	关于批准视听作品，录音制品，录像制品，计算机程序，数据库的销售规则	1997年11月3日	1997年11月4日	2004年3月24日
乌克兰内阁第108号条例	关于使用文学和艺术作品应向乌克兰作家协会支付的费用	1992年3月3日	1992年3月3日	—

　　十几年来，乌克兰通过不断修正相关法律，在完善国家知识产权保护方面取得了切实的成绩。例如，2007年，乌克兰颁布了与新海关法及海关知识产权保护相关的内阁决议，为进一步实施打击假冒商品进出口提供了更系统的措施和法律依据。乌克兰在网络知识产权保护方面也与时俱进，积极采取措施并制定相关法律法规，2017年3月23日，乌克兰议会通过了对《乌克兰著作权及相关权保护法》（*Law of Ukraine On Copyright and Related Rights*）的修订，4月26日修正案生效，该法纳入第三方侵权责任以及新的网络知识产权执法程序①。

---

　　① 中国保护知识产权网：乌克兰强化网络知识产权执法，http：//www.ipr.gov.cn/article/gjxw/lfdt/oz/bqoz/201707/1908011.html，2017年10月17日访问。

　　乌克兰是《巴黎公约》《专利合作条约（PCT）》《商标国际注册马德里协定》《商标注册用商品和服务国际分类尼斯协定》《商标注册条约》和世界知识产权组织的成员国，乌克兰签订的其他国际条约也有保护知识产权的内容。乌克兰签订的 WIPO 管理的国际公约如表 4 - 3 所示。①

表 4 - 3　乌克兰签订的知识产权国际公约

WIPO 管理条约名称	生效日期
世界知识产权组织成立公约	1970 年 4 月 26 日
商标法新加坡条约	2010 年 5 月 24 日
国际专利分类斯特拉斯堡协定	2010 年 4 月 7 日
建立商标图形要素国际分类维也纳协定	2009 年 7 月 29 日
建立工业品外观设计国际分类洛迦诺协定	2009 年 7 月 7 日
专利法条约	2005 年 4 月 28 日
工业品外观设计国际注册海牙协定	2002 年 8 月 28 日
保护表演者、音像制品制作者和广播组织罗马公约	2002 年 6 月 12 日
世界知识产权组织表演和录音制品条约（WPPT）	2002 年 5 月 20 日
世界知识产权组织版权条约（WCT）	2002 年 3 月 6 日
商标国际注册马德里协定有关议定书	2000 年 12 月 29 日
商标注册用商品和服务国际分类尼斯协定	2000 年 12 月 29 日
保护录音制品制作者防止未经许可复制其录音制品公约	2000 年 2 月 18 日
保护奥林匹克标志的内罗毕条约	1998 年 12 月 20 日
国际承认用于专利程序的微生物保存布达佩斯条约	1997 年 7 月 2 日
商标法条约	1996 年 8 月 1 日
保护文学和艺术作品伯尔尼公约	1995 年 10 月 25 日
专利合作条约（PCT）	1991 年 12 月 25 日
保护工业产权巴黎公约	1991 年 12 月 25 日
商标国际注册马德里协定	1991 年 12 月 25 日
建立世界知识产权组织公约	1970 年 4 月 26 日

　　乌克兰于 2008 年 5 月 17 日加入世界贸易组织（WTO），成为该组织的第 152 个成员方，已经形成符合 TRIPS 协议基本要求的，包括法

---

　　① 世界知识产权组织，乌克兰，http：//www. wipo. int/wipolex/zh/profile. jsp？code = ua，2017 年 10 月 17 日访问。

律、法规、法律实施细则以及执法体制等内容的知识产权法律保护体系。同时乌克兰也继续积极签署知识产权相关的双边条约和多边条约，具体如表4-4、表4-5所示。①

表4-4 乌克兰签署的知识产权多边条约

知识产权多边条约名称	生效日期
在环境问题上获得信息、公众参与决策和诉诸法律的公约关于污染物排放和转移登记制度的基辅议定书	2016年7月31日
关于涉及威胁公共卫生的仿冒医药产品和类似犯罪的欧洲委员会公约	2016年1月1日
关于无国籍人地位的公约	2013年6月23日
1949年8月12日日内瓦公约关于采纳一个新增特殊标志的附加议定书（第三议定书）	2010年7月19日
保护和促进文化表现形式多样性公约（2005）	2010年6月10日
残疾人权利公约	2010年3月6日
残疾人权利公约任择议定书	2010年3月6日
欧洲国境外电视广播公约	2009年7月1日
保护水下文化遗产公约	2009年1月2日
保护非物质文化遗产公约	2008年8月27日
世界贸易组织（WTO）——与贸易有关的知识产权协议（TRIPS协议）（1994）	2008年5月16日
建立世界贸易组织协定（WTO）	2008年5月16日
国际植物保护公约	2006年5月31日
《生物多样性公约》卡塔赫纳生物安全议定书	2003年9月11日
保护植物新品种国际公约（UPOV）	1995年11月3日
生物多样性公约	1995年5月8日
1952年9月6日世界版权公约，及其有关第十七条的附加声明与有关第十一条相关的决议	1991年8月24日
保护世界文化和自然遗产公约	1989年1月12日
关于禁止和防止非法进出口文化财产和非法转移其所有权的方法的公约	1988年7月28日

---

① 世界知识产权组织：乌克兰，http：//www.wipo.int/wipolex/zh/profile.jsp? code = ua，2017年10月17日访问。

知识产权多边条约名称	生效日期
经济、社会及文化权利国际公约	1976 年 1 月 3 日
内陆国家过境贸易公约	1972 年 8 月 20 日
关于发生武装冲突时保护文化财产的公约	1957 年 5 月 6 日
关于发生武装冲突时保护文化财产的公约议定书	1957 年 5 月 6 日

表 4 - 5　乌克兰签署的知识产权双边条约

知识产权双边条约名称	生效日期
乌克兰政府与俄罗斯联邦政府相互保护智力活动协定	2008 年 6 月 26 日
乌克兰与格鲁吉亚关于对葡萄酒、烈酒和矿泉水地理标志相互给予法律保护的协定	2007 年 11 月 7 日
乌克兰政府与白俄罗斯共和国政府相互保护智力活动协定	2007 年 3 月 20 日
乌克兰与白俄罗斯共和国自由贸易协定	2006 年 11 月 11 日
乌克兰政府与中华人民共和国政府知识产权合作协议	2004 年 1 月 14 日
乌克兰部长内阁与阿塞拜疆共和国政府版权及邻接权保护协定	2002 年 8 月 3 日
乌克兰部长内阁与阿塞拜疆共和国政府关于在工业产权领域开展合作的协定	2002 年 1 月 23 日
乌克兰部长内阁与格鲁吉亚行政当局关于在工业产权领域开展合作的协定	1999 年 2 月 25 日
乌兹别克斯坦共和国政府与乌克兰部长内阁关于知识产权保护领域的协定	1998 年 5 月 9 日
智利共和国与乌克兰促进和相互保护投资协定	1997 年 8 月 29 日
阿根廷共和国政府与乌克兰政府促进和相互保护投资协定	1997 年 5 月 6 日
瑞士与乌克兰贸易和经济合作协定	1996 年 12 月 1 日
美利坚合众国与乌克兰鼓励和相互保护投资条约	1996 年 11 月 16 日
乌克兰政府与阿塞拜疆共和国政府自由贸易协定	1996 年 9 月 2 日
加拿大政府与乌克兰政府促进和保护投资协定	1995 年 6 月 24 日
乌克兰政府与白俄罗斯共和国政府工业产权保护合作协定	1993 年 10 月 20 日
乌克兰政府与俄罗斯联邦政府工业产权保护领域合作协定	1993 年 6 月 30 日

加入 WTO 和 TRIPS 协议是乌克兰知识产权领域取得的巨大成果。2011 年，乌克兰国家知识产权部更名为国家知识产权服务中心（State

Intellectual Property Service of Ukraine），成为乌克兰知识产权领域的中央管理机构。这种变化昭示了知识产权保护在乌克兰的重要性和经济发展中的优先地位，以及乌克兰知识产权领域在向国际标准看齐方面的进步。2017 年，在日内瓦世界知识产权组织大会期间，乌克兰代表团会见了白俄罗斯共和国、墨西哥、波兰、巴西、法国、智利等国知识产权代表，各方讨论了在知识产权领域进一步合作的问题。

2002 年 11 月 18 日，中国政府与乌克兰政府签订《知识产权合作协议》，该协议规定：在知识产权保护领域，一国自然人和法人在对方国境内享有依该国法律及惯例授予其本国自然人和法人的同样权利；两国的自然人和法人在共同活动时所创造或获得的知识产权，根据缔约双方在合同和协议中商定的条件进行分配。①

4.1.2 知识产权行政部门

乌克兰的知识产权事务行政部门是乌克兰国家知识产权服务中心（State Intellectual Property Service of Ukraine，SIPS），其隶属于政府部门，但并不负责知识产权注册登记等具体工作。主管乌克兰知识产权领域专业性事务工作的是成立于 2000 年，隶属于乌克兰教育科学部下的知识产权局（State Enterprise "Ukrainian Intellectual Property Institute"，简称 Ukrpatent）。② 乌克兰知识产权局还设有复审委员会，专门审查对发明、实用新型、外观设计、商标、集成电路布图设计、原产地标记等知识产权申请被驳回的决定不服而提出的上诉。另外，知识产权局还负责相关行业组织的管理及宣传、教育、保护等工作，具体如下。③

（1）接受有关知识产权的申请文件、审查这些申请是否符合法律规定的资格条件、颁发知识产权授予证书、颁发改变著录项或法律状态的

---

① 中华人民共和国知识产权局：乌克兰关于保护知识产权的规定，http://www.sipo.gov.cn/wqyz/gwdt/201508/t20150818_1162157.html，2017 年 10 月 16 日访问。

② 国家知识产权局规划发展司：《中东欧地区有关国家知识产权环境研究报告（上）》，2015。

③ State Intellectual Property Service of Ukraine，http：//sips.gov.ua/en/uipv/ukrpatent_-_golov.html，2017 年 9 月 8 日访问。

变更证书，以及发布工业产权相关的官方公告和文献信息；

（2）参与制定知识产权保护政策和措施以及相关实施等方面的详细议案；

（3）参与制定和完善知识产权保护法律制度的方案；

（4）在职责范围内保证乌克兰履行知识产权保护国际义务，参与和乌克兰有关的知识产权保护国际条约的相关工作；

（5）组织安排知识产权保护领域专家的培训，提高技能水平；

（6）提供乌克兰境内注册的知识产权交易平台，对许可转让等合同进行备案登记；

（7）确保执行政府信息化方案，特别是知识产权相关事项；

（8）提供对国家知识产权保护系统的信息支持，即负责对审查和检索必须的专利文献信息数据库的创建、更新和维护；

（9）向自然人和法人提供有关知识产权信息查询的服务；

（10）确保乌克兰国家科技信息系统中专利文献信息及时更新；

（11）提交提高审查能力、审查方法和审查质量的研究计划或是相关议案，提交法律或相关技术的研究计划或相关议案；

（12）参与知识产权有关的诉讼；

（13）在知识产权保护领域提供物资和方法支持。

乌克兰知识产权局的地址与联系方式如下：

地址：1 Glazunov Str., Kyiv 42, 01601, Ukraine

网址：http：//www. uipv. org

电话：+380（44）494－05－05

传真：+380（44）494－05－06

电子邮件：office@ ukrpatent. org

知识产权局下设的乌克兰创新和专利信息服务中心，可提供知识产权相关的检索、咨询服务以及相关法律援助。该中心的联系方式如下：

名称：Ukrainian Center of Innovations and Patent information Services

地址：26 Lesi Ukrayinky parkway, Kyiv, 01133, Ukraine

电话：+380（44）（044）254－38－13

　　　（044）494－06－63

（044）285 – 85 – 88

传真：+380（44）285 – 33 – 44

电子邮件：office@ iii. ua

网址：http：//iii. ua

另外，基辅国立大学"敖德萨法学院"知识产权研究所（Institute of Intellectual Property – Odessa National Academy of Law in Kiev）主要提供知识产权相关知识培训，为知识产权专家以及来自机构、组织或企业的专家提升专业技能，该研究所的联系方式如下：

地址：210 Kharkivske shosse，Kyiv，Ukraine

网址：http：//www. onuai. kiev. ua

电话：+38（44）563 – 80 – 64

传真：+38（44）563 – 82 – 54

2017 年 5 月 11 日，乌克兰政府决定将国家知识产权服务中心有关在知识产权领域实施国家政策的所有职能转交经济发展与贸易部。该决定将自正式公布之日起生效，相关职能包括实施国家知识产权政策，落实商标、专利和版权保护以及管理相关的知识产权注册机构。相关职能将逐步从经济发展与贸易部转移到或将于 2017 年成立的新国家知识产权局。乌克兰复杂的三级知识产权保护制度将由更加透明有效的两级制度取代：上级主管机关为经济发展与贸易部，下级部门为隶属于经济发展与贸易部的国家知识产权局。此项决定是根据乌克兰 2017 年政府知识产权计划和国家知识产权法律保护体系改革构想，进一步建立更加完善的国家知识产权体系。除了上述史无前例的体制改革外，乌克兰将在知识产权体制改革大框架下通过一系列其他立法，让乌克兰知识产权立法更接近欧盟的法律法规①。

4.1.3 专利法律制度的发展历程

乌克兰于 1993 年 12 月 15 日通过《乌兰克发明和实用新型保护法》

---

① 中国保护知识产权网：乌克兰正在进行国家知识产权保护体制改革，http：//www. ipr. gov. cn/article/gjxw/lfdt/oz/qtoz/201706/1906775. html，2017 年 10 月 30 日访问。

(Protection of Rights to Inventions and Utility Models，现被称作第 3687－XII 号法)，对发明和实用新型给予专利保护，该法在 2000 年、2002 年、2003 年及 2012 年进行了四次修订。

根据乌克兰知识产权局网站公布的最新数据，① 自 1992 年以来，截至 2017 年 9 月 1 日，乌克兰知识产权的注册文件总数为 508633 件/项，其中包括：

（1）发明专利申请 119891 项；

（2）实用新型专利申请 118947 项；

（3）工业品外观设计专利申请 35259 件；

（4）商标和服务标志证书（包括分部申请）231383 个；

（5）集成电路拓扑图 13 个；

（6）合格商品原产地登记 3111 件；

（7）有权使用注册合格的原产地证明 29 项。

从 1996 年开始，乌克兰的专利申请量逐年增加，尤其是在 2000 年以后，专利申请量大幅增长，在 2010 年申请量达到顶峰，之后呈下降趋势。从产业分布分析，专利申请量最大的为专用设备制造业，其余比较靠前的行业为仪器仪表制造业、金属制品机械和设备维修业、通用设备制造业、化学原料及化学制造业、医药制造业、金属制品业、电气机械及器材制造业、非金属矿物制品业、通信设备计算机及其他电子设备制造业。从 IPC 国际分类号的分布情况来看，申请量最多的为 A61K（医用、牙科用或梳妆用的配制品），其他申请量靠前的 IPC 国际分类号为 A61B、G01N、A61P、C07D、A23L、A23B 等。

此外，2002 年至今，来自国外专利申请占据着整个乌克兰专利申请量的绝大部分，申请量位居前五的国家分别为美国、德国、法国、瑞士和日本。

---

① Ukrainian Intellectual Property Institute：Total amount of registered documents（since 1992），http：//www. uipv. org/en/vsjogo. html，2017 年 9 月 10 日访问。

4.2 专利权的主体与客体

4.2.1 权利主体

4.2.1.1 权利主体概念

专利权的主体，即专利权人，指的是依法享有专利权并承担与此相应的义务的自然人或法人。有权获得专利的包括发明人、发明人雇主（An employer of an inventor，在雇员发明的前提下），以及发明人或雇主的继承人。发明专利的持有人享有该发明的专有使用权，并有权禁止他人使用该发明，包括进口、出口该专利产品，或根据该专利工艺生产产品。

4.2.1.2 发明人的权利

根据《乌克兰发明和实用新型保护法》第 8 条对发明人权利的规定可知：

（1）除非该法另有规定，发明人有权取得专利权；

（2）一项发明或实用新型的共同发明人享有平等取得专利权的权利，除非双方另有协议约定；

（3）专利发明人可以进行变更，但条件是在全体发明人共同提出申请的前提下，且需要变更的发明人是未在已提交的申请文件中出现过的；

（4）如果自然人个人没有对发明或实用新型作出创造性的贡献，而只是在发明或实用新型创造过程中提供给发明人技术、组织、资金上的支持与协助，则不能视为发明人；

（5）发明人具有不可剥夺的署名权利，而且此权利的保护不受时间的限制。此外，发明人有权利为所创造的发明或实用新型命名。

4.2.1.3 雇主的权利

《乌克兰发明和实用新型保护法》还对发明人的雇主的相关权利作了规定。

首先，发明人的雇主有权利取得雇员创造的发明或实用新型的专利权；发明人应向雇主提交关于所创造的发明或实用新型的书面报告，并附有清楚完整披露发明客体的说明书。

雇主应在收到发明者上述报告后 4 个月内向知识产权行政部门提交专利申请，或向他人转让取得专利权的权利，或决定以商业秘密来保护雇员创造的发明或实用新型。在此期间，雇主应当与发明人签订书面协议，根据发明或实用新型的经济价值或雇主因此可能获得的其他利益，确定给予发明人或发明人的继承人补偿的金额与条件。如果雇主未能在期限内达成以上条件，发明或实用新型申请专利的权利将转移给发明人或发明人的继承人，在这种情况下，雇主享有优先购买此专利许可的权利。

雇主或雇主的继承人将雇员的发明或实用新型成果以商业秘密方式保护的最高期限不得超过 4 年。否则，该发明或实用新型申请专利的权利将转移给发明人或发明人的继承人。如果在雇员的发明或实用新型相关补偿金额及条件上发生争议，可起诉到法院解决。

4.2.2　权利客体

专利权客体，即专利法保护的对象，是指能取得专利权，可以受专利法保护的发明创造。

在乌克兰，不违背公共利益、人道原则和道德，同时满足新颖性、创造性和实用性的发明创造可以享受专利保护。法律予以保护的发明（实用新型）专利客体可以为：一种产品（装置、物质、微生物菌种、植物或动物细胞培养等）、一种流程（方法）以及一种已知产品或流程的新用法。但是不包括以下四类：植物品种和动物品种；以生物为基础，除非生物和微生物工艺之外的产生植物或动物的产品或方法；集成电路布图；艺术建筑的成果。

不同于中国的发明和实用新型，乌克兰在发明和实用新型保护客体上没有明显的区分，其主要的不同点体现在保护期限、授权条件、审查方式等方面。下文将分别予以介绍。

授予专利权的实用新型应当具备新颖性和实用性，而发明专利在此基础上还必须具备创造性。《乌克兰发明和实用新型保护法》第 7 条规定了专利的三性。

（1）新颖性。不属于现有技术的发明或实用新型可视为具备新颖性。其中，现有技术指的是包括专利申请日之前或优先权日之前的国内外公开的所有信息，也包括在乌克兰提交的全部专利申请（包括指定乌克兰的国际申请）的内容。

（2）实用性。一项发明或实用新型如果可以在工业领域被批量生产，或是在其他领域被重现，即可认定为具备实用性。

（3）创造性。发明申请同申请提交日前的现有技术相比，如果具有突出的实质性特点和显著的进步，即该技术对本领域技术人员来说是非显而易见的，可以说明该技术具有创造性。

此外，对于专利的单一性要求，《乌克兰发明和实用新型保护法》第12条第4款指出，一件发明专利申请应当限于一项发明，或属于一个总的发明构思的一组发明（发明的单一性要求）。一件实用新型专利申请应当限于一项实用新型（实用新型的单一性要求）。

4.3 专利申请与费用

4.3.1 专利信息检索与申请文件

4.3.1.1 专利检索

乌克兰的专利国别代码是"UA"，可以通过各大检索平台检索其公开专利，本书主要介绍在乌克兰知识产权局提供的官方数据库中检索的方法。

1）检索地址

乌克兰知识产权局提供了在线专利检索的数据库，网页地址为http：//base. ukrpatent. org/searchINV/search. php？action ＝ setsearchcond &dbname ＝ inv&lang ＝ eng&sortby ＝_。也可通过乌克兰知识产权局主页的网页链接点击进入，具体步骤如下。

第一步：登录乌克兰知识产权局主页，网址为 http：//www. uipv. org，如图 4 - 2 所示；进入之后，可以通过网页右上角的语言选择按钮切换显示语言，其中"ykp"代表乌克兰语，"eng"代表英语；

第二步：切换到英文显示之后，点击页面左方的"Datebases，Information and Reference Systems"（数据库、相关信息及参考系统）选项，进入如图4-3所示的数据库页面，再选择"Specialized DB 'Inventions（Utility Models）in Ukraine'"（发明与实用新型数据库），即可进入检索页面。

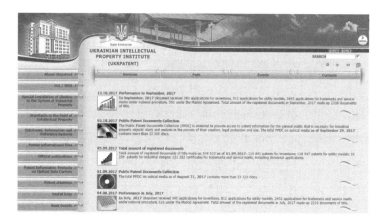

图4-2 乌克兰知识产权局主页

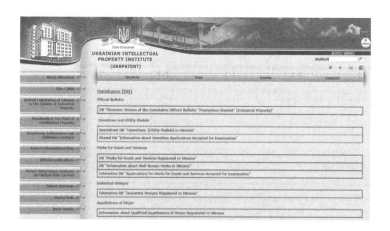

图4-3 乌克兰知识产权局数据库相关页面

2）检索语言

检索页面的显示语言分为三种：乌克兰语（ykp）、俄罗斯语（pyc）和英语（eng）。可以通过检索页面右上角的按钮切换页面显示语言。输入检索要素时，三种语言同样适用，但是如果通过名称中关键词、申请人姓名、发明人姓名、保护文件的获得者、持有者或其法律继承者姓名以及专利代理人或代表人姓名进行检索，或是在摘要、说明书及要求中查询包含单词，则必需输入乌克兰语才能检索。检索结果均以乌克兰语显示。

3）简单检索

乌克兰知识产权局的专利数据库英文检索页面如图 4 - 4 所示，无

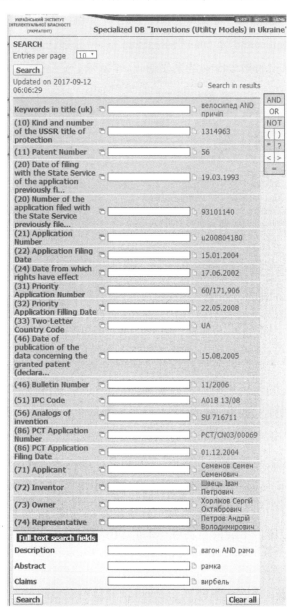

图 4 -4　乌克兰发明与实用新型检索页面

须注册，可以通过页面上显示的专利各著录项进行检索，也可以通过查询摘要、说明书或是权利要求书中包含的词语进行检索。检索时，将查询内容分别输入到对应的白色方格中，如果输入多项，各项之间是"与（AND）"的关系。

以查询申请号为"u200804180"的专利为例，首先将该申请号输入到"（21）application number"对应的空格当中，再点击左下角的"Search"，得到的初步检索结果如图4-5所示。

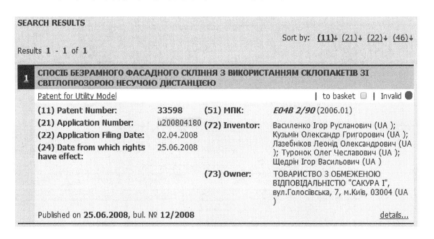

图 4-5　申请号 "u200804180" 的初步检索结果

检索结果中，专利名称及各著录项均为乌克兰语，名称下方左侧的英文显示该专利是实用新型；右侧显示"invalid"并出现红色圆点，说明该专利已失效；如果该位置的小圆图标为绿色，则说明该专利目前处于有效阶段。

点击专利名称或是右下角的"details"，进入该专利的详细检索结果，如图4-6所示。该详细检索页面包括主要著录项、摘要（乌克兰语、俄语、英语）和专利原文五个检索入口，如图4-7所示，在专利原文页面中，可以下载该专利单行本的PDF版本。

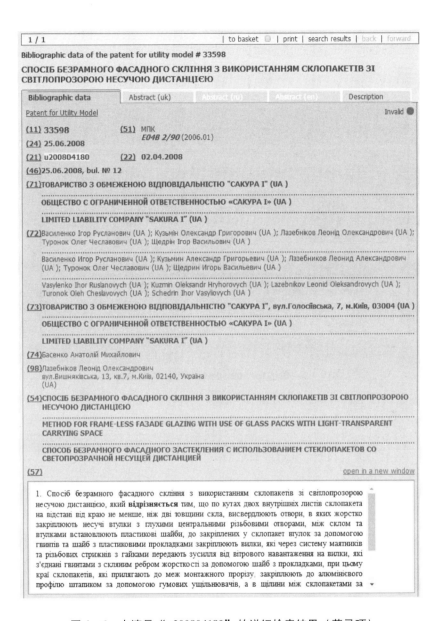

图 4 – 6　申请号"u200804180"的详细检索结果（著录项）

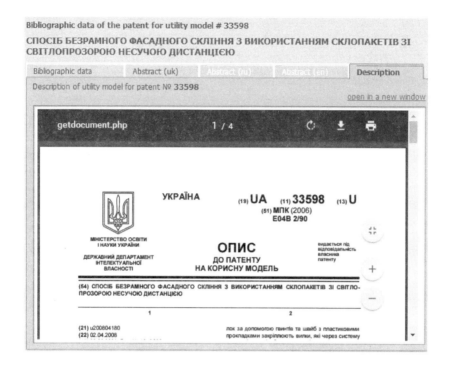

图 4 - 7　申请号"u200804180"的专利单行本

4）高级检索

检索时，可以通过布尔运算符对检索关键词进行编辑，优化检索结果，布尔运算符包括：AND，OR，NOT，AND NOT，或 NOT。

输入日期时，默认格式为 dd. mm. yyyy，其中"dd"对应"日"，"mm"对应"月"，"yyyy"对应"年"。

关系运算符包括：<，>，=，< =，> =，< >，（,）。如果在日期之前没有显示通配符，则默认是"="。被空格隔开的日期被认为是由布尔运算符"AND"链接的。

通配符包括：* ,? , ... 。其中，"*"用于替换一个或多个字符；"?"用于替换一个字符；"..."则用于搜索完全匹配的结果。

快速收藏功能：如图 4 - 8 所示，检索结果页面中，"to basket"选项的作用是将关注的专利搜索结果页面放入专门的收藏夹中，之后可以通过点击左侧"basket"快速访问收藏的专利。

图 4 - 8   将感兴趣的专利页面放入"**basket**"以便之后快速访问

4.3.1.2   申请文件

根据《乌克兰发明和实用新型保护法》第 12 条，申请文件应用乌克兰语撰写，并包含如下内容。

（1）申请授予发明或实用新型专利权的请求书。请求书中应当写明申请人姓名及其地址以及发明人姓名。发明人有权要求在知识产权行政部门出版物，尤其是申请文件与专利文件信息里隐名（不被记录为该发明或实用新型的发明人）。

（2）发明或实用新型专利说明书。发明或实用新型的说明书应以既定顺序撰写，并对发明或实用新型作出清楚、完整的说明，以所属技术领域的技术人员能够实现为准。

（3）发明或实用新型专利权利要求书。权利要求书应当以说明书为依据，说明要求专利保护的范围，并清楚、精确地以既定顺序来说明。

（4）附图（如说明书中提及参考附图）。

（5）摘要。摘要仅供信息之用，它不应被理解作他用，尤其是用于解读发明或实用新型专利的权利要求或决定现有技术。

另外，根据《乌克兰发明和实用新型保护法》第 14 条，除专利合作条约所规定的额外责任之外，专利国际申请流程与专利国内申请流程大致相同。在乌克兰申请专利一般还有两种国际途径，即巴黎公约途径和 PCT 途径①。

（1）如经巴黎公约途径在乌克兰申请发明或实用新型专利，提交材料如下。

① 申请授予发明或实用新型专利权的请求书，请求书中应当写明申请人姓名及其地址以及发明人姓名。发明人有权利要求在知识产权局出版物，尤其是申请文件与专利文件信息里隐名（不被记录为该发明或实用新型的发明人）。

② 发明或实用新型专利说明书，发明或实用新型的说明书应以既定顺序撰写，并对发明或实用新型作出清楚、完整的说明，以所属技术领域的技术人员能够实现为准。

③ 发明或实用新型专利权利要求书，权利要求书应当以说明书为依据，说明要求专利保护的范围，并清楚、精确地以既定顺序来说明。

④ 附图（如在说明书中有提及附图）。

⑤ 摘要，摘要仅供参考。它不应被作他用，尤其是用于解读发明或实用新型专利的权利要求或决定现有技术。

⑥ 申请人的名称、所在国家以及具体地址；发明人的姓名以及居住国家。

⑦ 申请人代表签署的委托书（委托书英文 Power of Attorney，POA，委托书不需要公证）。

⑧ 优先权文件副本。

除上述文件以外，知识产权行政部门应依照《乌克兰发明和实用新型保护法》确定专利申请文件的其他要求。提交这些材料时需要注意：

① 将申请材料翻译成乌克兰文，应自提交之日起 2 个月内完成；

② 官方费用自提交之日起 2 个月内支付；

③ 优先权文件副本应自提交之日起 3 个月内完成提交；

④ 委托书可以在提交专利申请时或以后在实质审查阶段提出；

⑤ 实质审查请求应自提交之日起 3 年内提交；

① Patent & Law Firm T－MARKA：Invention Ukraine，https：//t－marka. ua/en/content/inventions，2017 年 10 月 13 日访问。

⑥ 自批授权之日起 3 个月内支付专利年费。

（2）如通过 PCT 途径申请专利，为了进入 PCT 申请的国家阶段，准备的材料包括：

① PCT 申请号；

② 申请人代表签署的委托书（POA 不需要公证）。

提交这些材料时需要注意：

① 将申请材料翻译成乌克兰文，应在自优先权日起 31 个月内提交；

② 应自优先权日起 31 个月内支付官方申报费；

③ 委托书可以在提交专利申请时或以后在实质审查阶段提出；

④ 实质审查请求应自提交之日起 3 年内提交；

⑤ 自批授权之日起 3 个月内支付专利年费。

4.3.2　申请流程与申请费用

4.3.2.1　申请流程

《乌克兰发明和实用新型保护法》第 5 条规定，根据乌克兰签订的国际条约，外国人和无国籍人与乌克兰人享有平等的权利，可通过依法登记的知识产权代理人或专利律师行使其权利。因此，中国公民或企业如果准备在乌克兰知识产权局直接申请专利，需委托乌克兰专利代理人或专利代理机构。

但需要注意的是，根据中国《专利法》第 20 条的规定，"任何单位或者个人将在中国完成的发明或者实用新型向外国申请专利的，应当事先报经国务院专利行政部门进行保密审查"。所以，中国申请人在向乌克兰申请专利之前，需要进行保密审查。

在乌克兰提出的发明专利申请，在授权之前要经过两个阶段的审查，即初步的形式审查和实质审查，详细流程如图 4 - 9 所示，从申请人的角度，需经历以下步骤：

① 提交发明申请；

② 发明申请的形式审查；

③ 在乌克兰发明公报中公布申请书；

④ 提交实质审查请求，进入实质审查；根据实质审查的结果确定专利申请被授权或是被驳回；

⑤ 如果决定授予专利，则颁发证书并公告；

⑥ 按时缴费，维持专利权有效。

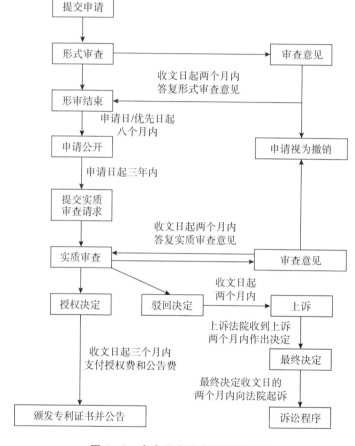

图4-9 乌克兰发明专利申请流程

在乌克兰提出的实用新型专利申请，在授权之前要经过形式审查，从申请人的角度，需经历以下步骤：

① 提交实用新型专利申请；

② 实用新型申请的形式审查，审查申请材料是否都符合形式要求，是否已经完成相关费用的支付；

③ 根据形式审查结果，实用新型专利申请被授权或者被驳回，如被

授权，申请人要完成实用新型专利的登记和缴费；如被驳回，可以提出上诉；

④ 按时缴费，维持专利权有效。

一般来说，发明申请的结案周期是自提交申请之日起 18~26 个月，实用新型的结案周期是自提交申请之日起 8~12 个月。如果希望加快审查过程，可以申请加速处理，其中发明申请的加速处理周期是自提交加速处理申请之日起至少 2 个月，大部分周期是 2~4 个月，且需缴纳加速处理费，其金额取决于独立权利要求的数量。

实用新型申请加速处理的周期是自提交加速处理申请之日起 1 个月，也需缴纳加速处理费。

4.3.2.2 涉密申请

根据《乌克兰发明和实用新型保护法》第 12 条第 3 款，申请信息涉及国家机密的，依照《乌克兰国家机密法》及相关条令来办理。

如果发明或实用新型在创造时使用了构成乌克兰国家机密的涉密数据（Corpus of Data），或者是《乌克兰国家机密法》所称的国家机密，专利申请应当通过知识产权行政部门申请人涉密审批或通过企业经营住所（法人）或居住住所（自然人）所在地的国家相关管理机关审批。申请时应当同时提交此项发明或实用新型涉及国家机密的说明。

4.3.2.3 申请费用

在乌克兰，发明、实用新型申请人应当自申请日起 2 个月内缴纳申请费，上述期限最多可延长至 6 个月。

乌克兰发明、实用新型专利针对不同项目有不同的收费标准[①]，其中，官方费用以乌克兰官方货币格里夫纳为货币单位，具体费用类别及数额分别如表 4-6、表 4-7 所示。

---

① 智南针：乌克兰专利申请费用，http://www.worldip.cn/index.php? m = content&c = index&a = show&catid = 107&id = 822，2017 年 9 月 10 日访问。

表4-6 乌克兰发明专利申请费用

收费项目	具体明细	官方费用（格里夫纳）
1. 提交发明专利申请	1~3项权利要求	800
	3项以上权利要求，每超出一项收取	80
2. 提交实质审查请求	1项独立权利要求	3000
	第2项独立权利要求	3000
	2项以上独立权利要求，每项权利要求收取	3000
3. 专利授权费		100美元
4. 专利公布费	说明书1~15页	200
	15页以上，每页	10
5. 专利维持费（年费）	第1~2年，每年	300
	第3年	400
	第4年	500
	第5年	600
	第6年	700
	第7年	800
	第8年	900
	第9~14年，每年	2100
	第15~20年，每年	3800

表4-7 乌克兰实用新型专利申请费用表

收费项目	具体明细	官方费用（格里夫纳）
1. 提交实用新型专利申请	1~3项权利要求	800
	3项以上权利要求，每超出一项加收	80
2. 专利授权费		100美元
3. 专利公布费	说明书1~15页	200
	15页以上，每页加收	10
4. 专利维持费（年费）	第1~2年，每年	300
	第3年	400
	第4年	500
	第5年	600

收费项目	具体明细	官方费用（格里夫纳）
4. 专利维持费（年费）	第 6 年	700
	第 7 年	800
	第 8 年	900
	第 9～10 年，每年	2100

4.3.3 专利服务机构的选择

由于中乌两国在语言、民族习惯、节假日、税收和政策等方面有着诸多的不同，乌克兰知识产权服务行业的规范和标准，与中国也存在较大的差异，因此建议企业在向乌克兰提交专利申请的时候，委托有一定知名度的乌克兰代理机构或代理人代为办理相关事宜，或者委托国内有相关经验的代理机构办理，以避免造成企业不必要的损失。

乌克兰知识产权局的官方网站首页上有"专利代理人"选项，如图4-10所示，点击进入，可以看到登记在案的专利代理人信息列表，里面列举了每个专利代理人的姓名、地址和联系方式，如图4-11所示。

图4-10 乌克兰知识产权局官网首页的"专利代理人"选项

Register number	Last name, first name, middle name Specialization	Address	Phone, Fax / E-mail / URL	
1	Mikhailyuk Valentin Ivanovich	46 Bobruiskaya Str., Kharkov, 61054	Phone	Tel.: +38 (057)717-74-72 +38 (057)754-59-52 Fax: +38(057) 717-15-44
	Inventions and utility models, marks for goods and services, industrial designs, legal services on ip issues		E-mail	office@msp.ua
			URL	www.msp.ua, www.msp-patent.com.ua
2	Vulykh Maryna Mykhaylivna	P.Box 8750, Kharkiv, 61002	Phone	Tel: /057/ 719-10-08. Fax: /057/ 703-26-73.
	Inventions and utility models, marks for goods and services, industrial designs, plant varieties, legal services on ip issues		E-mail	office@vulikh.com
			URL	www.vulikh.com.ua
3	Tatarinova Tetyana Viktorivna	14 Boychenko Str., App. 141, Kyiv, 02192	Phone	Tel: /044/ 513-72-83, /050/ 447-87-80.
	Inventions and utility models, marks for goods and services, industrial designs, legal services on ip issues		E-mail	ta_tv@ukr.net
			URL	-
4	Pakharenko Antonina Pavlivna	P.O. Box 78, Kyiv, Ukraine, 03150	Phone	Tel: /044/ 593-96-93. Fax: /044/ 451-83-40
	Inventions and utility models, marks for goods and services, industrial designs, plant varieties, topographies of integrated circuits, legal services on ip issues		E-mail	antonina@pakharenko.kiev.ua
			URL	-

图 4 – 11　专利代理人信息列表

根据搜索引擎提供的信息，乌克兰的主要代理机构有 Asters、Baker McKenzie – CIS Limited、Doubinsky & Osharova、Pakharenko & Partners、AEQUO、Arzinger Law Office、Egorov Puginsky Afanasiev & Partners、Gorodissky & Partners（Ukraine）、IPStyle、Mikhailyuk Sorokolat & Partners、PETOŠEVIĆ、Sayenko Kharenko 等。

MIP 杂志每年对各国的优秀代理机构进行评选，其中 2017 年评选的乌克兰的优秀代理机构如表 4 – 8 所示。

表 4 – 8　MIP 评选的 2017 年乌克兰优秀代理机构

	专利申请	专利诉讼
第一梯队	Doubinsky & Osharova	Doubinsky & Osharova
	Pakharenko & Partners	Pakharenko & Partners
第二梯队	Fedorova & Partners	Gorodissky & Partners
	Gorodissky & Partners	Mikhailyuk Sorokolat & Partners
	Grischenko& Partners	
第三梯队	D&L & Partners	A Prigof & Partners
	Mikhailyuk Sorokolat & Partners	Fedorova & Partners

另外，由《中国知识产权》杂志和中国日报网知识产权频道共同举办的“知识产权新年论坛”也曾发布“国际知识产权服务机构涉华业务实力推荐榜单”，其中包含有乌克兰的服务机构。

从上述渠道都可以寻找并选择乌克兰的专利服务机构。

4.4　专利审查与授权

4.4.1　专利审查流程

如前文 4.3.2 节所介绍的，在乌克兰递交专利申请后，专利审查部门会按照相关的法律法规对不同种类的专利申请进行相应的审查。专利申请的审查包括形式审查、实质审查以及涉密发明审查等几种形式。申请人有权主动或应审查机构的邀请，亲自参与或委托代表参与审查过程中的相关讨论。

4.4.1.1　形式审查和实质审查

发明专利申请的审查包括形式审查和实质审查两个阶段，实用新型只有形式审查，申请人在专利审查期间均可以申请加速审查。根据《乌克兰发明和实用新型保护法》第 16 条，知识产权行政部门将依据审查结果决定授予专利权或驳回专利申请，并将决定通知申请人。申请人在收到知识产权行政部门通知后 1 个月内，有权要求知识产权行政部门提供驳回专利的相关证据材料的副本。该副本将自提交相应要求之日起 1 个月内发出。

另外，申请人有权在审查过程中更正申请材料中的错误、变更申请人的名称和住址，或是其法定代表人的名称和住址。专利审查部门可以在由于缺乏相关材料而导致审查不能进行或对其存有合理怀疑的前提下，要求申请人提交补充材料。在审查中，如果申请人提出的相关材料可能涉及国家机密，则应由乌克兰国家机密机构介入。如果申请材料符合《乌克兰发明和实用新型保护法》第 13 条提交申请备案文件的要求，则申请人应在提起申请之日被告知相关要求。

4.4.1.2　涉密审查

根据《乌克兰发明和实用新型保护法》第 16 条第 8 款，在初审过程中，如果未收到申请人关于发明或实用新型涉及国家机密的声明，将审查专利申请信息涉及法涉密数据（Corpus of Data）是否构成乌克兰国家机密。

如果申请材料中有涉密信息，或者申请材料中包含申请人的涉密声明，申请材料将被转交给相关机密事项国家专家（以下简称国家专家），由国家专家作出发明或实用新型是否涉及国家机密的判定。

国家专家将在收到申请材料 1 个月内将判定意见及申请材料交回审查机构。

国家专家将根据信息涉密级别，决定发明或实用新型涉密期限。

如国家专家判定此发明或实用新型涉及国家机密，国家专家将确定有权利接触此信息的人员，申请文件的处理将在保密机制下完成。

专利审查部门将立即通知申请人以上国家专家的决议。如申请材料中不包含申请人的涉密声明，而国家专家判定此发明或实用新型涉及国家机密，申请人如有异议，可以向专利审查部门提交有充分根据的请求，要求将申请材料揭秘，或向法院就国家专家的决定提起诉讼。

另外，国家专家认定为国家机密的申请信息不予公开。

4.4.2　专利授权与保护期限

知识产权行政部门将自登记日起 1 个月内制作完成专利权证书，并颁发给专利权人。

如果专利权人是一人，将被授予一份专利权证书。如果专利权人是多人，每个人将分别被授予一份专利权证书。

经专利权人要求，知识产权行政部门应修正已授权专利证书中的明显错误并公布。如果专利权证书遗失或损坏，根据知识产权行政部门指定流程，专利权人可以取得专利权证书副本，但需缴纳相应费用。

根据《乌克兰发明和实用新型保护法》，发明专利有效期是自申请日起 20 年。发明专利的有效期可以续展，但不得超过 5 年。实用新型专利有效期自申请日起 10 年，可以延长，但不得超过 3 年。保密发明专利与保密实用新型专利的保护期限与发明或实用新型专利相同，但不能超过本法规定的发明或实用新型专利的保护期限。专利有效期将在专利权终止规定的条件届满时予以终止。

此外，对与苏联工业产权保护的衔接在法律上有具体的规定：对于1991 年 12 月 25 日前的苏联发明专利，根据申请人在 1993 年 3 月 18 日前提交的书面请求，在乌克兰知识产权行政部门注册后，可在其剩余有效期内转换成乌克兰专利。对于 1992 年 9 月 18 日前的前苏联授予发明人证书的发明，自申请日起有效期未满 20 年的，可以根据申请人、发明人的书面请求，在剩余的有效期内转换成乌克兰专利。

根据《乌克兰发明和实用新型保护法》第 32 条，有以下两种情况可以终止专利权。

一是专利权人任何时候都可向乌克兰国家知识产权行政部门书面声明全部或部分放弃专利权，专利权自官方公报刊载该声明之日起失效。专利权的全部或部分放弃应首先通知根据在知识产权行政部门备案的专利许可协议获得专利实施许可权的人，以及通过债务清偿获得专利实施权的人。

二是在规定的期限内不缴纳年费，专利权也将在期限届满前终止。专利权年费自申请之日起算，是维持专利权有效的必要条件。专利授权信息公开之日起 4 个月内，已缴纳首期年费的收据应出示给知识产权行政部门，之后各个年度的年费应在当年期满前 4 个月内缴纳，并在当年年底之前将缴纳收据出示或邮寄给相关知识产权部门。专利年费未缴纳之年度第一天起专利权即终止。

维持专利权的年费应在期限终止后 12 个月内缴纳。在此情形下，年度费用将增加 50%，专利权将在缴费后恢复。如果上述期限终止后仍未缴费，知识产权行政部门将在官方公告中公布专利权终止信息。但涉及国家机密的发明或实用新型无需缴纳专利权维持费用。

4.5　专利权的无效

根据《乌克兰发明和实用新型保护法》第 33 条，专利权在以下情形下可全部或部分无效。

（1）权利要求书描述的技术方案不具有被授予发明、实用新型专利权的条件，即不符合授予专利权的条件。

（2）专利的权利要求超出了专利申请文件的描述范围。

（3）不符合该法第 37 条第 2 款的规定，侵犯了他人的合法权利。

任何人均可向知识产权行政部门提出专利权无效宣告的请求，但是需要缴纳相关费用。如果专利权被认定为全部或部分无效，知识产权行政部门将在官方公告中公布相关信息，其专利权视为自始即不存在。

4.6　专利权的许可与转让

在乌克兰，专利权可以进行许可和转让。根据《乌克兰发明和实用新型保护法》第28条第7款的规定，专利权人可以通过许可协议，将发明或实用新型专利的使用权许可给任何人，涉及保密专利时，上述许可还需要获得国家专家的同意。根据《乌克兰发明和实用新型保护法》第28条第6款的规定，专利权人可以通过协议将发明或实用新型的财产权转让给任何他人。保密发明或实用新型的转让需获得国家专家的同意。

专利权转让或许可协议必须有书面协议，并由各方签字方可生效。任何一方均有权将专利权转让或许可信息正式通知他人。上述信息将根据知识产权局规定的流程公开在官方公告上，同时登记在官方登记簿上。上述数据的公布以及缔约方提出的数据的变化，都需要支付相应的费用。

由多人共有的发明或实用新型专利权的行使，由相关权利人的协议来确定。如果无协议，任何一个专利权人均可以按照自己的意愿使用该发明或实用新型专利。但是，如果没有取得其他专利权人同意的情况下，无权将该发明或实用新型专利许可他人使用或转让给他人。

《乌克兰发明和实用新型保护法》第30条对有关强制许可作了如下规定。

（1）自专利授权公开之日或自专利实施终止之日起三年内，如发明或实用新型在乌克兰不曾被实施或被不当实施，保密发明或保密实用新型除外，任何人如果有意愿并准备实施该发明或实用新型的，在被专利权人拒绝签署专利许可协议的情况下，可以向法院请求授权实施该发明或实用新型。

如果专利权人不能证明发明或实用新型未实施是处于重大原因，法院将决议将专利许可给有意愿实施该发明或实用新型的人来实施，并确定实施的范围、许可条款、给专利权人补偿的金额及流程。在此情形下，专利权人许可实施发明或实用新型专利的权利不应被禁止。

（2）一项取得专利权的发明或实用新型比前一已经取得专利权的发明或实用新型具有重大技术进步及显著经济意义，其实施又依赖于前一发明或实用新型的实施的，前一发明或实用新型专利权人有义务授予专利许可给后一专利权人。专利许可的范围应涵盖后一专利权人实施发明或实用新型必须的条件。在此情形下，前一发明或实用新型专利权人应有权以合理的条件获得后一发明或实用新型专利的许可。

（3）如果涉及保障人类健康、生态安全及其他公共利益理由，如专利权人毫无根据地拒绝授予专利许可，乌克兰内阁可以不需专利权人同意，强制许可已取得专利权的发明或实用新型。

4.7　专利权的保护

发明或实用新型专利的权利要求书确定了专利的保护范围。对于专利的权利要求的解释，将限于发明或实用新型专利的说明书与相关附图。

任何侵犯《乌克兰发明和实用新型保护法》第 28 条所规定的专利权人的权利的行为，被视为侵犯专利权，可依照乌克兰现行法律提起诉讼。根据专利权人的请求，应终止侵权行为，侵权者同时应当赔偿专利权人的损失。获得专利许可的个人，经专利权人同意，有权要求收回受影响的专利权。

乌克兰的宪法、刑法、民法等基本法和所有知识产权相关法律是保护知识产权、专利权的法律依据。[①] 就知识产权执法来说，乌克兰有民事、刑事、行政程序可以为被侵权的权利人提供帮助。被授予知识产权保护执法职能的行政机关如表 4 – 9 所示[②]。

[①] 中华人民共和国知识产权局：乌克兰关于保护知识产权的规定，http：//www. sipo. gov. cn/wqyz/gwdt/201508/t20150818_1162157. html，2017 年 10 月 16 日访问。

[②] 国家知识产权局规划发展司：《中东欧地区有关国家知识产权环境研究报告（上）》，2015。

表 4 - 9   乌克兰被授予知识产权保护执法职能的行政机关及职能

行政机关	主要职能
司法部	参与知识产权相关法律文件起草、负责欧盟相关法律在乌克兰的适用
内务部	负责与知识产权侵权预防与调查的相关事务、参与法律文件的起草与修订
安全部	参与乌克兰国家秘密保护相关的活动，协助企业保护与国家安全相关的商业秘密
国家海关总署	负责包含知识产权内容的货物通关，比如进行海关备案等
反垄断局	负责与滥用知识产权相关的不正当竞争禁止
税务总局	负责进口货物和音像产品的征税和收取
国家技术管理和消费者权益保护委员会	负责涉及知识产权投诉的消费者保护和广告立法

4.7.1   专利的司法保护

乌克兰的知识产权司法保护体系如图 4 - 12 所示。[①]

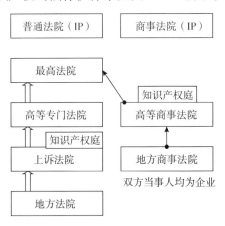

图 4 - 12   乌克兰的知识产权司法保护体系

2016 年 6 月 3 日，乌克兰国会通过了司法体系改革法，目前该法律正在等待总统的签字。根据该项改革法，乌克兰将重新开始成立知

---

① 国家知识产权局规划发展司：《中东欧地区有关国家知识产权环境研究报告（上）》，2015。

识产权专门法院，具体而言，乌克兰推出了双重知识产权保护体系，其他商业纠纷案仍由一审、二审和三审法院受理。因此，知识产权高等法院将受理版权、商标和专利纠纷的一审。二审时，乌克兰最高法院将审理高等法院的判决。改革法规定，知识产权高等法院在2017年底开始运作。这种创新是为了追随各国纷纷成立知识产权专门法院的国际趋势。[①]

同时，新的改革法给法官设立高水平的薪资，希望杜绝乌克兰司法系统的腐败现象。具有5年以上相关专业知识的乌克兰专利代理人或律师可以申请这些法官席位。这将让此领域的专业人士成为具备实践经验的法官。新的知识产权法院体系将以更加专业和高效的方式，更快、更有效地审理知识产权案件，因此也将更好地保护当事人的知识产权，减少案件审理的矛盾，最终让司法实践变得协调和可预知。以后，乌克兰人民不用再为了寻求高效高质的知识产权纠纷审理方式而去专门选择一个"合适"的法院。

乌克兰司法体系针对律师也有一个重大改变，在实行新法律之前，专利代理人、公司领导和法律顾问都能代表他们的客户出庭，新的法律生效之后，只有专门律师才有权代表知识产权持有人出庭。这将对那些还没有获得专门律师资格但是却长期代理知识产权案件的人产生很大的影响。乌克兰的专利代理人要想继续出庭，就必须获得专门律师的资格，否则只能以专门律师的技术顾问的身份参加法庭审理。[②]

4.7.2 专利的行政保护

非法使用在乌克兰受知识产权保护的物品，将受到相应的行政处罚。行政违法的处罚包括税前最低工资的10～200倍（大约相当于170～3400格里夫纳，或33～650美元），另外还有没收所有违法物品（侵权物和生产制造侵权物的设备材料等）。乌克兰针对运输侵权物品的

---

① 中国保护知识产权网：乌克兰知识产权专门法院简介，http：//www.ccpit.org/Contents/Channel_3586/2016/1229/739090/content_739090.htm，2017年10月11日访问。

② 中国保护知识产权网：乌克兰成立知识产权专门法院，http：//www.ipr.gov.cn/article/gjxw/lfdt/oz/qtoz/201606/1891455.html，2017年10月11日访问。

行为也处以较重的行政处罚。其中，对公民个人处以税前最低工资1～500倍（或118～59000格里夫纳，约合23～11350美元）的罚款，对官员处以10～1200倍薪酬（或1180～141600格里夫纳，约合230～27230美元）的罚款。①

此外，在2012年生效的海关法中，改进了海关边界知识产权权利保护程序，即扩大了可列入海关注册处的知识产权清单，包括发明、实用新型、工业品外观设计和植物品种。按照目前的海关的相关规定：（1）如果涉嫌侵权，海关当局可以暂停清运货物，其中包括工业品外观设计、发明、实用新型和植物品种；（2）海关可以根据权利人的请求或者基于实际情况主动采取行动；（3）如果海关人员根据海关注册处的数据，检查涉嫌冒牌的进口或出口货物，货物清关将暂停十个工作日（短期使用产品是三个工作日）。通知必须由海关当局通过传真或电子邮件发送给权利人；（4）在暂停期限届满前，权利人应当提出专利权保护的法院诉讼或者提出延期的申请，或者对暂停货物的通关书面许可。此外，根据《乌克兰海关法》，可以采用简化的销毁假冒商品的程序。如果权利人（收到暂停通关通知书）要求海关当局以书面形式通知其侵权行为，则可以发出通知，并且向商品所有者提供书面的销毁商品同意书。②

4.7.3 其他保护途径

4.7.3.1 民事程序

乌克兰第2453号法律《乌克兰法院体系及法官法》建立的新司法体系自2010年8月3日起运行，该法对乌克兰司法制度中的法院体系司法权和法官资格等作了全面规定，如普通审判权系统、法官资格基本要

---

① 国家知识产权局规划发展司：《中东欧地区有关国家知识产权环境研究报告（上）》，2015。

② Oleksandr Mamunya and Tetiana Kudrytska, Vasil Kisil & Partners: Key aspects of patent enforcement in Ukraine, https://content.next.westlaw.com/Document/I8417d3fd1cb111e38578f7ccc38dcbee/View/FullText.html? contextData = (sc. Default) &transitionType = Default&firstPage = true&bhcp = 1, 2017年10月14日访问。

求、执行司法自律的系统和程序等，并明确了司法和行政机关的关系。为此，在 2012 年前后，相关的法律，如刑事诉讼法等在司法权行使的程序方面也作了相应的修改。乌克兰的司法系统包括宪法法院和普通法院两个体系。普通法院行使一般民事、刑事、经济等案件的审判权，分为地方法院、上诉法院、高等专门法院和最高法院。2010 年司法改革后，明确了所有的外国企业像乌克兰本土企业一样，可以将其与其他乌克兰市场主体的争议提交乌克兰商事法院，除非有合同明确约定应当提交其他仲裁机构（如乌克兰工商联合会）。地方商事法院设在克里米亚自治共和国以及基辅和塞瓦斯波托尔的地区和城市，高等商事法院是经济性争议的最高审判机构，其判决接受乌克兰最高法院的监督。

在乌克兰，知识产权相关争议可以由普通法院或商事法院审理，一般商事法院管辖当事人双方都是企业的案件，而普通法院审理至少一方为自然人的案件。乌克兰的知识产权司法保护呈现专门化趋势。2000 年，乌克兰高等商事法院就已设立了知识产权专门审判庭，随后在地方和中级上诉法院体系也设立了相应的知识产权庭。因为商事法院有专门的知识产权法官，当事人更倾向于选择其管辖。乌克兰的知识产权民事审判程序包括了庭前当事人资格确认、证据提交和质证等内容。尽管如此，乌克兰的知识产权司法保护一般被认为耗时长、缺乏有威慑力的裁判措施、具有知识产权专业水平的法官人员不足，尤其是在举证方面，知识产权权利人常被乌克兰法院要求承担较重的举证责任。

乌克兰的知识产权侵权民事救济措施规定在各个知识产权单行法中，主要就是停止侵权和赔偿损失。在少数情况下，如果足以证明侵权将造成损失时，可以请求诉前临时禁令救济。在著作权和集成电路布图设计权被侵害的情况下，还可能有精神损害赔偿、没收违法所得（替代赔偿损失）、法院酌定赔偿、检查、查封扣押涉嫌侵权物或直接销毁芯片侵权产品和生产设备等救济措施。与侵权民事责任相关的还有著作权方面的一些特殊救济，比如允许权利人申请延长海关边境措施以便准备诉讼、请求媒体公布侵权行为和判决书、参与检查涉嫌侵权的设施、流程、厂房仓库、技术和财务信息等。同时，乌克兰的民事救济也参考适用其他相关法律。比如，在侵犯工业产权的损害赔偿额计算方面，目前乌克兰的相关规定是《乌克兰国家标准》（乌克兰内阁第 1185 号令，2007 年 10 月 3 日）第四部分"工业产权评估"的第 26 条："非法使用知识产权物品导致的损失，要考虑假冒产品的生产和/或销售规模，依据利润积累原则按照评估之时知识产权权利人或其合法授权人未能从非法使用人收取的使用费计算。"

4.7.3.2 刑事程序

侵犯知识产权的行为在乌克兰将受到刑事制裁，《乌克兰刑法典》第 176 条、第 177 条、第 229 条和第 232 条对侵权行为的刑事责任和对权利人的救济作出了规定。《乌克兰刑法典》第五章"侵犯选举、劳工和其他个人权利及公民自由的犯罪"中包括 2 项与知识产权相关的罪名。[1]

《乌克兰刑法典》第 136 条规定：如果违法者对著作权或知识产权所有人造成的物质损失巨大，对其判处两年以下监禁或一年以内劳动改造或处以公民最低收入标准 200~1000 倍的罚金。如果造成的物质损失特别巨大，对其判处两年以上五年以下徒刑或两年以内劳动改造，或处以公民最低收入标准 1000~3000 倍的罚金。[2]

4.8 乌克兰的工业品外观设计权

4.8.1 保护工业品外观设计的法律

乌克兰对工业品外观设计权单独立法，于 1993 年 12 月 15 日通过《乌兰克工业品外观设计保护法》（*Protection of Rights to Industrial Designs*，现被称作第 3688 - XII 号法，以下简称《乌克兰外观保护法》），对工业品外观设计给予专利保护，该法在 2000 年、2002 年、2003 年和 2012 年进行了四次修订。

---

[1] 国家知识产权局规划发展司：《中东欧地区有关国家知识产权环境研究报告（上）》，2015。

[2] 中华人民共和国知识产权局：乌克兰关于保护知识产权的规定，http://www.sipo.gov.cn/wqyz/gwdt/201508/t20150818_1162157.html，2017 年 10 月 16 日访问。

4.8.2 工业品外观设计权的主体与客体

4.8.2.1 权利客体

《乌克兰外观保护法》第 5 条和第 6 条规定了工业品外观设计的客体以及能够被授予专利权的条件：不违反公共秩序、人类道德原则，而且符合新颖性的工业品外观设计。工业品外观设计的对象可以是形状，图片或着色或其组合，该法确定了工业产品的外观并且旨在满足美学和符合人体工程学的要求。但是，建筑物（除小型建筑形式外）、工业或水利技术等固定结构、印刷品本身、来自液体、气态、易碎或类似物质的不稳定形式的物体等，不属于工业品外观设计的客体，不能获得法律保护。

4.8.2.2 权利主体

根据《乌克兰外观保护法》第 7 条，除非该法另有规定，申请人或其继承人有权取得专利权。一项工业品外观设计的共同发明人享有平等取得专利的权利，除非双方另有约定。

根据《乌克兰外观保护法》第 8 条，如果工业品外观设计与履行公务或者雇主的命令有关，则雇主有权获得专利，除非雇佣合同（合同）另有规定。根据工业品外观设计的经济价值，雇主需要签订书面合同来确定给予发明人或发明人的继承人补偿的金额与条件，有关获得报酬的条件或数额的争议可由法院解决。工业品外观设计师应当向雇主提交其所创造的工业设计的书面报告，并附有清楚完整披露发明创造客体的说明书。但如果雇主在收到工业设计师上述报告后 4 个月内未向知识产权行政部门提交专利申请，则工业品外观设计申请专利的权利将转移给发明人或发明人的继承人。

根据《乌克兰外观保护法》第 21 条，专利权自公布之日起生效，但须缴纳专利维持费。专利权授予其所有人在不侵犯其他专利权人的权利情况下使用工业品外观设计的专有权。如果工业品外观设计的发明人是多人的，则专利权的归属由他们之间的协议确定。如果没有协议，每个专利权人可以酌情使用工业品外观设计，但未经其他专利拥有者同意的情况下，他们都没有权利将工业品外观设计的许可（许可证）和工业品外观设计的所有权转让给他人。

4.8.3　工业品外观设计的检索

乌克兰工业品外观设计的检索与前面4.3.1.1节所述的发明与实用新型检索类似。首先登录乌克兰知识产权局主页，进入"Datebases, Information and Reference Systems"（数据库、相关信息及参考系统）后，点击"Databases（DB）"下面 Industrial Designs 中的"Interactive DB 'Industrial Designs Registered in Ukraine'"，便进入检索页面，网页链接为：http：//base. ukrpatent. org/searchBul/search. php? dbname = certpp，该页面的截图如图4-13所示。其余检索步骤可参考4.3.1.1节，此处不再赘述。

图4-13　乌克兰工业品外观设计检索页面

4.8.4　工业品外观设计的申请

4.8.4.1　直接申请

如果准备在乌克兰申请工业品外观设计专利，可以通过专利代理人或代理机构向知识产权行政部门提出申请。

根据《乌克兰外观保护法》第 11 条，申请文件必须包含：申请书；给出了其外观完整画面的一组产品图像（产品本身或其布局或图片的形式）；工业品外观设计说明；图纸、图表、地图（如果有必要）。

申请书以乌克兰语撰写，并对该工业品外观设计作出清楚、完整的说明，以所属技术领域的技术人员能够实现为准。请求书中应当写明申请人姓名及其地址以及发明人姓名。申请人有权要求在知识产权行政部门出版物，尤其是申请文件与专利文件信息里隐名（姓名不被记录到任何公开出版物里）。

根据《乌克兰外观保护法》第 15 条，申请人有权在专利授权或支付费用之前的任何时候撤回申请。

同样，工业品外观设计也可申请优先权，相关规定见《乌克兰外观保护法》第 13 条。

4.8.4.2　《巴黎公约》途径

中国是《巴黎公约》成员国，中国申请人在中国申请外观设计专利后的 6 个月内，可以以该中国申请为优先权向乌克兰申请工业品外观设计专利。

4.8.5　工业品外观设计的申请费用

在乌克兰，工业品外观设计法申请人应当自申请日起 2 个月内缴纳申请费，上述期限最多可延长至 6 个月，具体费用类别及数额如表 4 - 10 所示。

表 4 – 10   乌克兰外观设计申请费用

收费项目	具体明细	官方费用（格里夫纳）
1. 提交外观设计申请	1 项设计	800
	2～10 项设计，每加一项设计	100
	超过 10 项设计，每加一项设计	350
2. 专利授权费		100 美元
3. 专利公布费	基本费	150
	彩色设计附加费	100
4. 专利维持费（年费）	第 1～2 年，每年	100
	第 3 年	200
	第 4 年	300
	第 5 年	450
	第 6 年	700
	第 7 年	900
	第 8 年	1200
	第 9 年	1500
	第 10～12 年，每年	1800
	第 13～15 年，每年	3300

4.8.6   工业品外观设计的审查

在乌克兰，提出工业品外观设计专利申请需要经过形式审查，没有实质审查，申请者需要经过以下步骤：

（1）提交工业品外观设计专利申请；

（2）经过形式审查，审查申请材料是否符合要求，是否已经交付了相关费用；

（3）根据形式审查结果，该工业品外观设计被授权或者被驳回。如果被授权，申请人要完成专利的登记、缴费和公布；

（4）按时缴费，维持专利权有效。

4.8.7　工业品外观设计保护期限与终止

根据《乌克兰外观保护法》第 5 条第 5 款，工业品外观设计的保护期限是 10 年，可延期 5 年。

根据《乌克兰外观保护法》第 24 条可知，专利权人可以申请提前终止全部或部分专利，并在知识产权行政部门发布正式公告之日起生效。

《乌克兰外观保护法》第 24 条还规定，在规定的期限内未缴纳年费的，应当终止工业品外观设计的专利权。年费从专利申请日起每年支付，第一次缴纳年费的通知将和授权缴费通知一同由知识产权行政部门发出，下一年度的缴费通知将在当年的最后两个月内发出。

专利维持费及其付款文件可以在规定期限后六个月内支付给知识产权行政部门。但是在这种情况下，年费将增加 50%。

专利的有效期从未支付费用的第一天起终止。

4.8.8　工业品外观设计权的无效

根据《乌克兰外观保护法》第 25 条，在下列情况下，专利可被法院宣布全部或部分无效：

（1）工业品外观设计专利与本法规定的可以授予专利权的条件不一致；

（2）总体上存在未提交申请的标志工业设计的基本特征。

另外，该法条还规定了申请专利或部分无效时，应在官方公告中通知。专利全部或者部分无效的，自发布专利信息之日起，视为未提出。

4.8.9　工业品外观设计权的保护

根据《乌克兰外观保护法》第 26 条，侵犯专利权人的权利，将依照乌克兰现行法律承担责任。

应专利权人的请求，侵权者应当终止该侵权行为并且有义务赔偿对专利权人造成的损害。

同时，工业品外观设计权的保护可参照 4.7 节专利权的保护。

4.9　中国企业在乌克兰的专利策略与风险防范

4.9.1　申请专利的策略与专利布局

自 1992 年建交以来，中乌两国一直致力于发展良好的合作关系，双方在科技、教育、文化等领域都有大量成功的合作。中国企业在进入乌克兰市场的同时，需要根据实际情况，判断技术和市场发展的趋势，有技巧地申请专利并进行专利布局，争取"花费最少的精力，博得最多的利益"。

在专利申请方面，申请人需要注意如下几点。

1）两种专利申请途径的综合运用

PCT 于 1991 年 12 月 25 日在乌克兰生效，同时，由于乌克兰还是《巴黎公约》的成员国，因此，中国的企业和个人在乌克兰进行专利申请时可综合考虑两种申请方式，即《巴黎公约》途径和 PCT 途径。《巴黎公约》适用于发明、实用新型和外观设计，审查周期相对较短，适用于目标国明确且数量较少、希望尽快授权的情况。而 PCT 仅适用于发明和实用新型，可以用中文提出申请，当目标国不明确、技术尚有完善预期、储备技术不急于投放市场时，可以考虑 PCT 途径。因此，一般而言，如果对乌克兰的法律以及专利审查实践了解不多或同时提出国外申请的目的国较多时，可以考虑以 PCT 申请进入包括乌克兰在内的指定国国家阶段的方式提出国外申请。如果对乌克兰的法律及专利审查实践有充分了解，能够对专利申请进行乌克兰本地化完善且同时提出国外申请的目的国较少时，则可以考虑以《巴黎公约》的途径提出国外申请。

2）三种专利申请类型的选择

1993 年 12 月 15 日乌克兰通过《乌克兰发明和实用新型保护法》和《乌克兰工业品外观设计保护法》，对发明、实用新型和工业品外观设计给予专利保护。因此，中国的企业和个人在乌克兰进行专利申请有多种选择，可以根据实际需要灵活选择不同的类型及类型组合。

3）选择正规的专利代理机构

建议申请人选择国外正规的代理机构和国内代理机构协助进行专利

申请。乌克兰官方语言为乌克兰语，虽然与俄语同宗同源，但与俄语有较大区别，因此申请人如果不委托代理机构的情况下容易遇到语言方面的障碍。申请人通过《巴黎公约》途径申请专利的，可以委托当地比较有实力的能以中文为工作语言的专利代理机构。申请人通过 PCT 途径申请专利的，选择与乌克兰当地正规代理机构有长期合作的国内正规代理机构，可以为申请人节省大量的时间和精力。

在专利布局方面，申请人需要注意以下几点。

一般而言，海外专利布局可以按照以下四个步骤进行：第一步，根据企业海外经营战略，确定专利布局目的和方向；第二步，审视专利布局的内外环境；第三步，制定专利布局规划；第四步，有策略地获取符合要求的专利。

1）及早布局

截至 2017 年 9 月 1 日，乌克兰三种专利的申请量为 274097 项，其中包括：发明专利申请 119891 项，占总量的 43.7%；实用新型专利申请 118947 项，占总量的 43.4%；工业品外观设计专利申请 35259 件，仅占总量的 12.9%。从上述数据来看，自 1993 年 12 月 15 日乌克兰通过《乌兰克发明和实用新型保护法》和《乌兰克工业品外观设计保护法》以来，24 年共累计专利申请量仅有 27 万余件，考虑到乌克兰专利制度建立的时间较晚、专利申请总量不大且国外专利申请占多数，中国申请人如果将乌克兰列为现有市场或潜在市场，则可以考虑及早在该国进行专利布局。

2）重视实用新型专利布局

乌克兰对任何涉及产品（设备、材料）或工艺的工业应用方案均可作为法律保护的实用新型对象，其实用新型保护客体的范围相对于中国专利法来说较大。因此，某些在中国不能采用实用新型专利保护的发明创造可以考虑在乌克兰申请实用新型专利。

3）重视工业品外观设计专利布局

截至 2017 年 9 月 1 日，乌克兰的发明、实用新型、工业品外观设计分别占总量的 43.7%、43.4%、12.9%，即乌克兰的专利申请基本集中在发明和实用新型两类，工业品外观设计的专利申请量较少，可初步推测，该国申请人对技术方案专利保护的热情远大于外观设计，而根据近年来外观设计在工业品交易活动中越来越重要的特点，且乌克兰的工业品外观设计保护年限经过续展最长可以达到 15 年，中国企业和个人如将乌克兰列为现有市场或目标市场，则可以考虑针对相关产品做出多样的符合当地审美习惯的新设计。

4）发明和实用新型的组合运用

通常来说，对于核心技术，基于专利稳定性和保护期限考虑，应尽量采用发明专利进行保护。在涉及多个创新点时，则可根据成果的形式和技术含量，采用发明专利为主、实用新型和外观设计专利为辅的保护模式。对于外围技术，结合成本因素，可采用实用新型或外观设计专利为主、发明专利为辅的模式进行保护。对于竞争对手容易获得、易于模仿的技术方案，可考虑优先采用实用新型专利保护策略，或采用发明和实用新型同时申请的策略。

5）在专利分析的基础上的专利布局

提前进行充分准确的市场调研，掌握竞争对手的技术实力，结合自身的实际情况和发展目标来制定战略规划，做好专利分析工作，采取多种专利布局模式的组合，如常用的布局模式包括：路障式专利布局、地毯式专利布局、围墙式专利布局、丛林式专利布局等，进行有针对性的布局。如通过技术—功效矩阵图分析，可揭示市场专利分布的密集点和稀疏点/空白点，密集点预示着高专利侵权风险，而稀疏点/空白点是企业专利布局的潜在重点；如围绕专利权人/申请人的分析，可以确定目标市场中的主要竞争对手及其技术实力，为制定合理的专利布局策略提供方向。

4.9.2 专利风险与应对措施

由于历史的缘故和地理位置的特殊性，中东欧地区历来是欧盟、俄罗斯、美国和中国等世界主要经济体的政治和经济利益交锋之地。在这个复杂的国际政治和经济格局下，中国企业在沿着"丝绸之路经济带"到中东欧各国开展经贸活动时，除了要警惕和规避诸多政治经济风险外，在知识产权与国际贸易密不可分的今天，还须及时了解沿途各国知识产权法律制度以及欧盟、美国和俄罗斯企业在这些国家的知识产权布局情况，提前做好防范措施，避免知识产权纠纷。

中国企业进入乌克兰面临的挑战主要有：

（1）乌克兰的地理位置特殊，是欧盟、俄罗斯、美国、中国等世界主要经济实体的政治和经济利益交锋之地；

（2）知识产权法律组成复杂，涉及国际知识产权公约、欧盟法律和众多的国内法律；

（3）官方语言为乌克兰语，俄语也是通用语言，对获取相关知识产权信息存有障碍；

（4）知识产权制度、司法体系和执法体系与中国有差别；

（5）知识产权保护执行层面仍比较薄弱。

中国企业进入乌克兰从事经贸活动的建议：

（1）事前积极申请知识产权保护，或寻求当地合作和许可；

（2）重视当地知识产权法律风险的专业分析；

（3）积极利用相关国家和国家、区域性组织的知识产权规则，维护自身合法权益；

（4）以获得相关技术的海外市场自由度为专利布局的目标，以获得现有市场和目标市场专利的所有权、使用权或对抗筹码为表现形式，获得的形式可采用自主申请、收购、许可、加入专利池等；

（5）企业要充分考虑自身资源，做到效益最大化，其中人力资源是最关键的支撑要素，企业知识产权团队应当包括企业决策人员、知识产权管理人员、技术人员和市场人员，当企业不具备上述完整的团队成员时，需要以购买服务的方式求助于专业的代理机构和律师事务所。

保加利亚专利工作指引

前　言

保加利亚共和国（保加利亚语：Республика България；英语：The Republic of Bulgaria），简称保加利亚，位于欧洲东南部巴尔干半岛，历史文化悠久。保加利亚国土面积 111001.9 平方公里，截至 2015 年底，全国人口 717.8 万人①。保加利亚处在欧洲和中东之间的重要战略位置，为欧盟国家、俄罗斯、近东和北非的市场之间提供了便捷的沟通。保加利亚也是一个交通枢纽，因为泛欧洲运输走廊的主要部分穿过它。黑海为通过布尔加斯和瓦尔纳的主要海湾的运输和装卸业务的发展提供了极大的可能性。保加利亚是联合国的成员国，也是黑海经济合作组织和欧洲安全与合作组织的创始国之一，2004 年成为北大西洋公约组织成员，2007 年 1 月 1 日成为欧盟的一员。

保加利亚语为其官方语言和通用语言，土耳其语为主要少数民族语言。保加利亚居民主要信奉东正教，少数人信奉伊斯兰教。

1949 年 10 月 4 日，中国与保加利亚建交。自 20 世纪 80 年代起，中保两国在各领域的交流与合作逐步增多，两国关系平稳发展。已经加

---

① 中华人民共和国外交部官方网站，http：//www.fmprc.gov.cn/web/gjhdq_ 676201/gj_ 676203/oz_ 678770/1206_ 678916/1206x0_ 678918/，最后访问日期：2017 年 11 月 4 日。

入欧盟的保加利亚经济发展水平相对较高，与发达国家经贸往来经验丰富，知识产权执法力度普遍较严。因此，对于中国参与"一带一路"建设的企业而言，要提高在保加利亚的知识产权保护意识，积极了解保加利亚知识产权法律法规，妥善利用知识产权规则，做好知识产权布局，保护自身合法权益。

本章以《保加利亚专利和实用新型注册法》（2012）① 及《保加利亚工业品外观设计法》② 为基础介绍保加利亚专利及工业品外观设计基本要求及申请策略。值得注意的是，《保加利亚专利和实用新型注册法》中的"专利"概念与我国专利法中的发明专利类似，为了便于我国读者阅读，在以下介绍中，本书将用"发明专利"一词指代《保加利亚专利和实用新型注册法》中"专利"的概念，而用"专利"一词概指《保加利亚专利和实用新型注册法》中"专利"和"实用新型"的概念。

5.1 保加利亚专利法律制度的发展历程

保加利亚于1921年加入《巴黎公约》，旨在对保加利亚的工业产权进行保护以及后续技术开发创建扎实的基础。2001~2015年，保加利亚发明申请量由2001年的300余件涨至2015年的500余件，而保加利亚本国人的申请数量在此期间始终保持在近300件的数量上，因此，可以说保加利亚的发明申请量的升高主要是源于外国申请人提交的发明申请量的增长。

1970年，保加利亚加入世界知识产权组织，现为《专利合作协定》《商标国际注册马德里协定》《马德里协定有关议定书》和《工业品外观设计国际注册海牙协定》的缔约国。保加利亚也是欧洲专利组织的成员国。

保加利亚于1993年6月1日颁布实施《保加利亚专利法》，2016年

---

① 文件来源于世界知识产权组织官方网站，http：//www. wipo. int/wipolex/zh/details. jsp? id = 14120，最后访问日期2017年11月4日。

② 文件来源于世界知识产权组织官方网站，http：//www. wipo. int/wipolex/zh/details. jsp? id = 7247，最后访问日期2017年11月4日。

11 月 11 日，将该法更名为《保加利亚专利和实用新型注册法》。为了使保加利亚国内立法与欧盟立法逐步一致，保加利亚在 1993～2016 年对《保加利亚专利和实用新型注册法》进行了多次修改。

除《保加利亚专利和实用新型注册法》以外，在保加利亚的知识产权保护还可以参考如下法律制度。

《保加利亚工业品外观设计法》，其规定了工业品外观设计登记、权利登记以及这些权利保护的条件和程序。

《保加利亚集成电路布图设计法》，其规定了集成电路注册的条件、注册所产生的权利以及对这些权利的保护。

《保加利亚植物新品种和动物育种保护法》，其规范了关于新植物品种和动物品种的创造、保护和使用的关系。

另外，1971 年颁布的《国际专利分类斯特拉斯堡协定》（1979 年修改）（ International Patent Classification Agreement ， IPCA） 和 1973 年颁布的《欧洲专利公约》（1991 年、2000 年修订）（ European Patent Convention ， EPC），在保加利亚均有效。

从《保加利亚专利和实用新型注册法》的多次修改可以看出，保加利亚的专利制度趋于完善，也更契合于欧洲专利法。保加利亚保护工业产权的核心职能由保加利亚专利局执行，该局的总部设在索菲亚。《保加利亚专利和实用新型注册法》对保加利亚专利局的基本状况、主要职能及构成等给予了明确的规定。

5.2 专利权的主体与客体

5.2.1 权利主体

5.2.1.1 权利主体概念

专利权的主体，即专利权人，是指依法享有专利权并承担与此相应义务的人。根据《保加利亚专利和实用新型注册法》的规定，发明人或其继承人、雇主或其继承人、外国人和外国企业都可以成为专利权的主体。

在保加利亚，专利的保护适用"先申请原则"，这与中国专利法的规定是一致的。根据《保加利亚专利和实用新型注册法》的规定，两个以上的申请人分别就同样的发明创造申请专利的，专利权授予最先申请的人。如果两个以上申请人就相同发明创造在相同申请日或优先权日各自独立地提交专利申请，专利一旦授权，他们将共同拥有对该专利的权利。

5.2.1.2　发明人

《保加利亚专利和实用新型注册法》对发明人的规定与中国专利法的规定大体相同。发明人是指对于发明创造作出创造性贡献的人。发明人只能是自然人，不能是法人或其他组织。

《保加利亚专利和实用新型注册法》规定，申请专利的权利属于发明人。两个以上单位或个人合作完成的发明创造，专利申请的权利属于完成或共同完成的单位或个人。除非另有约定，共同发明人享有相同的权利。在专利申请过程中，即使有部分共同发明人拒绝参与申请程序或专利授权程序，也不会妨碍申请程序的正常进行。

发明人有权在其发明的专利申请、发明专利证书或实用新型证书以及有关发明或实用新型的任何出版物中署名，但是署名的权利不可转让。发明人也有权就提交的专利申请或获得的专利权取得经济利益。

在雇佣关系或其他法律关系规定的履行职责期间完成发明创造的发明人，其权利同样受到保护。雇佣单位与发明人，或与发明人代表之间订有合同，对申请专利的权利和专利权的归属作出约定的，应从其约定。

《保加利亚专利和实用新型注册法》还规定，保加利亚专利局的雇员在其就职期间以及就职期终止后一年内，无权提出工业产权保护申请，也不能被指定为发明人或共同发明人。

5.2.1.3　申请人

根据《保加利亚专利和实用新型注册法》的规定，外国人可以在保加利亚申请专利。在保加利亚没有经常居所或者营业所的外国人、外国企业或者外国其他组织在保加利亚申请专利的，依照其所属国同保加利亚签订的协议或者共同参加的国际条约，或者依照互惠原则根据相关法律办理。并且，在保加利亚没有经常居所或者营业所的外国人、外国企业或者外国其他组织在保加利亚申请专利，必须委托在保加利亚专利局注册的专利代理人。

保加利亚申请专利的委托事宜与我国专利法的相关规定较为接近，如果没有特别约定，属于全权委托。因此，如果中国申请人希望在保加利亚申请专利，可以委托保加利亚当地事务所办理各项业务。

5.2.1.4 职务发明

保加利亚对于职务发明的规定与中国专利法相关规定大致相同。

根据《保加利亚专利和实用新型注册法》的规定，下列情况下获得的发明创造被认为是职务发明创造。

（1）发明人履行其工作职责中产生的发明创造；

（2）虽然不是履行本职工作，但是发明人接受委托而产生的发明创造；

（3）发明人利用雇主或委托人提供的物质条件或资金资源或者知识和经验产生的发明创造。

但《保加利亚专利和实用新型注册法》还规定，自发明人通知雇主可就发明创造申请专利之日起三个月内，如果雇主提出专利申请，则专利的申请权利属于雇主；否则，申请的权利将转让给发明人。如果合同有约定，则申请的权利也可以共同属于雇主和发明人。对于委托的发明创造，除合同另有约定外，申请专利的权利属于委托人。

如果在雇用期间完成的发明创造以雇主的名义被保护，发明人享有该发明创造的署名权，以及基于专利商业使用效果获取报酬的权利。获取报酬的金额基于以下因素确定。

（1）在专利有效期内通过专利的使用获得的利润；

（2）发明创造的价值；

（3）雇主在完成发明创造、设备、材料、知识、经验、人员以及其他援助方面的资本投入上的贡献。

一般来说，给予发明人的报酬由雇主支付；在雇主不是专利所有人的情况下，报酬由雇主和专利所有人共同支付。如果发明人所得报酬相较于所获得的实际利润和发明创造价值显著不公平的，发明人可以提出要求增加报酬所得。雇主和发明人应在发明专利申请公开或实用新型授权之前，对发明创造的内容保密。

在知识产权先行的大环境下，如果中国企业在保加利亚拓展业务，建议中国企业通过合同对发明创造的专利申请权给予明确的约定。

5.2.1.5 专利权人

根据《保加利亚专利和实用新型注册法》的规定，专利权人即享有专利权并获得专利权证书或实用新型权证书的人。专利权可以归属于发明人或其继承人，或者归属于雇主或其继承人。

根据《保加利亚专利和实用新型注册法》的规定，发明专利或实用新型的专利权人享有使用该发明创造的权利，未经专利权人同意禁止其他人使用。专利权人为多个的，有约定从其约定；如无约定，专利授予一人以上的，则发明可由各共同所有人完全使用，而本法规定的所有其他权利应经所有共同所有人同意方可行使。

专利权人使用发明的权利应包括制造、使用、许诺销售、交易（包括进口）专利产品及专利方法。

专利主题为产品（物品、装置、机器、设备、物质等）时，专利权人有权利阻止任何第三方进行以下行为。

（1）制造该产品；

（2）制造、许诺销售、销售或使用由被保护发明获得的产品或以上述目的进口或存储产品。

专利主题为方法时，专利所有人有权禁止其他人履行下列行为。

（1）使用专利方法；

（2）涉及直接通过该方法获得的产品的任何行为。

《保加利亚专利和实用新型注册法》对生物技术发明创造的权利给予了明确的规定，生物技术发明创造是指由生物材料组成，或由通过制备、加工或使用生物材料制成，或包含通过制备、加工或使用生物材料的方法的发明创造。这类发明创造的权利通常包含通过繁殖生物材料而获得的任何生物材料，或包含生物材料的所有其他材料，以及由上述方法直接获得的生物材料。

专利权人是自然人或法人的，随着自然人的死亡或法人的解体，专利权在死亡当日或解体当日起不复存在，除非专利权已经转移至权利继承人。对于申请人而言，同样地，随着申请人的死亡或解体，申请权利在死亡当日或解体当日起不复存在。

在保加利亚，无论是专利权人享有的专有权还是禁止他人使用的权利，以及对生物技术发明创造专有权的规定与我国专利法的规定比较接近。对于中国企业而言，在保加利亚行使专利权可以适当参照我国专利法的相关规定加深理解。

5.2.1.6　申请人和专利权人的变更

申请人和专利权人的权属变更直接体现了权利主体的变化。对于申请人和专利权人的权属变更请求，保加利亚专利局会将专利权人或申请人的名字和地址变更载入相关登记簿。

《保加利亚专利和实用新型注册法》对于申请人和专利权人的变更没有具体规定，仅记载了所有权利均可转让。因此，基于常理，直接体现出权利主体变化的变更需要记载于登记簿中并且向社会公示。

5.2.2　权利客体

专利权客体，也称专利法保护的对象，是指能取得专利权，可以受专利法保护的发明创造。《保加利亚专利和实用新型注册法》所称的发明创造是指发明和实用新型。专利保护的客体即为发明和实用新型。

其发明与中国的发明专利类似，实用新型与我国的实用新型相类似。实用新型仅涉及产品的结构或者产品组分的布置的技术方案，实用新型的法律保护应通过向专利局注册而授予，该注册应自专利局官方公报发布之日起对第三方具有法律效力。在下面的内容中将会更为详细地对发明和实用新型进行叙述和比较。

5.2.2.1　发明

《保加利亚专利和实用新型注册法》规定，发明是指具有新颖性、创造性和实用性的关于任何领域的技术发明创造。

发明专利的主题可以是产品、方法、产品的用途和方法的用途。根据《保加利亚专利和实用新型注册法》，不能够作为权利客体的包括：

（1）发现、科学理论、数学方法；

（2）艺术作品；

（3）进行精神活动、游戏或经商的方案、规则和方法，以及计算机程序；

（4）单纯的信息介绍。

另外，在形成和发展的任何阶段的人体不能作为权利客体。对于基因来说，如果仅是发现了作为人体组成部分的基因序列或部分基因序列，不能作为权利客体。但独立于人体存在或通过技术手段可以制备的基因序列或部分基因序列能够作为权利客体。申请基因相关的专利还要注意，基因序列或部分基因序列的实用性必须在申请日起就在专利申请文件中公开。

根据《保加利亚专利和实用新型注册法》，不能作为发明专利权利客体的还有下列诸项。

（1）商业用途将违反社会秩序或道德的发明创造，包括：

①克隆人的方法；

②改变人类胚胎遗传特性的方法；

③将人类胚胎用于工业或商业目的；

④修改动物的遗传特性的方法，对动物造成痛苦但从医学角度对人或动物的治疗或免疫没有任何实质性益处。

（2）治疗人体或动物的方法以及在人体或动物身上实施的诊断方法。这不适用于用于任何这种方法的产品，特别是物质或组合物；

（3）植物或动物品种；

（4）用于获取植物和动物品种的生物方法。

根据《保加利亚专利和实用新型注册法》的规定，包含生物材料的产品、制备生物材料的方法或者使用生物材料的方法能够被授予发明专利权这类发明创造包括：

（1）从自然环境中分离的生物材料，或通过技术方法获得的生物材料，即使该材料已经存在于自然界也可获得授权；

（2）不属于动物品种和植物品种的涉及动物和植物的发明创造；

（3）微生物，或者获得微生物的方法。

其中所述的术语"生物材料"是指任何带有遗传信息并能够自我复制或者能够在生物系统中被复制的材料。

《保加利亚专利和实用新型注册法》对于是否能够作为发明专利客体的规定，特别是对于遗传信息、动植物品种的规定，都十分清楚明确，与中国专利法的相关规定基本相同。

5.2.2.2 实用新型

《保加利亚专利和实用新型注册法》规定，实用新型是新的具有创造性并具有工业实用性的发明创造。从实用新型的定义而言，实用新型的定义与发明的定义很相近，同样对专利性有所要求，但从保加利亚对实用新型审查和授权要求的规定上看，法律明确要求实用新型的法律保护通过向专利局注册而授予，该注册自专利局官方公报发布之日起对第三方具有效力。

实用新型申请需要包括注册请求书、说明书、附图、权利要求书、摘要、申请和审查费用的证明文件。实用新型申请采用登记制，在授权之后才会公开。

根据《保加利亚专利和实用新型注册法》的规定，不能作为实用新型权利客体的包括：

（1）商业用途有悖于公共秩序或道德的发明创造，特别是如下方面：

①用于克隆人的方法；

②用于改变人类的生殖细胞的基因同一性的方法；

③工业或商业目的的人类胚胎的使用；

④修改动物的遗传特性的方法，这对动物造成痛苦但从医学角度对人或动物的治疗或免疫没有任何实质性用途；

（2）涉及以有生命的人体或者动物为直接实施对象的疾病诊断和治疗方法，不包括用于任何这些方法的产品或物质和组合物；

（3）动植物品种或制备动植物品种的生物方法（不包括微生物方法或由微生物方法获得的产品）。

因此，从《保加利亚专利和实用新型注册法》对实用新型的权利客体的定义可以看出，其实用新型的规定与我国专利法的规定基本相同。

实用新型的权利要求项数上没有特别要求，对申请中同时存在多个发明创造时，符合单一性要求的基础上仍可以保护在一个申请中。中国专利申请中保护几个发明创造的技术方案，也可以在一件实用新型申请中提交。

根据《保加利亚专利和实用新型注册法》，发明与实用新型的保护主题不同，发明保护的主题可以是产品、方法、产品的用途和方法的用途，而实用新型保护的主题不能涉及生物技术、生物方法、化学成分或用途的技术方案。发明与实用新型的保护期限也不同，发明保护期限为二十年，实用新型的保护期限为四年，可延续两个三年，即十年。但需要注意的是，保加利亚的实用新型有效期应当自权利人提出请求并提交缴费清单后起算，这一点与中国的实用新型直接给予十年的保护期限、在保护期间除了缴纳维持费以外无须延期请求不同。

保加利亚发明与实用新型的审查程序也不相同，实用新型申请无须公开、无须请求检索，审查员会对技术方案进行专利性审查，申请人可以获得相应的权利。因此，从申请人的角度出发，考虑到权利的时效性和保护力度，保加利亚的实用新型申请是一种可行的专利申请方式。

5.2.2.3 权利的变更

申请人可以在缴纳相应官费之后，提出将发明申请变更为实用新型登记申请的请求。经变更的申请应当保留最初提交的发明申请的申请日和优先权日，最初提交的发明申请被视为撤回。

如果申请人无法满足关于发明和实用新型的要求，则审查部门的审查员应当通知申请人并给予 3 个月的时间提交意见和进行纠正。如果申请人没有作出回应或者其理由毫无根据，则不得批准变更请求，专利申请应被视为撤回。

5.3 专利申请与费用

5.3.1 专利信息检索与申请文件撰写

5.3.1.1 检索报告

根据《保加利亚专利和实用新型注册法》，在申请日或优先权日起

13 个月内，申请人可以提交检索和审查请求书。

除了提交请求书之外，申请人应缴纳检索和审查费用以及公布申请的费用。如果在提交请求书时未能缴纳费用，有 1 个月的宽限期，但宽限期内需缴纳两倍的费用。如果仍未缴纳费用的，申请人可以提出请求将发明专利申请转变为实用新型申请；提出上述请求的期限是在申请日或优先权日起 15 个月内。如果未提交上述请求也未缴纳费用的，该专利申请将被视为撤回。

如果审查员认为发明专利申请不能变更为实用新型申请的，会通知申请人变更不予受理，并给予 1 个月时间供申请人提交意见或修改。如果申请人没有答复或理由不能被接受的，专利申请会被视为撤回。

就检索报告的规定而言，我国专利法并未对检索请求有所规定，而在实际操作中，在实质审查阶段，我国审查员在第一次审查意见通知书发出之时会附上检索结果。但保加利亚明确规定了需要对检索报告单独提出请求并缴纳费用。

另外较为特殊的是，如果在提交了检索和审查请求之后未能缴纳费用的，对于合适的发明创造主题，申请人还可以请求将发明专利申请变更为实用新型申请。中国企业在实际操作中，对于专利性不强的发明专利申请可以选择这一方式以节约企业的时间和资金成本。

5.3.1.2 申请文件的撰写

根据《保加利亚专利和实用新型注册法》的规定，提交的专利申请文件包括：

（1）请求书；

（2）说明书；

（3）一项及多项权利要求；

（4）说明书和/或权利要求书中涉及的附图；

（5）摘要；

（6）要求优先权的书面声明以及优先权证明；

（7）缴费证明。

以下将对请求书、说明书、权利要求书、摘要及附图的要求进行逐一说明。

（1）请求书。

根据《保加利亚专利和实用新型注册法》的规定，申请应在请求书中明确指明要求保护的专利类型（发明或实用新型），代理人信息，申请人信息，发明人信息，优先权文件的号码、日期和国别，以及发明创造的名称。

保加利亚专利局不会调查申请人是否有资格提交专利申请。在申请人不是发明人或者发明人不是一个人的情况下，申请人必须提交所有发明人的名字。请求书中的发明人信息还应包括发明人的书面声明。

（2）说明书。

根据《保加利亚专利和实用新型注册法》，说明书应当对发明创造作出清楚、完整的说明，以所属技术领域的技术人员能够实现为准。说明书应包含标题和发明创造所属的技术领域；申请人所了解的现有技术；对发明创造必要技术特征的清晰和充分的披露，使本领域技术人员能够实施该发明创造，以及该发明创造的优点；附图的简要说明；至少一个实施方式；以及发明创造在工业中实施方式的简要说明。

对于设计生物技术的专利申请，文字记载很难描述生物材料的具体特征，所属技术领域的技术人员很难根据文字记载实施发明创造。在这种情况下，应当按规定将所涉及的生物材料送到保加利亚专利局认可的保藏单位进行保藏。保藏后则说明书部分视为满足了能够实施的要求。保加利亚专利局认可的保藏单位是指《布达佩斯条约》承认的生物材料样品国际保藏单位。

从《保加利亚专利和实用新型注册法》对说明书的规定来看，说明书需要清楚完整记载的内容与中国专利法中对说明书的要求大体相同。因此，无论是直接向保加利亚提出申请，还是通过 PCT 国际申请进入保加利亚，在撰写专利申请文件时，均可以考虑按照中国专利法对说明书的要求进行撰写。

在说明书部分，撰写时需要注意各部分内容不可缺失：发明创造名称，技术领域，所要解决的技术问题，背景技术，有助于理解发明创造的内容，发明创造的技术要点，附图说明（如果有附图的话），以及至少一个具体实施方式。因此，为了更好地满足《保加利亚专利和实用新型注册法》对于说明书完整性和清楚性的要求，不仅要在格式上和实质内容上保持技术方案和具体实施方式的完整，还要从背景技术中引出技术问题，然后按照所要解决的技术问题、所使用的技术方案和达到的技术效果清楚说明，更要包括实施例对技术方案予以支持。

（3）权利要求书。

《保加利亚专利和实用新型注册法》要求权利要求书应当以说明书为依据，清楚、简要地限定要求专利保护的范围。

《保加利亚专利和实用新型注册法》对权利要求书仅规定了要包括一项及多项权利要求，没有对独立权利要求的数量有所限制。因此，从撰写角度上看，权利要求书的撰写也可以参照我国专利法对权利要求书的规定。

发明申请的权利要求书对于类型和项数均没有限制，但实用新型申请的权利要求书仅能够由一项独立权利要求和最多四项从属权利要求组成。权利要求书的撰写上要注意反映出要求保护的技术方案与现有技术之间的联系和区别，应该一方面满足《保加利亚专利和实用新型注册法》对发明或实用新型的规定，另一方面要使得申请人的权利得到最大的保护。

（4）摘要。

《保加利亚专利和实用新型注册法》要求摘要以简明扼要的方式说明发明创造的主要内容。摘要仅用于提供技术信息而不用作任何其他目的，特别是不能用来解释专利权的保护范围。这与我国专利法对专利摘要的相关规定是相一致的。

（5）附图。

附图是说明书及权利要求书涉及的所有图的合集。

虽然《保加利亚专利和实用新型注册法》对附图没有过多规定，但是如同我国专利法对附图的规定，申请文件中的图均要记载在附图中。如果直接在保加利亚提交专利申请，附图是否随申请文件提交，或附图是否满足《保加利亚专利和实用新型注册法》的规定，直接关系到申请日的确定。如果在专利申请提交时本应提交附图而未提交随后补正的，或者提交的附图不符合规定按审查员要求重新提交的，申请日不能按照原提交申请文件的日期确定，而是以附图提交日为申请日。

5.3.1.3 专利申请的提交

《保加利亚专利和实用新型注册法》对专利申请的提交方式、提交文件、提交语言都有明确规定。专利的保护程序从将专利申请提交至保加利亚专利局时开始。

对于保加利亚专利申请，所有专利申请均应以保加利亚语提交。而对于 PCT 专利申请，提交至保加利亚专利局的专利申请应以英语或俄语提交；专利申请以保加利亚语进行提交的，需要在 1 个月内提交翻译文本。如果申请人在上述期限内仍未提交翻译文本的，保加利亚专利局会发出驳回申请的决定。

按照保加利亚签订的国际协议，外国申请也可以提交至保加利亚专利局。国外提交的专利申请可以获得保加利亚的合法保护，并且以这种方式提交的申请与在保加利亚本国提交的专利申请具有相同效力。

对于外国受理局已拒绝给予申请日的国际申请，或已宣布该国际申请被视为撤回，或对保加利亚的指定已被撤回的国际申请，只要申请人向保加利亚专利局提交了该申请的保加利亚语翻译文件，并缴纳了相关费用的，该国际申请会被视为保加利亚发明申请或实用新型申请。

5.3.2 申请流程与费用

5.3.2.1 专利申请流程

根据《保加利亚专利和实用新型注册法》，为了获得确定的申请日，在该日提交至保加利亚专利局的申请应包括[1]：

（1）以保加利亚语提出的授予专利的请求，其中应包含发明创造名称和申请人的信息；

（2）包括发明创造基本要素的说明书。

除了上述必要文件之外，专利申请还应包括[2]：

---

[1] 《保加利亚专利和实用新型注册法》第 34 条。
[2] 《保加利亚专利和实用新型注册法》第 35 条。

（1）一项以上的权利要求；

（2）附图；

（3）摘要；

（4）要求优先权的书面声明以及优先权证明；

（5）缴费证明。

根据《保加利亚专利和实用新型注册法》，一旦收到专利申请，保加利亚专利局需要确认上述文件以保加利亚语提交；说明书、权利要求书、附图和摘要应当提交3份。对于未能以保加利亚语提交的，审查员会发出通知书，要求申请人在收到通知书3个月内补正；如果在上述期限中克服了缺陷，审查员会作出保留该申请原申请日的决定。如果申请人是通过代理人提交专利申请的，还应当附上委托书。

从《保加利亚专利和实用新型注册法》对提交专利申请文件的流程上看，如果专利申请的提交缺少必要文件，那么专利局不会受理这样的专利申请，即没有申请日。而对于除了必要文件之外的其他申请文件，均可以通过补正程序进行补充或更正。

5.3.2.2 申请文件的公开

根据《保加利亚专利和实用新型注册法》的规定，在发明申请缴纳相关费用后，从申请日或者优先权日起满18个月后，发明申请进行将被公开。在公开申请的同时，专利局应提供其说明书、权利要求书和附图的访问途径。

5.3.2.3 申请费用

根据《保加利亚专利和实用新型注册法》的规定，专利申请需要交纳申请费和授权费，发明专利申请还要缴纳检索和审查费用以及公布费用。根据《保加利亚专利和实用新型注册法》的规定，如果超过了缴费期限，专利所有人在缴费期限届满后六个月内以两倍的价格支付适用费用的条件下，专利仍然有效。

当申请人是发明人本人、"中小企业法"规定的微型或小型企业、国家或公立学校、国家高等教育机构或国家预算资助的学术研究机构时，提交、审查和对审查决定上诉的费用，按照收费表进行减免。

5.3.2.4 特殊类型的申请

（1）分案申请。

在任何发明专利申请的程序终止之前均可以提交分案。分案申请的提交可以是应审查员的要求，在指定的 3 个月的期限内将不符合单一性的专利申请进行分案；或者申请人自行在发明专利申请实质审查作出授权或驳回决定之前提出分案请求，并且在提出请求后 3 个月内提交分案申请。分案的专利申请不能够超出母案的保护范围。分案能够保留母案的申请日并且享有母案的优先权。

保加利亚对于分案申请的提交要求和时机规定，均与我国专利法的规定大致相同，只是申请人自行提交分案申请的规定与中国的法律有差别。按照我国专利法的规定，通常分案请求要和分案申请文件一并提交而非分别提交。

（2）补充保护证书。

如果保护的主题为经批准上市的人用或动物用药品或者植物保护品以及证书过期前批准的人用或动物用药品或者植物保护品的使用，申请人或专利权人对母案的主题发明创造或基础专利的发明创造进行补充和加强，其可以提交补充专利申请以覆盖这部分补充或加强，这项规定自保加利亚共和国加入欧盟后生效。

专利保护的产品和设备的补充保护证书应当按照欧盟理事会第 1768/92/EE 号条例和欧洲议会和理事会第 1610/96/EC 条例规定的期限和程序批准。

证书申请须向保加利亚共和国专利局提交，提交申请的同时应当按照政府公布的价目表缴纳与证书的批准和维护相应的费用。授予补充保护证书的程序也在欧盟理事会的条例中有所规定。

补充保护证书是保加利亚专利中比较特别的一种专利申请，是基础专利的加强版。所有关于专利申请的申请权、法律保护范围、专有权、专利效力的限制、权利用尽、在先使用、专利权的终止、信息权、授权准备、合同和强制许可、专利维持费、期限延长和纠纷有关的法律规定均适用于补充保护证书。

5.3.2.5 欧洲专利申请和欧洲专利

根据《保加利亚专利和实用新型注册法》，除了保加利亚本国申请之外，欧洲专利申请和欧洲专利与保加利亚本国专利申请和本国专利具有相同的效力并且受相同条件的约束。

欧洲专利申请可以通过保加利亚专利局提交，也可以通过欧洲专利局或其海牙分局提交，并且应以欧洲专利公约规定的语言之一提交。欧洲专利申请的分案申请仅可以通过欧洲专利局提交。

提交至保加利亚专利局的欧洲专利申请与同日提交至欧洲专利局的欧洲专利申请具有相同效力。如果该欧洲专利申请已被欧洲专利局公开，且申请人提供了一式三份的保加利亚语翻译的专利权利要求书以及申请著录项目，并缴纳了公开费，专利局会向社会公众提供该译文，并在官方公报中公布该译文。

指定保加利亚的欧洲专利，应提供说明书和权利要求书的保加利亚译文，译文应提供一式三份，并且申请人应在该日期后的三个月内支付公开费用。符合条件的欧洲专利自其在欧洲专利公报中提及的授权公开日起，享有《保加利亚专利和实用新型注册法》规定专利的相关权利。

提交上面提及译文的同时，申请人还应当提交用于确定专利权人、欧洲专利申请号、欧洲专利公开号以及欧洲专利公报编号和日期的资料。专利局会在官方公报中公布欧洲专利的保加利亚语译文和原文。

需要注意的是，如果出现保加利亚语译文的保护范围小于按照欧洲专利提交语言确定的欧洲专利申请或欧洲专利的保护范围时，则以保加利亚语翻译文本为正式文本。如果未在官方期限内提交翻译文本或未在期限内缴纳官费，该欧洲专利视为在保加利亚无效。

欧洲专利申请的申请人或欧洲专利的专利权人，可以在任何时候提交关于欧洲专利申请或欧洲专利的权利要求书的更正翻译文本。公开的欧洲专利申请的权利要求的更正翻译文本只有告知在保加利亚使用该发明创造的个人时才在保加利亚具有法律效力。公开的欧洲专利的更正翻译文本需要经保加利亚专利局公开后，更正文本才具有法律效力。

欧洲专利申请可以应申请人的要求，在保加利亚转为发明专利申请或实用新型注册申请。在将欧洲专利申请变更为保加利亚发明专利申请或实用新型注册申请的请求书提交日起 3 个月内，申请人需要缴纳相应的官费并且提交将欧洲专利申请的原文翻译成保加利亚语的翻译文本。保加利亚专利局也会将变更事宜在政府公报上向社会公众公告。

如果一项发明创造既在保加利亚申请了专利，又通过欧洲专利的途径指定了保加利亚，并且两个专利的申请日期（或优先权日期）相同，并属于同一申请人，则在保加利亚申请的国家专利效力视为终止。

5.3.2.6 PCT 专利申请

除了保加利亚本国申请和欧洲专利申请之外，申请人还可以考虑通过 PCT 途径递交新申请。按照《保加利亚专利和实用新型注册法》的规定，PCT 适用于以保加利亚专利局作为受理局或以保加利亚专利局为指定局或选定局的国际专利申请。保加利亚专利局应当确定国际检索单位和国际初步审查单位。任何申请人以及专利局可要求国际检索单位对国家申请进行检索。在这种情况下，申请中的说明书和权利要求书应当使用国际检索单位指定的语言，并支付检索费用。

如果申请人是保加利亚国籍或保加利亚居民，或者是保加利亚的法人时，国际专利申请可以通过保加利亚专利局提交，并将保加利亚专利局作为受理局。

需要注意的是，如果选择保加利亚专利局作为受理局，PCT 国际申请应以英文或俄文提交。如果以保加利亚语提交的申请，必须翻译成英文或俄文，并且应当在专利申请之日起 1 个月内提交译文。按照 PCT 规定，如果国际专利申请选定或指定了保加利亚，需要在国际申请日（有优先权的，为优先权日）起 31 个月内以保加利亚语提交至保加利亚专利局。

如果 PCT 专利申请指定了保加利亚，而国际检索单位只对 PCT 专利申请进行了部分检索的话，保加利亚专利局会对国际申请进行补充检索，申请人需要缴纳补充检索费。如果申请人需要在选定保加利亚时利用其国际初步审查结果的话，国际初步审查报告语言应该为英文或俄文；如果不是这两种语言出具的国际初步审查报告，应当翻译成英文。

对于选定或指定保加利亚的国际专利申请，保加利亚专利局会在收到该申请之日起 6 个月内在政府公报上进行公告。从公告之日起，申请人能够获得临时保护。

5.3.3　专利服务机构的选择

保加利亚专利局规定了专利代理人的登记条件。根据规定，只有同时满足以下条件才可以登记为专利代理人：

（1）是保加利亚公民；

（2）具有保加利亚永久居住权；

（3）具有保加利亚官方认证的高等技术、自然科学、知识产权经济或法学文凭；

（4）具有工业产权保护领域两年工作经验，并且通过了代理人考试。

根据保加利亚相关法律规定，以下自然人不能作为专利代理人：

（1）政府官员；

（2）商法意义上的商人；

（3）被起诉且没有恢复名誉的被定罪的人；

（4）在代理行为中已被取消执业资格的代理人；

（5）被裁定破产而没有清算的人。

根据保加利亚相关法律规定，以下人员能够不通过代理人考试而获得代理人资格：

（1）具有至少 10 年专利局工作经验的国家审查员；

（2）至少 10 年工作经验的专利律师；

（3）代理人考试委员会专家成员；

（4）工业产权领域工作至少 10 年的大学教师，无论其是否与高等教育学府存在雇佣关系；

（5）具有知识产权研究生文凭并且在专利法生效起在工业领域工作至少 10 年的专家。

对于专利服务机构的选择，保加利亚专利局不会给予任何建议，但是与中国类似，保加利亚对于专利代理人的资格审核还是相对严格的。

5.3.4 其他注意事项

5.3.4.1 保密申请

保密申请是指由在保加利亚具有永久居住权的保加利亚公民或在保加利亚具有营业地的法人申请的包含国家秘密信息的发明创造。

如果保加利亚专利局在其审查发明或实用新型申请时，评估发明创造落入了保密发明创造的范畴，保加利亚专利局会将该专利申请转送至内政部或国防部，该专利申请的申请日会被保留。对于保密专利，其申请、授权和维持均无需缴纳费用。

如果保加利亚国防部审查后认为该申请不属于保密申请，那么申请人需要在3个月内缴纳相应费用，之后专利信息将会在专利局进行记录并向社会公众公布。

对于保加利亚的保密申请，专利局除了对保密专利申请进行形式审查之外，还会对其进行安全评级，之后再由内政部或国防部确定信息安全保密等级或去除保密等级。

需要注意的是，对终止保密专利申请程序提出的上诉，以及对保密专利的无效请求，都由索非亚市法院根据"行政诉讼法"秘密审议。对终止保密专利申请程序提出的上诉应当在收到决定后三个月内提出；而在保密专利的整个有效期内均可提出无效请求。

5.3.4.2 权利的恢复

根据《保加利亚专利和实用新型注册法》的规定，如果申请人由于特殊的不可预见的情况而不能遵守时间期限，可以提交申请请求宽限。这些申请应当在不能遵守时间期限的原因不再存在的日期后三个月内提交，并且不得晚于时间期限届满后一年的时间。宽限时间期限的决定由专利局局长做出。

《保加利亚专利和实用新型注册法》还规定，在权利丧失与恢复权利公告公布期间，任何善意的当事人如果开始使用该已公开的发明创造，或完成了开始使用该发明创造的全部准备的，可以仅仅以生产目的继续使用该发明创造。

《保加利亚专利和实用新型注册法》对于权利恢复的期限规定比较宽泛，从专利权人的角度而言比较有利，而且从其规定也能够理解专利局所指定的答复期限是可以要求恢复的。

5.3.4.3 优先权

在《巴黎公约》的任何成员国提交的用于保护工业产权的任何形式的申请，或在 WTO 成员国提交的任何形式的申请，就相同主题的发明创造在第一次提出专利申请之日起 12 个月内在保加利亚提出申请的，依照保加利亚与相关国家签订的协议或者共同参加的国际条约，或者依照相互承认优先权的原则，可以享有优先权。

根据《保加利亚专利和实用新型注册法》的规定，应申请人的请求，任何符合上述规定的专利申请都可以享受该申请人提交的较早申请的优先权。要求享受优先权的申请，不能具有早于专利申请提交日前 12 个月的申请日，也不能享受过其他国内或国际优先权。提出多个优先权要求的，时间期限从最早的日期开始计算。

提交专利申请并且拟在保加利亚享有在先申请优先权的申请人，需要向保加利亚专利局提交下列文件：

（1）在向保加利亚专利局提交申请后 2 个月内，提交包括声明优先权的首次申请的基本情况（申请号、申请日、提交申请的巴黎公约或 WTO 成员国）的优先权声明；

（2）在向保加利亚专利局提交申请后 3 个月内，或在最早优先权日起算 16 个月内，提交由提交申请的巴黎公约或 WTO 成员国出具的首次申请的证明副本。

在上述期限内，申请人也应当为要求的优先权缴纳费用。不遵守上述时间期限或者没有缴纳优先权费用会导致优先权的丧失。

申请人可以提出一个或多个优先权请求，但优先权应基于通过巴黎公约或 WTO 成员国提交的较早申请。当用于新颖性判断和先申请原则时，优先权从优先权日开始具有效力。

5.4 专利审查与授权

5.4.1 发明审查流程

5.4.1.1 发明申请的初步审查

一旦发明申请满足《保加利亚专利和实用新型注册法》对于提交申请文件的要求而具有申请日，审查员将会进行下列形式审查：

（1）是否缴纳专利申请费；

（2）是否提交代理人的有效委托书或者普通律师的代理函；

（3）是否包含了发明人的信息；

（4）提交的优先权声明是否满足所有形式要求；

（5）当申请人为外国国籍时，是否提交了关于外国国籍的证明；

（6）申请的内容是否满足《保加利亚专利和实用新型注册法》的规定；

（7）申请文件的形式是否满足要求；

（8）申请文件是否以保加利亚语提交；

（9）说明书、权利要求书、附图和摘要是否有一式三份；

如果发明申请不符合上述要求，审查员会向申请人发出在 3 个月的期限内补正的通知书。

如果申请人未能在申请日以保加利亚语提交或未能提交缴费证明，审查员会给予申请人 3 个月的补正期限；期限届满时，仍不符合要求的，该申请将被视为撤回。如果申请人提供的优先权文件未能满足《保加利亚专利和实用新型注册法》的规定，审查员会给予 1 个月的补正期限；期限届满时，如果申请人没有作出回应或未能克服缺陷的，视为未提出优先权要求。

在形式审查后的 3 个月内，审查员将会对申请文件进行初步审查，包括对申请文件的说明书、权利要求书的内容和单一性进行审查。如果有缺陷，审查员会通知申请人并给予 3 个月的期限以克服缺陷。如果申请人在此期间未能作出回应或者未能克服缺陷，审查员会做出终止程序的决定。

此外，审查员还会对发明申请的主题是否属于可以授予专利权的发明创造进行初步审查。如果有缺陷，审查员会通知申请人并给予 3 个月的时间来提交意见。如果申请人没有作出回应或者其理由不被认可，审查员会作出驳回决定。

5.4.1.2　发明申请的修改

与我国相关规定相同，保加利亚专利申请文件的修改也不能超出原说明书和权利要求书的范围。

在收到检索报告之前，申请人不可以修改申请文件的说明书、权利要求书和附图；在收到检索报告之后，申请人可以根据自己的意愿修改说明书、权利要求书和附图。修改的权利要求书不能涉及与原要求保护的发明创造不属于同一发明创造构思的发明创造主题。

《保加利亚专利和实用新型注册法》对发明申请文件修改的范围和时机都有明确的规定。与我国专利相关规定有细微差别的是，其对于申请人主动修改的时机的规定更为宽松一些，只要收到检索报告之后，只要申请人有意愿进行修改就可以提交修改文件，没有特定的提交时限或要求。

5.4.1.3　第三方异议

根据《保加利亚专利和实用新型注册法》的规定，在审查员开始审查程序，将专利申请向社会公开后的 3 个月内，任何第三方都可以提交对于申请专利性的书面异议。提交意见陈述的第三方应当在向审查员提交的意见陈述中写明质疑专利授权所有问题的理由。

5.4.1.4　发明申请的实质审查请求

申请人在申请日或优先权日起 13 个月届满之前，可以提交检索和实质审查请求书，同时缴纳检索和实质审查费用以及申请公布费。期满未提交的，申请人可以在逾期通知书收到之日起 30 日内提交申请的实质审查请求书，同时缴纳两倍的费用。

如果未能支付实质审查费用的或未提交请求的，申请人可以请求将发明专利申请转变为实用新型注册申请。这个申请需要在自申请日（优先权日）起 15 个月内提交。如果没有提出此类请求，则申请被视为撤回。

发明创造主题为生物技术、方法、化学成分或用途的发明专利申请不能变更为实用新型注册申请。如果收到申请这类的变更请求，审查员会通知申请人变更不予受理，并给予申请人 1 个月的时间提交意见和更正。如果申请人没有和出回应或者其理由不被接受，则变更请求不被批准，并且发明申请被视为撤回。

5.4.1.5 发明申请的实质审查

对于申请人已经提交了实质审查请求书并且缴纳实质审查费用的，审查员会对发明申请进行实质审查。首先，审查员会对发明申请相关的现有技术进行检索并且出具检索报告。

在实质审查阶段，审查员要审查发明申请的主题：

（1）是否构成《保加利亚专利和实用新型注册法》所定义的发明创造；

（2）是否落入《保加利亚专利和实用新型注册法》所定义的不能授予专利权情形；

（3）是否公开得足够清楚和完整，并满足《保加利亚专利和实用新型注册法》对说明书和权利要求书的所有要求；

（4）是否构成特定问题的技术方案，是否具有《保加利亚专利和实用新型注册法》规定的新颖性、创造性和实用性。

实质审查只对专利权利要求限定的范围进行审查。在实质审查阶段，对发明申请的新颖性、创造性、实用性进行审查。

审查员会在不晚于发明申请的第三方异议的 3 个月之后的 6 个月期限届满之前将检索报告、意见通知书和第三方异议（如果有的话）转至申请人。如果审查员认为专利申请不满足上述规定的要求，审查员可能会发出若干次通知书。申请人的答复期限为收到通知书之后 3 个月内。如果期满申请人未能提交答复的，应当提交延期请求，并在缴纳延期费之后延期 3 个月，但延期不能超过两次。

收到审查通知书之后，答复审查意见需要提交包括合理理由的意见陈述书以涵盖审查员所指出的所有问题。根据审查意见，申请人可以根据自己的意愿修改说明书、权利要求书和附图，这些修改文件需要与意见陈述书同时提交。申请人未能在规定期限内作出回应，或者未能对缺陷作出补救，或者其论据不被接受的，审查员会作出驳回决定。

我国企业需要特别注意的是，《保加利亚专利和实用新型注册法》对实质审查的相关规定，与我国相关规定在审查内容和时限方面有所不同。其一，根据《保加利亚专利和实用新型注册法》的规定，对于发明申请文件的单一性和优先权的审查属于初步审查，而非实质审查；其二，《保加利亚专利和实用新型注册法》对审查员发出审查意见通知书的时限作了明确规定，即除了公开后 3 个月的第三方异议的时限之后，最多 6 个月就要发出审查意见通知书；其三，《保加利亚专利和实用新型注册法》规定，如果审查员收到了第三方异议，需要在发出审查意见通知书的同时将异议转给申请人，而中国专利局的审查员在收到第三方异议后仅用于参考，而无须转给申请人；其四，给出了明确的第三方异议的提交要求和时限；其五，申请人答复审查员的意见陈述书的期限可以延期 2 次，每次 3 个月，与我国专利法规定的答复期限不同。但从实质审查要求整体上看，审查标准和审查内容与我国专利法的相关规定大同小异。

5.4.1.6 发明申请的专利性审查

根据《保加利亚专利和实用新型注册法》的规定，该发明创造应当是新的，不属于现有技术。《保加利亚专利和实用新型注册法》定义的现有技术包括：

（1）在要求保护的发明创造申请的申请日或优先权日（如适用）之前，以出版物或口头公开、使用公开和以其他方式公开的形式，对公众而言为已知的任何事物，并且没有地域限制；

（2）现有技术还包括申请日之前公开的所有国家的专利申请、指定保加利亚的欧洲和国际专利申请的内容；

（3）现有技术还应包括申请日之前公开的所有国家实用新型申请的内容。

《保加利亚专利和实用新型注册法》同样规定了发明专利申请不丧失新颖性的宽限期，申请专利的发明创造在申请日以前 6 个月内，有下列情形之一的，不丧失新颖性：

（1）与申请人或其法定前任相关的明显滥用；

（2）在官方主办或者承认的国际展览会上，由申请人或其法定前任展出的发明创造；只要申请人能够申述在申请提交时该发明创造已被展出，并且申请人能够在申请日起四个月内提供合适的证明以支持其申述。

申请专利的发明创造在申请日以前六个月内，发生上述两种情形的，该申请不丧失新颖性。即这两种情况不构成影响该专利申请的现有技术。所说的六个月期限称为宽限期，或者称为优惠期。

《保加利亚专利和实用新型注册法》规定：

创造性，是指与现有技术相比，该发明创造对于本领域技术人员而言是非显而易见的。

实用性，是指发明创造的主题必须能够在产业上制造或者使用，包括在农业方面。

《保加利亚专利和实用新型注册法》对于专利性的规定与我国专利法对于发明专利的判断标准是相似的，但对于不丧失新颖性判断的规定稍有不同。

5.4.1.7 发明专利申请的单一性

《保加利亚专利和实用新型注册法》规定，一件专利申请应仅涉及一个发明创造；当一件专利申请涉及一组发明创造时，如果该组发明创造包含一个或者多个相同或者相似的特定技术特征，且该组发明创造之间存在技术关系，则认为该专利申请也符合单一性要求。

《保加利亚专利和实用新型注册法》对于单一性的要求，与我国专利法对于单一性的要求是相似的。即使是在无效阶段，单一性缺陷也不能够作为专利无效的理由，这一点也和我国专利法对单一性的规定一致。

5.4.1.8 发明授权决定和驳回决定

根据《保加利亚专利和实用新型注册法》规定，发明专利申请需要进行实质审查，因此，通常情况下，专利申请从提交之日起直至授权需要花费数年时间。但是从发明专利申请的公开日起，申请人就可以享有类似于授予发明专利的相应权利，一旦发明未能授权，从发明专利申请所带来的权利也视为自始即不存在。

如果审查员认为在申请的实质审查阶段符合《保加利亚专利和实用新型注册法》规定的授予专利权的所有要求，会给申请人发出授权通知书。如果申请人没有在期限内缴纳费用并提交缴费收据，审查员会发出驳回决定。如果审查员认为专利申请在实质审查阶段没能满足授予专利权的所有要求或者指出的缺陷没能被克服，审查员也会发出驳回决定。

《保加利亚专利和实用新型注册法》规定的对于发明专利申请授权和驳回的决定，与我国专利法的规定基本一致。

5.4.2 实用新型审查流程

5.4.2.1 实用新型申请审查程序

如果审查员认为实用新型申请满足《保加利亚专利和实用新型注册法》对实用新型申请的提交要求、形式要求以及涉及发明创造主题的部分要求的，可以授予实用新型专利权。对于实用新型而言，实用新型申请的发明创造主题在审查阶段也要求符合新颖性、创造性和实用性。

申请人在申请实用新型时，应当向保加利亚专利局提交：

（1）注册请求，包含申请人的姓名和地址、要注册的实用新型名称、发明人姓名和地址、实际发明人的声明、代理人姓名和地址（如果有）、优先权请求的信息（优先权号、日期和国别）、确认专利申请数据的声明；

（2）实用新型的说明书，包含实用新型名称、公开其技术方案的一个以上实施方式、背景技术以及实用新型的优点；

（3）附图（如果需要）；

（4）一个或多项权利要求。

审查员会在实用新型申请提交后 1 个月内对其开始进行审查，如果审查员发现提交的申请文件存在缺陷，会发出审查意见通知书，要求申请人在 1 个月期限内克服缺陷。再次审查之后认为确定有缺陷的，会通知申请人并给予 3 个月时间答复或修改申请文件，期限可以延长 3 个月，但只能延期一次，申请人须在该期限届满前提出延期请求并缴纳规定的费用。

如果申请人未能在规定期限内克服缺陷的，审查员将发出驳回申请的决定。

5.4.2.2 实用新型的授权

保加利亚专利局对提交的实用新型申请进行审查后未发现缺陷，或者缺陷被克服的，申请人应当在 1 个月的期限内缴纳注册费，注册证书颁发费，说明书、附图、权利要求书和摘要的公开费以及在专利局官方公报上公开的费用。如果申请人没有缴纳这些费用，则申请将被视为撤回。

在所有费用缴纳之后，保加利亚专利局会在 14 天内作出准予注册实用新型的决定，并且将实用新型记录在实用新型国家登记簿中。实用新型记录在国家登记簿后 1 个月内，将在专利局官方公报中进行公开。在公开后 1 个月内，将颁发实用新型注册证并公开说明书、附图、权利要求和摘要。

发明专利的申请人也可以提交同一发明创造的实用新型注册申请，要求该发明专利的申请日和优先权日，该权利可在收到发明专利申请驳回决定或者终止程序决定之日起两个月届满之前提出，但不迟于申请日后的 10 年。

申请人可以提出现有技术检索请求，但须缴纳规定的检索费用。在实用新型注册有效期内，任何其他人也可以提出现有技术检索请求，并缴纳规定的检索费用。在收到上述请求 3 个月内，保加利亚专利局会起草检索报告并将报告和相关文件一并发送给请求人。请求人可以在缴纳费用和提供检索报告后提出实用新型审查请求。

保加利亚实用新型的提交程序、审查程序和授权程序，都与中国实用新型的要求大体一致。只是就同一发明创造既提出发明专利申请又提出实用新型申请的，按照中国专利法的要求必须在同一日提交，并且在发明专利的请求书中有所声明。而按照《保加利亚专利和实用新型注册法》的规定，这样的声明可以在之后提交，而非与发明专利申请的请求书同时提交这么严格。

5.4.3 申请的撤回和权利的放弃

（1）申请的撤回。

授予专利权之前，申请人随时可以主动要求撤回其专利申请。申请人撤回专利申请的，应当提交撤回专利申请声明。相关权利将会在声明提交之日终止。

如果涉及第三方的权利已经进入登记阶段，申请人在未获得第三方的书面同意的前提下不能撤回该权利。

对于上述两种情况，保加利亚专利局会发出暂停程序的决定。

（2）权利的放弃。

如果专利权人提交保加利亚专利局放弃专利权的声明，该专利权将会在声明提交之日终止。一位共同所有人放弃专利不会造成专利失效，专利继续属于其他共同所有人。由于未缴纳专利年费而放弃的专利，可以在缴纳维持费的期限届满后的六个月内，在缴纳专利恢复费以及适用费率的双倍金额后恢复。

5.4.4 专利的授权与保护期限

5.4.4.1 专利的授权

根据《保加利亚专利和实用新型注册法》的规定，专利的法律保护由保加利亚专利局进行的行政程序而获得。保加利亚专利局对发明或实用新型授予专利权的决定会予以公告。专利权自申请日之日起生效。

根据《保加利亚专利和实用新型注册法》，当申请人被授予临时权利时，临时权利的内容应该与专利申请公开文本一致，并且有效期从申请公开日至专利授权日止。

在专利未能授权的情况下，专利权自始不存在。

5.4.4.2 专利证书和授权公开

在专利申请进入授权之日起，发明专利权人或实用新型权人可以获得专利证书，专利证书中记载了发明或实用新型登记号、发明专利权人或实用新型权人的信息、发明人信息、发明创造名称和颁发该证书的日期。需要缴纳相应的官费后，才会发放专利证书。

审查员会在作出决定日期后，在专利局官方公告中公布专利授权，并且公布说明书、权利要求书和附图。从专利公开之日起，发明或实用新型的授权决定开始生效。

在专利申请公布后，任何人员都有权要求查看专利申请。专利局会在官方公告中公布申请和专利授权的法律状态、费率等信息。政府公报公布以下信息：发明或实用新型的登记号、申请日、专利申请的公开日、权利所有人的信息、发明人信息和发明创造名称。公告授权专利也需要缴纳官费。

授权申请在政府公报上进行公告之后，专利局会发出专利证书，专利证书记载了发明或实用新型登记号、授权专利涉及的公开日、权利所有人的信息、发明人信息和发明创造名称。专利证书的发放需要缴纳相应的官费。

5.4.4.3 登记

《保加利亚专利和实用新型注册法》规定，由保加利亚专利局登记保存发明申请、发明、实用新型申请和实用新型。

发明申请登记的内容包括：申请号、申请提交日、申请人信息、发明人信息、发明创造名称、关于申请的任何变化（转让、许可、抵押等）。

发明登记的内容包括：发明登记号、授权专利号和信息、发明登记日、专利权人信息、发明人信息、发明创造名称、关于专利的任何变化（转让、许可、抵押等）、撤回授权专利请求决定的信息、放弃授权专利权的信息、首次将产品投放市场的号码和日期或如果产品被认证的指示、授权证书的日期、关于补充保护证书的任何变化（转让、许可、抵押等）。

实用新型申请登记的内容包括：申请号、申请提交日、申请人信息、发明人信息、发明创造名称、关于申请的任何变化（转让、许可、抵押等）。

实用新型登记的内容包括：实用新型登记号、授权实用新型的专利号和信息、实用新型登记日、实用新型专利权人信息、发明人信息、发明创造名称、关于实用新型的任何变化（转让、许可、抵押等）、撤回授权实用新型请求决定的信息、放弃授权的实用新型的专利权的信息。

上述信息对公众开放，且任何利益相关方均可以获得上述信息。

5.4.4.4　专利权保护范围

根据《保加利亚专利和实用新型注册法》的规定，发明在申请阶段直至授权之前的保护范围，以其公开的权利要求的内容为准。如果发明在授权时权利要求进行过修改，修改后的权利要求用于确定申请的保护范围，前提是所进行的修改并未超出公开的权利要求的范围。

根据《保加利亚专利和实用新型注册法》的规定，发明或者实用新型的专利权的保护范围以其权利要求的内容为准，说明书及附图可以用于解释权利要求。在《保加利亚专利和实用新型注册法》中明确规定了等同原则，即权利要求不仅包括所表达的内容，还包括其等同物。在下述情况下，技术特征应当被视为等同于权利要求中表达的技术特征：

（1）技术特征在本质上具有以相同的方式实现的相同功能，并产生基本上相同的结果；

（2）对于本领域技术人员来说非常显而易见的是，在优先权日之前，通过权利要求所表述的获得的结果可以通过等效元素获得。

同时，中国企业还应该注意，在确定保加利亚专利的保护范围时，应当考虑申请人或专利权人在实质审查阶段或无效诉讼阶段作出的任何缩小权利要求范围的声明。

5.4.4.5　不视为侵犯专利权的行为

根据《保加利亚专利和实用新型注册法》的规定，如果存在以下情形之一的行为，不视为侵犯专利权人的专有权：

（1）以个人非商业目的使用发明创造或者使用由发明创造制得的产品，而这种使用不会对专利权人造成重大实质性伤害；

（2）与被保护的发明创造主题相关的研究和发展活动；

（3）根据医疗处方在药店用于个别病例的临时制剂。

他人以善意行为在专利优先权日前已经在保加利亚国内使用被保护的发明创造，或者已经作好制造、使用的必要准备的，发明或实用新型的专有权对其不构成影响。他人可以在相同范围内继续使用该专利。

临时通过保加利亚领陆、领水、领空的外国车辆、船只或飞机上使用的只为运输工具自身使用有关专利的，不视为侵犯专利权。

为提交用于人类药物的通用医疗产品的销售授权请求，或提交用于兽医的通用医疗产品的销售授权请求，或与提交请求相关后续实际要求为目的，而进行必要的研究和测试，也不视为侵犯专利权。

5.4.4.6 专利权人的权利用尽

如果被保护的产品由专利权人或经专利权人许可投入到保加利亚市场，获得该产品的个人享有对该产品自由使用和处置的权利。

如果产品由专利所有人或经其同意在保加利亚加入欧盟之日前已经在欧洲经济区的范围投入市场，发明的专用专利权不得扩大到与产品有关的行为。

除此之外，《保加利亚专利和实用新型注册法》对动植物繁殖材料也有各种规定。简而言之，《保加利亚专利和实用新型注册法》对于动植物的规定特别强调了专利权人的权利不得扩大至动植物的进一步繁殖或增殖，经专利权人同意的农业生产者进行育种或动物繁殖，或通过专利权人同意投入市场的生物材料的繁殖或增殖而获得的生物材料，视为权利用尽。

5.4.4.7 补充保护证书

如果保护的主题是经批准上市的人用或动物用药品或者植物保护品，以及证书过期前批准的人用或动物用药品或者植物保护品的使用，有专利保护并且由审查员批准的任何产品在投放至保加利亚领土的市场之前，可以获得保护证书。可获得证书的产品包括活性物质或活性物质与其他物质的组合物、药品的活性成分、植物保护产品的活性物质或活性物质混合物。

对于享有有效基本专利保护的、在2000年1月1日以后获得作为药品进入市场的首次批准的药品，在保加利亚加入欧盟之日起6个月内提出证书请求的，可以授予补充保护证书。对于享有有效基本专利保护的、在2000年1月1日以后获得作为植物保护产品进入市场的首次批准的植物产品，在保加利亚加入欧盟之日起6个月内提出证书请求的，可以授予补充保护证书。

在保加利亚加入欧盟之日后，对于在欧盟成员国提交了专利申请而在保加利亚又不能获得保护的药品，该药品的专利或补充保护证书的所有人或使用方可以援引该专利或补充保护证书所授予的权利，以防止该产品在成员国或在该产品享有专利或补充保护的国家中进口和流通，即使该产品是由其或经其同意首次进入保加利亚市场。

任何意图将涵盖在上述范围内的药品在该产品享有专利或补充保护的成员国进口或流通的人员，应当在向主管当局提交的进口请求书中提供已向该保护的所有人或使用方寄送为期一个月的通知的证据。

5.4.4.8 保护期限

发明专利权的期限为二十年，自申请日起计算。

实用新型的权利的期限为四年，但可以延续两次，每次三年，最长可达十年，自申请日起计算。

补充保护认证的专利权期限不能超过其基本专利的期限。如果补充保护认证变为专利，补充保护认证的专利权期限也不能超过基本专利所剩余的期限。

5.4.4.9 年费

根据《保加利亚专利和实用新型注册法》的规定，从专利申请的提交日期起开始的每个专利年和从该日期开始的第一个专利年，申请人将对专利支付年度维持费。

每个后续专利年的专利年费预付款不得不迟于上一个专利年到期月份的最后一天,支付不得超过一个专利年。申请人或专利权人未按时缴纳年费的,可以在年费期满之日起六个月内补缴两倍价格的费用,专利仍可维持有效。

从提交申请直至作出授予专利权决定的专利申请费用以及当前专利年费,应与专利许可费和专利许可发行费一并缴纳,授权专利的公告和授权费用应在三个月期限内缴纳。如果当前专利年在三个月内到期,则下一个专利年度的年费也应该支付。

从缴纳年费的规定来看,《保加利亚专利和实用新型注册法》的相关要求也是比较常规化的,并没有特别之处。

5.5 发明专利的无效和实用新型的撤销

5.5.1 发明专利的无效理由和实用新型的撤销理由

保加利亚发明专利的无效理由和实用新型专利的撤销理由略有不同。

5.5.1.1 发明专利无效理由

发明专利被无效的理由包括以下四项:

(1)发明创造不具备专利性;

(2)发明创造的必要元素公开不完整或不清楚;

(3)根据法院裁决,专利所有人不具有专利权;

(4)专利的主题超出了提交的专利申请的范围,或者如果基于分案申请授予的专利,专利的主题超出了在先申请的内容。

其中发明创造不具备专利性包括以下六个方面的内容。

(1)不具备新颖性、创造性或不适于工业应用。

(2)不属于技术方案,包括:发现、科学理论以及数学方法;艺术作品成果;进行性精神活动、游戏或经商的方案、规则和方法,以及计算机程序;信息展示。

(3)其商业用途违反社会秩序或道德的发明创造,包括:克隆人的方法;改变人类胚胎遗传特性的方法;将人类胚胎用于工业或商业目的；修改动物的遗传特性的方法，对动物造成痛苦但从医学角度对人或动物的治疗及免疫没有实质性益处。

（4）针对人体或动物体的疾病的诊断或治疗方法。

（5）植物或动物品种，或本质上是用于获取植物和动物的生物过程。

（6）取自人体的遗传物质，例如基因序列。

其中，针对（3）根据法院裁决专利所有人不具有专利权，如果真正的专利权人要求进行专利权的变更而非无效，该专利权人应当变更为真正的专利权人，该专利没有被无效；但如果真正的专利权所有人没有要求进行专利权的变更或者找不到真正的专利权所有人，该专利被全部无效。

5.5.1.2　实用新型撤销理由

实用新型被撤销的理由包括以下五项。

（1）不具备新颖性、创造性或不适于工业应用。

（2）不属于技术方案，包括：发现、科学理论以及数学方法；艺术作品成果；进行性精神活动、游戏或经商的方案、规则和方法，以及计算机程序；信息展示。

（3）是取自人体的遗传物质，例如基因序列。

（4）实用新型的基本要素的公开不完整或不清楚，以致于本领域的技术人员不能实现。

（5）注册的实用新型的主题超出了以下内容：提交的申请文本；基于分案申请注册的实用新型，其主题超出了在先申请的内容；基于在先申请的发明专利尚未授权前注册的实用新型，其主题超出了在先发明专利的内容；基于欧洲专利或授权发明专利转化的注册实用新型，其主题超出了在先欧洲专利或发明专利的内容。

5.5.2　无效或撤销流程

保加利亚专利无效或撤销流程如图 5 - 1 所示。

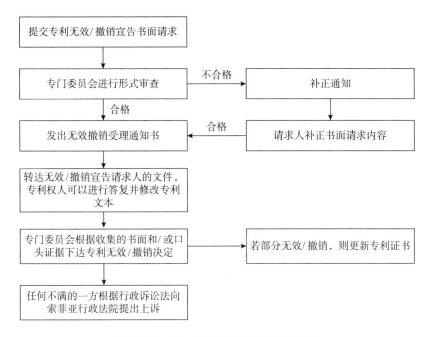

图 5 - 1　保加利亚专利无效或撤销流程

5.5.2.1　无效或撤销请求

任何单位或者个人希望无效发明专利权或撤销实用新型时，应当在发明专利或实用新型的保护期内提出请求，并支付相应的费用。其中，受理无效或撤销请求的机关为专利局局长特别指定的负责争议处理的专门委员会，而最终无效或撤销的决定由五名专家组成的专门委员会作出，且专门委员会中的两名专家为法律专家。

向争议处理部门提出书面无效或撤销请求，书面请求的内容至少包括：

（1）请求人信息；

（2）权利人信息；

（3）请求撤销授权决定的意思表示；

（4）授权决定的授权公告号或发明或实用新型的注册号；

（5）请求撤销的理由，适当的证据以及相关费用的缴纳证明。

5.5.2.2 无效或撤销流程

争议处理部门应当在收到无效或撤销请求之日起一个月内开始无效或撤销程序。争议部门收到无效或撤销请求人的无效或撤销请求书后，应当将请求副本发送给专利权人或有关各方，并给予三个月期限答复。

无效或撤销的双方当事人应当参加整个无效程序。在无效过程中，书面证据或者口头证据都被允许。

5.5.2.3 无效或撤销的决定

在收到无效或撤销请求人的无效或撤销请求并在收集到与争议有关的所有证据后九个月内，所述专门委员会作出如下决定：

（1）拒绝不正当的无效或撤销请求；

（2）宣布授予的发明专利全部或部分无效；

（3）完全或部分撤销实用新型注册。

当专门委员会作出上述决定后，会在七天内通知争议各方。

如果无效或撤销的理由仅仅是部分权利要求，则结果将是部分无效或撤销。如果部分权利要求具有专利性，则无效结果也将是部分无效或撤销如果专利无效宣告的结果为全部无效或撤销，该专利的效力自申请日起就停止，也就是自始不存在。如果结果为部分无效或撤销，该专利被部分无效或撤销的部分的效力自申请日起就停止，该专利被部分无效或撤销部分的效力自始不存在。

但是，虽然专利被无效或者被撤销了，已执行的关于专利侵权的最终决定，或者在无效或撤销之前缔结并已执行的许可合同不受影响，除非另有协议。

当专门委员会作出发明专利部分无效或部分撤销实用新型注册，已授予的专利或注册证书须重新更换。

5.5.2.4 无效或撤销决定的上诉程序

在处理争议的专门委员会作出专利无效或撤销决定之日起 3 个月内，任何对决定不满的一方都可以根据《行政诉讼法》向索菲亚行政法院提出上诉。

5.6 专利权的转让、许可和质押

5.6.1 专利权的转让

5.6.1.1 专利权转让的一般规定

发明和实用新型《保加利亚专利和实用新型注册法》第 4 条规定：除非另有规定，本法规定的所有权利均可以转让。

专利的申请权和专利权都是可以被转让的，权利人可以通过转让合同、申请人或者权利人的名称变更手续、遗产继承、法院的司法判决或者行政决定等将专利或专利申请权进行全部或部分地转让。

保加利亚的《保加利亚专利和实用新型注册法》还规定，转让专利权的，需要经专利局登记和公告，否则该转让结果不能对抗善意第三人。

5.6.1.2 专利权转让请求程序

专利权转让的请求程序应当以书面的方式提出。

专利权转让的请求程序需要准备如下资料：

（1）待转让的专利的所有权证明；

（2）转让程序缴费证明；

（3）专利权转让请求书，包括：待转让的专利的申请号或注册号、专利权人或专利申请人的相关信息，转让人的相关信息。

（4）授权委托书，如果专利权转让手续不是由专利权人本人来办理的，通过授权委托书可以委托代理人办理。

当专利权转让请求程序的文件符合上述要求，专利局受理该转让请求。当专利权转让请求程序的文件不符合上述要求，专利局应当下发补正通知书。如果转让请求人在规定时间内没有答复的，该专利权转让请求视为撤回。

5.6.1.3 专利权转让决定程序

专利局会对专利权转让请求进行审查，如果符合相关规定，则将对应的专利转让请求进行登记并公告。

专利局认定转让程序不符合相关法律的规定，专利局应当以书面形式通知请求人不能转让的理由，转让请求人应当以书面形式进行意见陈述。如果转让请求人在规定时间内没有意见陈述的，或者意见陈述仍不能被专利局接受的，该专利权转让请求会被驳回。

5.6.2　专利许可

5.6.2.1　专利许可的一般规定

专利许可，是指专利权人或其授权人许可他人在一定期限、一定地区、以一定方式实施其所拥有的专利，并向他人收取使用费用。专利许可仅转让专利技术的使用权利，转让方仍拥有专利的所有权，受让方只获得了专利技术实施的权利，并不拥有专利所有权。

虽然专利制度的目的是以公开换保护，但专利的排他性也会一定程度上制约新技术在产业上的应用，因此在保加利亚，除了普通的专利许可以外，还有一种当然许可。

5.6.2.2　普通的专利许可

普通的专利许可分为独占许可、非独占许可、部分许可和全部许可四种。

独占许可意味着只有被许可人可以实施该专利技术，且独占性许可合同下的许可方无权将相同主题的许可授予其他人。只有在许可合同中明确声明，专利权人本人才有权实施该专利技术。

非独占许可意味着多个许可人以及专利权人都可以实施该专利技术。全部许可指全部的专利技术方案或全部的地理范围都可以实施该专利技术。部分许可指部分的专利技术方案或特定的地理范围可以实施该专利技术。

当许可类型为独占许可时，专利许可请求程序应当以书面的方式达成协议。对于非独占许可的许可协议不做强制要求。进行专利许可的，需要经专利局登记和公告，自在专利局登记簿登记之日起，许可合同才对第三方生效。

5.6.2.3　当然许可

当然许可其实是一种非独占许可，只是许可的对象预先是不固定的。当一个专利尚未被授予独占许可时，应申请人或专利权人的请求，可以将该专利许可给公众使用。申请人或专利权人的许可请求包括书面声明，授权任何人在非独占性许可的条件下使用发明创造，以换取公平的许可报酬，该书面声明应当在专利局的官方公告中公布。

任何人期望实施该专利技术时，可以通过支付上述公平的许可报酬的方式实施该专利。当被许可方不想继续实施该专利时，被许可方可以随时以书面通知专利权人的方式宣布放弃许可，并停止支付许可报酬。

当专利权人或专利申请人以书面声明的方式进行当然许可后，可以随时以撤销许可请求的方式终止许可权提供。当然许可的撤销许可请求的书面申请应当在专利局的官方公告中公布。但对于专利权人来说，上述当然许可的声明和撤销请求只能执行一次，在当然许可已经被专利权人或专利申请人撤销后，不得重新要求恢复当然许可。

此外，如果专利权人撤销当然许可，该撤销决定不影响已经授权的专利许可或正在请求的许可。为了补偿专利权人因为当然许可造成的显性或者隐性的损失，如果专利权人是针对已经授权的专利作出的当然许可，在作出当然许可期间，专利年费降低 50%。

5.6.2.4 专利权人和许可持有人的诉讼权限

除非另有约定，否则专利权人和独占许可人都可以单独提起专利侵权诉讼。专利权属于一人以上的，各共有人有权独立进行专利侵权诉讼。

如果专利权人在收到非独占许可人的书面请求后六个月内没有行使其提起专利侵权诉讼的权利，非独占许可人可以单独提起专利侵权诉讼。

任何被许可人可以加入专利权人提起的专利侵权诉讼。当被许可人根据上述两条提起诉讼时，专利权人同样可以加入被许可人提起的专利侵权诉讼。

5.6.3 专利权质押

5.6.3.1 专利权质押的一般规定

专利权质押是指债务人或第三人将拥有的专利权担保其债务的履

行，当债务人不履行债务的情况下，债权人有权把折价、拍卖或者变卖该专利权所得的价款优先受偿的担保行为。

在保加利亚，专利申请权、专利权都是可以被质押的，专利权人可以根据质押合同、法院的判决和其他国家机关的决定进行质押申请。

专利权人为两个或两个以上的，除非另有规定，否则必须要求所有专利权人的书面同意才能进行专利质押。

5.6.3.2 专利质押合同

专利权人或者质权人凭借专利质押合同去专利局登记，完成专利质押手续。

专利质押合同应当采用书面形式，并至少包括以下内容：合同签署时间、专利权人的名称、注册地或者居住地、质权人的名称、注册地或者居住地、发明或小专利的申请号或注册号、待质押的专利数量、被担保债权的种类和数额，债务人履行债务的期限、质押担保的范围。特别是当专利权人和债务人不是同一个人时，需要特别注明质押担保的范围。

5.6.3.3 专利质押决定程序

专利局对专利质押请求进行审查，如果符合相关规定的，则将对应的专利质押事项进行登记、公告并给予质押者证书。在登记后的两个月内，应在专利局的官方公告中进行公布。专利质押程序自专利局登记之日起对第三方生效。

5.7 专利权的保护

5.7.1 专利的司法保护

5.7.1.1 侵权诉讼

根据《保加利亚专利和实用新型注册法》第 19 条和第 27 条规定，专利权人和独占实施许可的被许可人有权对违反该法的侵权行为提起侵权诉讼。并且，针对同一发明创造，如果有多个专利权人，则每个专利权人都有权以自己的名义和理由要求保护其专利权。

具体而言，根据《保加利亚专利和实用新型注册法》第 19 条和第 27 条的规定，以商业用途为目的以下行为属于专利侵权行为：（1）制造专利产品；（2）制造、许诺销售、销售或使用由被保护发明创造获得的产品或以上述目的进口或存储产品；（3）使用专利方法；（4）直接通过专利方法获得的产品的任何行为。

在分析是否存在专利侵权行为时，还必须考虑专利权的免责情况。如果存在以下情形，则视为不侵犯专利权：

（1）以个人非商业目的使用发明创造或者使用由发明创造制得的产品，而这种使用不会对专利权人造成重大实质性伤害；

（2）与被保护的发明创造主题相关的研究和发展活动；

（3）根据医疗处方在药店用于个别病例的临时制剂；

（4）他人以善意行为在优先权日前已经在保加利亚领土使用被保护的发明创造或者已经作好制造、使用的必要准备的，发明或实用新型对其不构成影响，他人可以在相同范围内继续使用该专利；

（5）临时通过保加利亚领陆、领水、领空的外国车辆、船只或飞机上使用的只为运输工具自身使用有关专利的；

（6）为提交用于人类药物的通用医疗产品的销售授权请求，或提交用于兽医的通用医疗产品的销售请求，或与提交请求相关的后续实际要求为目的，而进行必要的研究和测试。

根据《保加利亚专利和实用新型注册法》第 28 条的规定，专利侵权诉讼可包括：（1）确定侵权事实的诉讼；（2）赔偿损害和利润损失的诉讼；（3）禁止侵权者进行所有侵权行为的诉讼。

在专利侵权诉讼中证明侵权成立的情况下，法院可以应原告的请求责令：（1）在两份日报上公布判决，费用由侵权人承担；（2）对侵权物品进行再处理或破坏，如果侵权行为是故意的，还对执行侵权的手段进行再处理或破坏。

此外，根据《保加利亚专利和实用新型注册法》第 28 条之（a）款的规定，在侵犯专利权的情况下，法院可以应原告的请求，责令由被告和/或任何第三方提供有关侵权产品原产地和分销网络的任何信息。

5.7.1.2 侵权诉讼的时效

在保加利亚，主张侵权损害赔偿的法定时效为 5 年，比中国的 2 年时间长很多。从法律角度讲，专利权人也可以采取相关法律手段中断诉讼时效，为主张侵权损害赔偿争取更多时间。

5.7.1.3 举证义务

与中国相同，举证义务原则上为谁主张谁举证，但也有一些例外。例如，根据《保加利亚专利和实用新型注册法》第 29 条的规定，若侵权主题是用于获得新产品的方法，如果产品是新的，证明该产品不是通过专利方法生产的责任在于侵权人。

5.7.1.4 专利申请公开后可以获得临时保护

根据《保加利亚专利和实用新型注册法》第 18 条的规定，专利申请公开后即可在保加利亚获得临时保护。如果涉案发明创造被授予专利，则在临时保护期内，申请人有权要求被控侵权人支付合理的报酬。

5.7.1.5 专利权的保护范围

根据《保加利亚专利和实用新型注册法》第 17 条的规定，法律保护范围由权利要求决定，权利要求的范围不仅包括所描述的技术特征，还包括其等同技术特征。在下述情况下，技术特征应被视为权利要求中的等同技术特征：（1）技术特征在本质上具有以相同的方式实现的相同功能，并产生基本上相同的结果；（2）对于本领域技术人员来说是非常显而易见的，在优先权日之前，通过权利要求所表述的获得的结果可以通过等效技术特征获得。

上述规定类似于中国在相关的司法解释中的等同侵权的规定。与中国专利的司法保护制度不同的是，《保加利亚专利和实用新型注册法》明确规定了等同侵权。因此，在保加利亚的专利司法保护分析中，更需注重权利要求的等同范围的分析。

5.7.2 专利的行政保护

中国的专利行政保护主要是通过管理专利工作的部门来实施，地方专利管理部门可以依法处理专利侵权纠纷、查处假冒专利行为；专利权人也可通过中国海关来维护自身合法权益。与中国的专利行政保护制度不同，保加利亚的专利行政保护主要通过海关来实施。

5.8 中国企业在保加利亚的专利策略与风险防范

5.8.1 保加利亚专利制度特点与应对

保加利亚专利制度在专利申请途径、递交文件的语言要求以及职务发明要求等方面，与中国的专利制度有一定的差别。

5.8.1.1 申请途径众多

保加利亚是《巴黎公约》的成员国、欧洲专利组织成员国、PCT 成员国，因此，中国企业若考虑在保加利亚获得专利权，一般至少有如下三种方式：（1）主张在先申请的优先权，在保加利亚提交申请；（2）提交欧洲专利申请，延伸至保加利亚；（3）提交 PCT 申请，将保加利亚作为选定国或指定国，并进入保加利亚国家阶段。

中国企业可根据自身的情况选择适宜的申请方式。例如，如果仅考虑在包括保加利亚的少数几个国家申请，则可考虑在中国提交基础专利申请后，主张该基础专利申请的优先权，直接在保加利亚提交专利申请。

如果除了保加利亚以外，还期望在其他欧洲专利组织成员国获得专利保护，则可考虑提交欧洲专利申请。此时，提交欧洲专利申请时，可以英文文本提交，也延长了准备保加利亚语的译文的时间。如果除了保加利亚以外，还期望在其他 PCT 成员国获得专利保护，则可考虑提交PCT 国际申请。

5.8.1.2 可补交保加利亚语译文

提交至保加利亚专利局的所有专利申请，必须以保加利亚的官方语言保加利亚语提交。

与中国专利制度不同之处在于，根据中国法律的相关规定，直接向中国专利局提交专利申请时，或者 PCT 国际申请在进入中国国家阶段时，均须提交中文的说明书等专利申请文件，不能先提交其他语言的申请文件，再翻译成中文。相对于此，根据《保加利亚专利和实用新型注册法》的规定，可以先以其他语言提交专利申请，申请人可以随后提交保加利亚语的翻译文本。

也就是说，如果来不及准备保加利亚语的翻译文本，可以先提交其他语言的专利申请文本，在优先权期限的 12 个月内提交保加利亚专利申请，或者在 PCT 国际申请进入国家阶段的期限内进入保加利亚国家阶段。根据《保加利亚专利和实用新型注册法》的规定，至少有 3 个月时间来准备保加利亚语的翻译文本。这对于国外企业来说非常关键。因为在企业的知识产权管理中，有更长的时间来考虑该发明创造是否有必要在保加利亚获得专利保护，降低了知识产权管理的时间压力。并且可以在分析其他国家审查、授权情况的基础上，判断在保加利亚有较大的授权前景时，再考虑在保加利亚获得专利保护，有助于提高企业专利申请费用的使用效率。

5.8.1.3　职务发明的相关规定

根据《保加利亚专利和实用新型注册法》的规定，除非合同另有规定，否则，如果发明创造是根据发明人的雇佣关系或其他法律关系履行职责，则发明创造为职务发明。也就是说，在职务发明专利权的归属上，其立法原则与中国类似，即职务发明的申请专利的权利属于该单位。

然而，《保加利亚专利和实用新型注册法》还规定：如果雇主自发明人通知可以进行专利申请之日起三个月内提出申请，则发明创造的申请权利属于雇主；否则，申请的权利将转让给发明人。

上述规定与中国相关法律的规定不同，中国企业需特别关注。作为应对方式，例如建立企业档案制度，明确发明创造的最终产生时间，或者可以咨询相关律师，尝试制定对企业有利的合同条款。

5.8.1.4　补充保护证书的相关规定

在中国专利制度中不存在补充保护证书的规定，补充保护证书为保加利亚专利制度中特有的。所有关于专利申请权、法律保护范围、权利用尽、在先使用、专利权的终止、专利侵权诉讼、授权准备、专利维持费、期限延长和纠纷有关的法律规定均适用于补充保护证书。

保加利亚加入欧盟之后，补充保护证书制度在保加利亚生效。该证书保护的主题是经批准上市的人用或动物用药品或者植物保护品以及证书过期前批准的人用或动物用药品或者植物保护品。申请人或专利权人可以提交补充专利申请，对母案的主题发明创造或基础专利的发明创造进行补充和加强。

5.8.1.5 PCT 国际申请进入保加利亚国家阶段的宽限期

PCT 国际申请进入保加利亚国家阶段的期限为国际申请日或者优先权日起 31 个月内。

根据企业的知识产权战略，有时需要更长的时间来考虑该发明创造是否有必要在保加利亚获得专利保护，31 个月的准备时间在一定程度上降低了企业知识产权管理部门的时间压力。

5.8.1.6 有关专利强制许可的规定

根据《保加利亚专利和实用新型注册法》第 32 条的规定，任何有关人员，如果在公平条件下未能成功地从专利持有人那里获得合同许可，可以请求专利局授予其使用该发明创造的强制许可，前提是满足以下条件中的至少一项：（1）在自提交专利申请起的四年或者自授予专利权起的三年的期间内没有使用发明创造；（2）在第（1）项中规定的时间期限内，未充分实施发明创造，以满足国家市场的需要，除非专利权人对此给出有效理由。

另外，《保加利亚专利和实用新型注册法》还规定，如果在专利授权后一年内，被许可方还未为实施发明创造作准备，则可以终止强制许可。在被许可方无法在授权后的两年内开始实施发明创造的情况下，应当终止强制许可。

根据《保加利亚专利和实用新型注册法》的上述规定，如果专利权人在一定期间内没有使用发明创造，则该发明创造有被实施强制许可的风险。该规定与中国相关规定存在差异，需要中国企业注意。

5.8.2 申请专利的策略与专利布局

5.8.2.1 申请专利的策略

一般情况下，企业应当从申请专利的必要性、申请的时机、申请类别的选择、专利申请方式等方面来制定本企业的专利申请策略。

具体而言，企业的相关技术是否短时间内不会被行业内的竞争对手破解，冒然申请是否反而会引起行业内的注意，是否需要以商业秘密进行保护，或者该技术已有一定的研究基础，企业要通过专利申请来阻挡其他企业申请专利。

在选择专利申请类别时，除了保护期限20年的专利申请之外，保加利亚专利制度中设置了实用新型制度，因此，如果产品的市场周期较短，则可以选择提交比较简单、费用低、审查周期短的实用新型申请。

如果除了保加利亚以外，还期望在其他PCT成员国或者其他欧洲专利组织成员国获得专利保护，则可考虑提交PCT国际专利申请以及欧洲专利申请，从而可以节省整体费用，也可以获得较长的准备时间。如果企业期望尽快授权获得保护，则可以考虑在向保加利亚专利局提交专利申请后请求提前公开，从而使得该专利申请尽快获得审查结果。

5.8.2.2 企业的专利布局

中国企业在保加利亚进行专利布局，需要考虑本企业产品在保加利亚市场的占有情况、未来的专利定位、研发人员的数量和研发投入、行业专利分布现状和变化情况、竞争对手的情况、产业的发展阶段等诸多因素。

首先，随着企业产品市场占有率的扩张，技术模仿者会大量出现，同时由于影响竞争者的利益，专利纠纷出现的概率也将随之增加。因此，随着市场占有率的提升，有必要增加专利申请的数量、提高专利技术的覆盖范围并完善保护性专利布局。

如果企业的专利定位仅仅是用来防御，保护自己的产品更好地进行市场拓展，那么专利的积累只要和产品紧密结合即可，不需要太多前瞻性专利申请和储备性专利申请。如果企业未来的专利定位是实现专利许可、转让，或者打击竞争对手的武器，则需要注重专利挖掘和部署一定数量的具备行业控制力的高质量专利。

专利布局也离不开企业研发人员的数量和研发投入，专利申请量的规模要与技术人员的数量成一定比例，并且对于重点研发项目，在专利布局上要加以侧重，保证专利申请的数量和质量，优化专利组合，形成有效的专利保护和专利对抗能力。

企业在保加利亚进行专利布局时，需要分析保加利亚的行业专利分布现状和变化情况。因为行业内专利的分布现状在一定程度上反映了该领域所受到的关注度和风险分布状况，而从其变化情况则可以了解到行业的发展动向。企业应根据行业总体情况来调整自己的专利申请量和增长率以及专利部署的结构分布，以维持企业的专利竞争优势地位。

专利布局的目的之一是为了与竞争者在专利上达成一种势力均衡或者保持优势的状态，因此，在考虑保加利亚专利布局时，企业需要参考其主要竞争对手的专利储备现状和变化情况，以及其产品和市场扩张情况来制定本企业的专利布局方案，确保企业具备足够的专利对抗筹码。

专利布局也必须考虑产业发展阶段。在不同的产业发展阶段，专利竞争态势和未来的市场预期不同，专利布局重点也会有所不同。例如，在产业的发展萌芽期时，企业专利布局的重点在于及早对一些基础性技术和共性技术进行专利申请。在产业的成长期时，企业专利布局的重点在于在重要的技术应用和改进方向上占据一定的优势地位。在产业的成熟期，企业专利布局的重点在根据市场状况对专利的数量、结构分布进行调整，并对可能的替代性技术和产品进行储备性专利部署。

5.8.3　专利风险与应对措施

保加利亚国家人口约为 700 万人，在农产品加工方面以酸奶、葡萄酿酒技术著名，工业以食品加工业和纺织业为主。考虑到药品专利的重要性和重要科技产品的全球市场，上述领域的企业尤其需要谨慎分析其主要竞争对手的专利申请和专利授权情况。对于专利申请和授权比较密集的技术领域，企业首先要分析自己的产品是否可能发生在保加利亚侵犯他人专利权的情形。如果有必要，最好委托专利律师提供专业性的法律意见，并根据专利风险情况进行产品的改进设计，或者获得专利权人的许可。在发展迅速的技术领域，预判技术发展趋势，在竞争对手专利保护范围周围布局自己的专利，以期在将来可能发生的专利纠纷中可以与竞争对手进行交叉许可。

5.9 工业品外观设计保护

与中国专利法保护发明、实用新型和外观设计三种发明创造不同，《保加利亚专利和实用新型注册法》规定了发明和实用新型两种保护客体，而与中国外观设计相对应的工业品外观设计的保护，则规定在《保加利亚工业品外观设计法》中。

5.9.1 保护范围

根据《保加利亚工业品外观设计法》的规定，工业品外观设计保护由形状、线条、描绘、装饰、颜色混合或者其组合确定的产品或其部分，且法律保护的是工业产品可见的外观。

此处的"产品"为以工业或者工艺方式获得的任何物品，包括指定用于装配复合物品的部件，除软件以外的物品、包装、图形符号和印刷字体的集合或组合。

保加利亚工业品外观设计保护产品的形状、图案及其组合，以及色彩与形状及图案的组合。保加利亚工业品外观设计保护的范围更广泛一些。

与中国外观设计保护最大的不同是，保加利亚工业品外观设计保护产品的部分，中国外观设计保护的是产品的整体。因此，中国企业在保加利亚进行工业设计保护布局时，需要充分考虑和利用该国对工业品外观设计保护与中国的不同点。

保加利亚的自然人和法人以及参加保加利亚加入的国际公约的国家的外国自然人和法人，均可以按照《保加利亚工业品外观设计法》的规定申请工业品外观设计保护。

5.9.2 授权条件

《保加利亚工业品外观设计法》规定，产品或者产品的部分要获得工业品外观设计保护，需要满足新颖性和独创性的要求。

此处的"新颖性"是指在申请日或者优先权日之前，没有相同设计通过出版物、提交注册或者以任何其他方式在世界任何地方公布而且能够获得。如果工业设计的特性只有微不足道的元素，应当视为相同设计。

此处的"独创性"是指，工业设计为用户提供的整体印象与其他在提交注册申请之日或优先权日之前已经公开的工业设计所产生的整体印象不同，则应当视为具有独创性。

在判断是否具有独创性时，需要考虑设计者的设计自由度和客观局限性。

根据《保加利亚工业品外观设计法》的规定，作为复杂产品组成部分的产品，在下列情况下应当视为具有新颖性和独创性[1]：

（1）在所述产品的正常使用期间，复杂产品的组成部分保持可见；

（2）组成部分的可见特征符合新颖性和独创性的要求。

可以看出，在保加利亚，对于一个产品的部分申请工业品外观设计保护时，不只要求其具有新颖性和独创性，还要求其是一个可见的部分。一个复杂产品的内部零部件在保加利亚不能申请工业品外观设计保护。

5.9.3 不允许注册的条件

根据《保加利亚工业品外观设计法》的规定，对以下情况的工业设计不予保护：

（1）与公共秩序或者良好道德相违背的设计；

（2）一项以产品的技术功能为基础的设计；

（3）一项以包含或者已经应用该设计的产品与其他产品机械连接或放置在其周围或相对于另一种产品放置，以便两种产品执行其功能的设计，除了是在一个模块化系统中可以实现多个相互替代产品的组装或连接的设计。

《保加利亚工业品外观设计法》对功能性产品外观特征规定更加具

---

[1] 《保加利亚工业品外观设计法》第13A条。

体，不保护以功能为基础的工业设计。

5.9.4　申请递交

在保加利亚，工业品外观设计注册申请，申请人应当亲自或者通过代理人以邮寄、传真或者电子邮件的方式提交给专利局。

申请提交的日期为专利局收到的日期。收到的文件应包含[①]：

（1）注册申请书；

（2）申请人的姓名和地址；

（3）一幅或多幅能够清楚全面地揭示要求保护的设计的图形或照片。

其中注册申请书中应载明[②]：（1）申请人的国家；（2）授权时工业产权代表的名称和地址以及授权函；（3）优先权要求；（4）设计图的副本；（5）需要保护的设计数量；（6）指出所包含的产品或设计所应用的产品；（7）类型说明；（8）描述所呈现的图型；（9）作者的姓名和地址；（10）付费表。

提交工业品外观设计的申请文件应当以保加利亚语提交，以其他语言递交申请文件时，需要在提交日两个月内以保加利亚语提交，可以保留申请日。

中国的法律规定，申请人在提交外观设计专利申请时，应当对外观设计的特殊性进行说明。但在保加利亚提交工业品外观设计申请时，可以不提交该说明。

另外，根据《保加利亚工业品外观设计法》的规定，申请人在提交注册申请时，可以要求延期公布其工业品外观设计，在公布工业品外观设计注册决定30个月之后再公布[③]。这与中国的发明专利是否要求提前公开类似，有利于保护未公开的技术方案或者设计。

中国企业在保加利亚申请工业品外观设计注册时，可以根据需要，

[①]　《保加利亚工业品外观设计法》第31条。

[②]　《保级利亚工业品外观设计法》第32条。

[③]　《保加利亚工业品外观设计法》第48A条。

要求延期公布其工业品外观设计。

5.9.5 权利的内容

在保加利亚，工业品外观设计权利体现在以下几个方面：

（1）设计权应当包括其所有人使用设计的权利，在未经其同意的情况下禁止第三方复制或在商业活动中使用受保护的设计；

（2）第（1）条设计的使用应当包括在市场上的生产、提供和展示，还包括附加的产品的使用，以及为此目的的进口、出口或保存同一产品。

（3）从出版设计注册之日起，该权利生效。

工业品外观设计的权利不包括以下方面：

（1）设计用于个人需求或实验目的时的使用；

（2）如果使用符合诚实商业惯例的客观引证或培训，在合理的情况下不损害设计的正常使用并且在指出来源的情况下使用设计；

（3）在临时或者偶尔进入国家境内，专门用于需要的境外海上、空中运输工具上使用外观设计，以及以其客观要求进口备件和配套设备用于维修这些运输工具。

5.9.6 保护期限

根据《保加利亚工业品外观设计法》的规定，保加利亚工业品外观设计申请注册日起首次保护期限为 10 年，但可以续展 3 次，每次 5 年。因此，保加利亚工业品外观设计最长保护期可达 25 年。保加利亚是《工业品外观设计国际注册海牙协定》的成员国，根据该协议第 8 条第 1 款的规定，一项工业品外观设计的国际注册在 6 个月期间届满后，在保加利亚对第三方生效。

相比中国外观设计 10 年的保护期限来说，保加利亚工业品外观设计保护期限更灵活，保护期限更长。中国企业在保加利亚注册工业品外观设计时，可以根据需要适当延长保护期限。

塞尔维亚专利工作指引

前　言

塞尔维亚共和国（塞尔维亚语：РепубликаСрбија 或 RepublikaSrbi-ja；英语：Republic of Serbia），简称塞尔维亚，地处东南欧巴尔干半岛中部，与克罗地亚、波黑、黑山、阿尔巴尼亚、马其顿、保加利亚、罗马尼亚和匈牙利等国接壤。国土面积 8.83 万平方公里（科索沃地区 1.09 万平方公里），人口 713 万人（不含科索沃地区，2014 年）[①]。官方语言为塞尔维亚语，英语也较为普及，讲英语的人口占国家总人口的 40%。塞尔维亚首都贝尔格莱德（Belgrade），是塞尔维亚的政治、经济和文化中心。

塞尔维亚是议会共和制国家，实行三权分立的政治体制，立法权、司法权和行政权相互独立，互相制衡。总理是政府首脑，总统是国家元首。

塞尔维亚是一个多民族的国家，83.3% 的人口（不含科索沃地区）是塞尔维亚族，其余有匈牙利族、波斯尼亚克族、罗姆族及斯洛伐克族等。

---

① 中华人民共和国外交部官方网站，http://www.fmprc.gov.cn/web/gjhdq_ 676201/gj_ 676203/oz_ 678770/1206_ 679642/1206x0_ 679644/，最后访问日期 2017 年 11 月 4 日。

塞尔维亚的经济收入主要来自于各类服务业。塞尔维亚的经济基础相对不错，但由于联合国在 1992～1995 年对其实施的经济制裁和在战争中基础设施等遭到的严重破坏，经济损失相当严重。进入 21 世纪，塞尔维亚的经济开始好转，到 2014 年，其 GDP 为 438 亿美元，人均 GDP 为 6129 美元。在三大产业中，服务业产值约占 GDP 的 50%，是第一大产业，服务业产值排名前三位的分别为批发零售修理业、房地产业、健康和社会保障业，占服务业的半壁江山。第二大产业为工业和建筑业，占 GDP 的四分之一左右，且呈增长趋势，其中制造业约占 60%；第三大产业为农林牧渔业，约占 GDP 的 10%，且呈减弱趋势，主要原因是自然气象条件及灾害所致①。

塞尔维亚的大部分居民信奉基督教、东正教。少部分居民信奉伊斯兰教、罗马天主教、新教、犹太教等。

1955 年 1 月 2 日，中国与南斯拉夫联邦人民共和国（后改称南斯拉夫社会主义联邦共和国）建交。2003 年 2 月 4 日，南斯拉夫联盟共和国将国名改为塞尔维亚和黑山。2006 年 6 月 3 日，黑山共和国宣布独立。6 月 5 日，塞尔维亚共和国宣布继承塞黑的国际法主体地位。

本章以《塞尔维亚专利法》（2012）② 和《工业品外观设计保护法》③ 为基础，介绍塞尔维亚的专利制度。

6.1 塞尔维亚专利法律制度的发展历程

知识产权保护在塞尔维亚共和国已经发展了近百年的时间，无论是塞尔维亚的国内经济和文化发展，还是在欧洲和国际市场上都有所体现。

塞尔维亚是《巴黎公约》的创始国之一。最早签订《巴黎公约》的

---

① 中东欧地区有关国家知识产权环境研究报告（下）。
② 世界知识产权组织官方网站，http：//www. wipo. int/wipolex/zh/details. jsp？ id＝11510，最后访问日期 2017 年 11 月 3 日。
③ 世界知识产权组织官方网站，http：//www. wipo. int/wipolex/zh/details. jsp？ id＝5585，最后访问日期 2017 年 11 月 3 日。

国家除塞尔维亚以外，还有比利时、巴西、法国、危地马拉、意大利、荷兰、葡萄牙、萨尔瓦多、西班牙和瑞士等国。英国、美国、德国分别于 1884 年、1887 年和 1903 年加入《巴黎公约》。之后，虽然塞尔维亚由于战争、政局动荡等因素经历了联邦、解体等时代变迁，但时至今日，塞尔维亚仍是《巴黎公约》成员国。

塞尔维亚于 1992 年加入世界知识产权组织，现为《专利合作条约》《商标国际注册马德里协定》《马德里协定有关议定书》和《工业品外观设计国际注册海牙协定》的缔约国。塞尔维亚于 2010 年 10 月 1 日加入欧洲专利组织。

为了使塞尔维亚国内立法与欧盟的立法逐步一致，塞尔维亚于 2009 年颁布了一系列知识产权法律，2011 年通过《塞尔维亚专利法》，2012 年 1 月 4 日生效。除《塞尔维亚专利法》以外，在塞尔维亚的知识产权保护还可以参考如下法律法规。

1971 年颁布的《国际专利分类斯特拉斯堡协定》（1979 年修订）（International Patent Classification Agreement，IPCA），于 2009 年 7 月 15 日在塞尔维亚生效。

2000 年 6 月 1 日在日内瓦签订的《专利法条约》（Patent Law Treaty，PLT）于 2010 年 8 月 8 日在塞尔维亚生效。

1973 年颁布的《关于授予欧洲专利的公约》（1991 年、2000 年修订）（European Patent Convention），于 2010 年 10 月 1 日在塞尔维亚生效。

时至今日，塞尔维亚专利申请主要类型有：专利申请、小专利申请、欧洲专利申请、国际专利申请，方便权利人对专利的保护。可见专利制度在塞尔维亚占有重要地位且日趋于完善。

6.2 专利权的主体与客体

6.2.1 权利主体

6.2.1.1 权利主体概念

专利权的主体，即专利权人，是指依法享有专利权并承担相应义务的人。根据《塞尔维亚专利法》的规定，发明人或其继承人、雇主或其继承人、外国人和外国企业都可以成为专利权的主体。

塞尔维亚专利权的归属适用于"先申请原则"。根据《塞尔维亚专利法》第 3 条的规定，两个以上的申请人分别就同样的发明创造申请专利的，专利权授予最先申请的人。

6.2.1.2　发明人

发明人是指为完成发明创造作出创造性贡献的人，塞尔维亚的发明人只能是自然人，不能是法人或其他单位。这与中国专利法的规定相同。

根据《塞尔维亚专利法》的规定，发明人有权在其专利申请文件、注册项目和公开文件中写明自己是发明人。发明人可以请求专利局不公布其姓名。请求专利局不公布其姓名的发明人也可以在之后的审查程序中随时请求专利局公布其姓名。发明人有权利从其提交的专利申请或获得的专利权取得经济效益。

在雇佣关系或其他法律关系规定的雇用期间完成发明创造的发明人的权利同样受《塞尔维亚专利法》以及塞尔维亚普通法律的保护，雇用单位与发明人之间或者代表之间订有合同，对申请专利的权利和专利权的归属作出约定的，从其约定。

《塞尔维亚专利法》对发明人的规定与中国专利法对发明人的规定大体相同，只是在不被认同为发明人的规定上更为严格。例如《塞尔维亚专利法》第 3 条规定，受雇于塞尔维亚知识产权局的个人在其受雇用期间以及在雇佣关系终止后 1 年内均不可以就其发明创造获得保护。对塞尔维亚知识产权局的审查员或其他雇员在申请专利时作出了明确规定，从而可以严格地避免相关公职人员与知识产权制度的冲突。

6.2.1.3　申请人

在塞尔维亚没有经常居所或者营业所的外国人、外国企业或者外国其他组织在塞尔维亚申请专利的，依照其所属国同塞尔维亚签订的协议或者共同参加的国际条约，或者依照互惠原则，根据《塞尔维亚专利法》办理。

在塞尔维亚没有经常居所或者营业所的外国人、外国企业或者外国其他组织在塞尔维亚申请专利的必须由塞尔维亚知识产权局已注册的专利代理人或塞尔维亚本国律师代理。

但是外国人、外国企业或者外国其他组织可以从事如下业务[①]：

（1）提交申请和以提交申请为目的进行其他活动；

（2）基于上段所述过程中接受由塞尔维亚知识产权局发来的通知书；

（3）缴纳官方规定费用并承担程序性开支产生的费用。

在从事上述业务时，外国人、外国企业或者外国其他组织必须指定的专利代理机构相应地在塞尔维亚领土内有通信地址。

如果外国人、外国企业或者外国其他组织未委托专利代理机构的，审查员应当通知申请人在三个月内答复指定并且告知未指定专利代理机构的法律后果。

如果外国人、外国企业或者外国其他组织在指定答复期限内未委托专利代理机构的，塞尔维亚知识产权局会发出驳回通知书并在塞尔维亚知识产权局的布告栏中以公共启事告知。

对于外国人、外国企业或者外国其他组织在塞尔维亚申请专利的委托事宜比中国专利法的规定更为灵活，其中特别说明了不通过委托也可以从事的一些程序性的业务，但从实际操作而言还是不大容易实现。因此，外国申请人希望在塞尔维亚申请专利，建议委托塞尔维亚当地的专利事务所代理各项业务。

根据《塞尔维亚专利法》的规定，两个以上单位或个人合作完成的发明创造，专利申请的权利属于完成或共同完成的单位或个人。除非另有规定，共同专利权人享有的权利相同。

6.2.1.4　职务发明

根据《塞尔维亚专利法》的规定，构成职务发明创造的情形如下：

（1）在科学和技术研究发展方面，在本职工作中或特别委派的工作中的雇员完成的发明创造，以及雇员在有研究合同的情况下完成的发明

---

① 《塞尔维亚专利法》第5条。

创造；

（2）与雇主活动相关的雇员或者使用由雇主提供的技术设备、信息和其他条件而完成的发明创造；

（3）人事关系终止后 1 年内作出的，与其在原雇佣工作有关的雇员完成的发明创造。

根据《塞尔维亚专利法》的规定，上述在科学和技术研究方面，在本职工作中或特别委派的工作中的雇员完成的发明创造，以及雇员在有研究合同的情况下完成的发明创造，除非发明人与雇主之间存有合同，否则权利属于雇主。

如果在雇佣期间完成的发明创造以雇主名义被保护，那么发明人享有关于该发明创造的署名权利并且可以基于发明创造的商业使用效果而获取报酬。

根据《塞尔维亚专利法》的规定，与雇主活动相关的雇员或者使用由雇主提供的技术设备、信息和其他条件而完成的发明创造，根据雇员与雇主之间的合同，雇主对雇员支付报酬，雇主可以进行发明创造的商业使用，由该发明创造获得的专利权属于雇主。

雇员有义务告知雇主可以申请的发明创造。一旦雇员告知雇主相关专利申请，雇主需要在 6 个月内提交专利申请，如果雇主放弃提交或 6 个月内没有提交，雇员可以以发明人身份提交。

对于雇员以发明人身份提交的发明创造的使用，雇主必须在收到受理通知书的 6 个月内确定其是否有意获得独占许可。期限未满之前，发明人不得将该发明创造的使用权转让第三人并许可其使用。

雇主和发明人需要在雇用期间对发明创造保密直至专利申请公开或小专利的授权或发明创造以其他方式为公众所知。

无论是署名权利还是获得相应实际利益，《塞尔维亚专利法》都对申请人及雇主有明确的限定，可见其注重对发明人即雇员的权益的保护。

6.2.1.5　专利权人

专利权人即专利权的所有者，获得专利权证书或小专利权证书的所有者。

根据《塞尔维亚专利法》的规定，专利权归属发明人或其继承人，或者按照《塞尔维亚专利法》规定归属雇主或其继承人。

专利申请的费用可以由申请人中任意一位缴纳，专利权的维持费可以由专利权人中任意一位缴纳。

根据《塞尔维亚专利法》的规定专利权人享有以下专有权：

（1）在生产中使用被保护的发明创造；

（2）将由被保护的发明创造制得的产品投入市场；

（3）转让专利。

在专利权人以营利目的行使其专有权时，有权利阻止任何第三方进行以下行为：

专利主题为产品（物品、装置、机器、设备、物质等）时，专利权人有权利阻止任何第三方进行以下行为：

（1）制造该产品；

（2）制造、许诺销售、销售或使用由被保护发明获得的产品或以上述目的进口或存储产品。

专利主题为方法时，专利所有人有权禁止其他人履行下列行为：

（1）使用专利方法；

（2）涉及直接通过该方法获得的产品的任何行为。

《塞尔维亚专利法》对生物技术发明创造的权利给予了明确规定，生物技术发明创造为：由生物材料组成或包含生物材料，制备、加工或使用生物材料的方法或包含通过制备、加工或使用生物材料的方法的发明创造，通常延及通过繁殖生物材料而获得的任何生物材料或包含这类产品的所有其他材料。

发明或小专利的专利权人为自然人或法人的，随着自然人的死亡或法人的解体，专利权在死亡当日或解体当日起不复存在，除非专利权已经转移至继承人或权利继承人。随着申请人的死亡或解体，权利在死亡当日或解体当日起不复存在。

《塞尔维亚专利法》对继承人或权利继承人的权利进行了明确规定，继承人有直接继承权。另外，对于生物技术领域中专利权人的专利权范围也给出了明确规定，更清楚地给予了申请人权利要求的指引。

6.2.1.6 申请人和专利权人的变更

《塞尔维亚专利法》对申请人和专利权人的变更有明确规定。

专利权人或专利申请人提出变更请求的，塞尔维亚知识产权局发出将专利权人或申请人的名字和地址变更登入相关登记簿的决定。

登入变更的请求书包括：专利登记号、申请号、专利权人或请求人的信息、指定变更类型、变更申请人或专利权人名字的证据。如果请求人并未完整提供上述信息的，塞尔维亚知识产权局会要求在收到补正通知书 2 个月内进行补正。如果补正不合格，塞尔维亚知识产权局将发出驳回请求的决定。

6.2.2 权利客体

专利权客体，也称专利法保护的对象，是指能取得专利权，受专利法保护的发明创造。

根据《塞尔维亚专利法》规定，塞尔维亚专利保护的客体为专利和小专利，其中所称"专利"与中国专利法中的"发明"类似，而所谓"小专利"与中国专利法所称的"实用新型"类似，是指仅仅涉及产品结构或者部件布局的技术方案，如果申请人不提出请求，专利局不对小专利的专利性进行审查，只要满足申请要求、形式要求等就可以获得授权。在以下介绍中，以"发明"代指《塞尔维亚专利法》中的"专利"，而用"专利"作为发明和小专利的统称。

6.2.2.1 发明

《塞尔维亚专利法》规定，发明是指在任何技术领域中具有新颖性、创造性和实用性的发明创造。

发明保护的发明创造主题可以是产品、方法、产品和方法的用途。

根据《塞尔维亚专利法》的规定，包含生物材料或制备生物材料的方法或使用生物材料的方法的产品的发明创造能够被授予专利权，即作为权利客体，"生物材料"是指任何带有遗传信息并能够自我复制或者能够在生物系统中被复制的材料。其中包括：

（1）不同于自然环境的生物材料或通过技术手段制备的即使已经存

在于自然界的生物材料；

（2）发明创造的技术可行性并非由特定的植物或动物品种限定的植物或动物新品种；

（3）微生物或其他的工艺方法获得的产物。

根据《塞尔维亚专利法》，不能作为发明专利客体的包括：

（1）发现、科学理论、数学方法；

（2）美术作品；

（3）进行智力活动、游戏或商业活动的方案、规则和方法；

（4）计算机程序；

（5）信息的介绍。

人体在人体形成和发展的任何阶段，以及包括基因序列或部分基因序列的人体元素之一的简单发现过程都不能作为权利客体。独立于人体或通过技术手段制备的元素，包括基因序列或部分基因序列能够作为权利客体。基因序列或部分基因序列，必须在提交申请之日起就记载于专利申请文件中。

根据《塞尔维亚专利法》，不能作为发明专利权客体的还包括：

（1）发明创造的商业用途有悖于公共秩序或道德的发明创造，特别是如下方面：

①用于克隆人的方法；

②用于改变人类的生殖细胞的遗传同一性的方法；

③工业或商业目的的人类胚胎的使用；

④改变动物遗传特性，给动物造成痛苦但从医学角度看对人类或动物的治疗或免疫没有任何实质性益处；

（2）涉及以有生命的人体或者动物体为直接实施对象，疾病的诊断和治疗方法的发明创造，不包括用于任何这些方法的产品或物质和组合物；

（3）动植物品种或制备动植物品种的生物方法，不包括微生物方法或由微生物方法获得的产品。

6.2.2.2　小专利

小专利是指授予具有新颖性、创造性和实用性且易于工业应用的新发明创造。

从小专利的定义可以看出，小专利的定义与发明定义近似，同样对其专利性有所要求，但从《塞尔维亚专利法》对于小专利审查和授权的规定上看，并未明确要求对专利性进行检索和审查。因此，相比于中国专利法对实用新型的检索要求，塞尔维亚的小专利更容易获得授权。小专利保护的发明创造主题仅仅涉及产品结构或者部件布局的解决方案，这与中国的实用新型相似。

小专利申请能够包含仅一项独立权利要求和最多四项从属权利要求。小专利申请无法获得满足单一性的多项发明创造的保护。小专利申请能够分为两个或更多个独立的小专利申请。小专利申请不能作为增补专利申请进行提交。而且小专利在授权之后才会公开。

根据《塞尔维亚专利法》的规定，与对发明的权利客体的要求相同，不能作为小专利的权利客体包括以下诸项。

（1）发明创造的商业用途有悖于公共秩序或道德的发明创造，特别是如下方面：

①用于克隆人的方法；

②用于改变人类的生殖细胞的基因同一性的方法；

③工业或商业目的的人类胚胎的使用；

④改变动物遗传特性，给动物造成痛苦但从医学角度看对人类或动物的治疗或免疫没有任何实质性益处。

（2）涉及以有生命的人体或者动物体为直接实施对象，疾病的诊断和治疗方法的发明创造，不包括用于任何这些方法病的诊断和治疗方法的发明创造，不包括用于任何这些方法的产品或物质和组合物。

（3）动植物品种或制备动植物品种的生物方法，不包括微生物方法或由微生物方法获得的产品。

因此，从《塞尔维亚专利法》对小专利的权利客体的规定来看，小专利与中国专利法所规定的实用新型类似，但是对技术方案的保护上限制颇多。小专利的权利要求仅包括一项独立权利要求加四项从属权利要求，并且规定了不能保护满足单一性要求的多项发明创造，也就是说每一个小专利仅能够保护一项发明创造，这与中国专利法的实用新型的规定不一致。中国的实用新型专利可以有多项独立权利要求。但是相对于中国实用新型专利中保护几个发明创造的技术方案的情形，可以通过申请两个或更多个小专利进行保护。

　　根据《塞尔维亚专利法》，发明与小专利的保护主题不同，发明保护的发明创造主题可以是产品、方法、产品和方法的用途，而小专利进行保护的发明创造主题仅涉及产品的结构或者产品组分的布置结构或者部件布局的技术方案。发明与小专利的保护期限不同，发明保护期限为二十年，而小专利的保护期限为十年。发明与小专利的审查程序不同，小专利申请无须公开、无须请求检索、无须对其技术方案进行专利性审查，发明和小专利的权利人都能获得权利保护。因此，从申请人的角度出发，考虑到权利的时效性和保护力度，塞尔维亚的小专利申请不失为可以考量的专利申请方式。

6.3　专利申请

6.3.1　专利申请的提交

　　《塞尔维亚专利法》对专利申请的提交方式、提交文件、官方语言有明确的规定。保护程序从申请提交至塞尔维亚知识产权局开始。

　　发明或小专利提交至塞尔维亚知识产权局的所有专利申请文件均应当是塞尔维亚语文本。专利申请也可以以其他语言提交，但申请人还需要提交塞尔维亚语的译文。如果申请人没有提交申请文件的塞尔维亚语译文，塞尔维亚知识产权局会要求在收到补正通知书2个月内提交翻译文本。如果申请人在上述期限内仍未提交翻译文本的，塞尔维亚知识产权局将发出拒绝申请的决定。

　　按照国际协议，外国申请也可以提交至塞尔维亚知识产权局从而获得塞尔维亚法律的保护，以这种方式提交的专利申请与在塞尔维亚本国提交的专利申请具有相同效力。

6.3.2　申请文件

　　根据《塞尔维亚专利法》的规定，提交的专利申请文件包括：

　　（1）请求书；

（2）说明书；

（3）一项或几项权利要求；

（4）说明书和/或权利要求书中涉及的附图；

（5）摘要。

6.3.2.1 请求书

根据《塞尔维亚专利法》的规定，请求书需要明确指明要求保护发明创造的类型、申请人信息、发明人信息或发明人不打算署名的陈述书，清楚简要说明发明创造技术领域，发明创造名称中不得含有商业名称。

塞尔维亚知识产权局不会调查申请人是否有资格提交专利申请。

如果申请人不是发明人或并非单一发明人，申请人必须提交所有发明人的名字并且提交声明以陈述提交申请的权利范围。如果发明人不打算在请求书或其他官方文件中署名，申请人需要提交给塞尔维亚知识产权局发明人不署名的书面意见。在申请与授权的全部程序中，发明人均可以撤回不署名的声明。

6.3.2.2 说明书

根据《塞尔维亚专利法》，说明书应当对发明创造作出清楚、完整的说明，以所属技术领域的技术人员能够实现为准。

在生物技术领域，由于文字记载很难描述生物材料的具体特征，所属技术领域的技术人员仅根据文字加载不易实施发明创造。在这种情况下，应按规定将所涉及的生物材料到塞尔维亚知识产权局认可的生物材料保藏单位进行保藏，说明书部分才能视为满足上述要求。认可的保藏单位是指《布达佩斯条约》承认的生物材料样品国际保藏单位。

说明书包括：发明创造名称，技术领域，所要解决的技术问题，背景技术，有助于理解发明创造的内容，发明创造的技术要点，附图说明，使用实施例或关于附图的至少一个具体实施方式。

从《塞尔维亚专利法》对说明书的规定来看，说明书需要清楚完整记载的内容与中国专利法对说明书的要求大体相同。因此，在撰写专利申请时，可以考虑按照中国专利法对说明书的要求进行撰写。

6.3.2.3 权利要求书

权利要求书应当以说明书为依据，清楚、简要地限定要求专利保护的范围。

《塞尔维亚专利法》对权利要求书的规定仅局限在一项或几项权利要求，没有对独立权利要求的数量有所限制。因此，从撰写角度上看，权利要求书的撰写也可以参照中国专利法对权利要求书的规定。

6.3.2.4　摘要

摘要用以简明扼要地说明发明创造的要点以提供技术信息而不用作任何其他目的，特别是不能用来解释专利权的保护范围。如果需要，塞尔维亚知识产权局可以依职权修改摘要。

《塞尔维亚专利法》明确规定了摘要的作用仅在于就发明创造的要点提供技术信息，而不涉及保护范围的增加或减少，即对申请文件的修改不能基于摘要。这部分规定与中国专利法对发明创造摘要的规定非常类似。如果塞尔维亚知识产权局审查员认为摘要对于发明创造要点的描述不当时，可以对摘要作出依职权修改的行为。塞尔维亚的审查员对于摘要的裁量度更为灵活，这样也有利于摘要对技术要点的把握。

6.3.2.5　附图

附图是所有申请文件中图片的合集。

如同中国专利法对附图的规定，《塞尔维亚专利法》的规定申请文件中的图均要记载在附图中。附图是否随申请文件提交或附图是否满足《塞尔维亚专利法》的规定，直接关系到专利申请日的确定。一旦在专利申请提交时本应提交附图未提交而后补正的，还是提交的附图不符合规定按审查员要求重新提交的，申请日并不是原提交申请文件的日期，而是附图的提交日。

6.3.3　专利信息检索与申请文件撰写

6.3.3.1　检索报告

根据《塞尔维亚专利法》，专利申请满足形式审查之后，审查员可以要求申请人提交基于发明创造主题的检索报告的请求书，并且在收到通知函的一个月内缴纳相关费用。

审查员收到请求书和费用收据之后，以权利要求书为基础，参考说明书和说明书附图的专利申请的技术内容出具检索报告，并发至申请人。

如果审查员发现该发明专利不符合《塞尔维亚专利法》的相关规定，导致无法准备基于全部或部分要求保护的主题的完整检索报告的，审查员会发出一份技术方案无法进行检索的理由声明或仅针对申请的部分技术方案进行检索的部分检索报告。

检索报告随专利申请同时公开。如果检索报告未能与专利申请同时公开，检索报告与申请文件分别公开。如果申请人在规定期限内没有提交请求检索报告的请求书或缴纳费用收据的话，审查员会发出驳回决定。申请人不能撤回该请求书。

就检索报告的规定比较而言，中国专利法并未对检索报告进行明确规定，而在实际操作中，审查员在第一次审查意见通知书发出之时，同时会附上检索信息。《塞尔维亚专利法》明确了检索报告的请求要求和缴纳费用的要求，以及公开时机等。

6.3.3.2　检索现有专利信息

任何需要检索现有专利的个人可以通过塞尔维亚知识产权局的专利文献部门查找所需的专利信息，无须缴纳费用并且能够得到知识产权局工作人员的辅助。

任何需要检索现有专利的个人可以通过提交书面请求，就所要检索的发明创造主题对塞尔维亚本国专利数据或国际专利数据检索所需信息。提交书面申请的同时还需要缴纳相应的费用。

6.3.3.3　申请文件的撰写

发明和小专利申请文件均要求包括摘要、权利要求书、说明书和说明书附图。

撰写申请文件的摘要时，要注意简明扼要地说明发明创造的要点以提供技术信息而不能作为他用，不能依据摘要对说明书或权利要求书进行修改。

撰写说明书时要注意各部分内容不能缺失，包括：发明创造名称，技术领域，所要解决的技术问题，有助于理解发明创造的背景技术等内容，发明创造的技术要点，附图说明，使用实施例或关于附图的至少一个具体实施方式。因此要求说明书满足完整性和清楚性，要从格式上和实质内容上保持技术方案和具体实施方式的完整，还要从背景技术中引出技术问题，按照所要解决的技术问题、所使用的技术手段、达到的技术效果对发明创造进行说明，并通过实施例予以支持和实现。

就权利要求书而言，发明申请的权利要求书对于类型和项数均没有限制，小专利申请的权利要求书仅能够由一项独立权利要求和四项从属权利要求组成，使得小专利的技术方案更为清楚明了。权利要求书的撰写要注意反映出要求保护的技术方案与现有技术之间的联系和区别，权利要求书直接与申请人的权利相关，一方面要满足《塞尔维亚专利法》对于发明或小专利的规定，另一方面要使申请人获得最大的保护范围。

《塞尔维亚专利法》并未对附图进行过多的限定。通常情况下，附图应该按照机械制图标准绘制并且在说明书中包含对附图的说明。总体而言，《塞尔维亚专利法》对于专利申请文件的撰写要求与中国类似。

6.3.4 申请流程与申请费用

6.3.4.1 申请流程

根据《塞尔维亚专利法》，为了获得申请日，在该日提交至塞尔维亚知识产权局的申请文件包括：

（1）要求授予权利的声明；

（2）申请人的名字或公司名称和地址；

（3）权利要求书、说明书、摘要、附图等。

根据《塞尔维亚专利法》，一旦收到专利申请文件，塞尔维亚知识产权局需要确定上述文件是否符合法律的要求。对于未能满足专利法要求的，审查员会发出通知书，要求申请人在收到通知书后的2个月内补正。对于在上述期限中克服缺陷的，审查员会给出该申请保留原申请日的结论。如果申请文件中缺少附图，审查员会要求申请人在收到补正通知书2个月内提交附图，收到附图之日为该申请的申请日。未能提交附图的，该申请视为未提交。获得申请日的申请将会作为专利申请或小专利申请进行登记。

如果申请人未能在规定期限内完成补正的，审查员会发出驳回申请的决定。对上述决定不服的，可以在 15 天内上诉至政府。对于该上诉的政府决定，可以在收到决定之日起 30 天内提交行政纠纷诉讼。

6.3.4.2　申请文件的公开

根据《塞尔维亚专利法》的规定，发明申请会在塞尔维亚政府公报上公布，且专利申请公布按以下条件进行：

（1）从申请日起，有优先权的，从优先权之日起 18 个月后；

（2）应申请人的提前公开请求，可以在上述期限之前，但不能早于申请日起 3 个月。

6.3.4.3　申请费用

根据塞尔维亚行政性收费的特别规定、程序费用和信息服务费用，在塞尔维亚知识产权局进行的行政程序需要缴纳费用。费用的金额和缴纳方法由政府确定。

对于自然人个人提交发明申请或小专利申请的申请费会减免 50%。

塞尔维亚专利相关费用如表 6 - 1[①] 所示。

表 6 - 1　塞尔维亚专利相关费用

项目	法定实体费用（RSD）	自然人费用（RSD）
权利要求 10 项以下专利申请费	7620	3810
权利要求超过 10 项的，每项收费	750	375
检索报告	310	310
基本测试（审查）	22880	11440
测试结果	750	375
权利变更	3060	1530
出具公认法律数据	380	380
文件公布费用	200	200

6.3.4.4　特殊类型的申请

1）分案申请

在母案申请的程序终止之前可以提交分案申请。分案申请的主题不

---

① 塞尔维亚专利局官方网站，http：//www.zis.gov.rs/upload/documents/pdf_ sr/pdf_ pat-enti/Takse_ troskovi%202017.pdf，最后访问日期 2017 年 11 月 3 日。

能超出母案申请的保护范围。分案申请能够保留母案申请的申请日并且享有母案申请的优先权。在分案申请提交后 1 个月内，需要对每一件分案申请缴纳申请费和提交基于该发明创造主题的检索报告。

2）增补专利申请

如果申请人或专利权人对母案申请的发明创造或基础专利的发明创造进行补充和加强，可以提交增补专利申请，增补申请不保留母案申请的申请日。

增补专利申请可以仅基于基础申请或基础专利提交。基础专利申请的放弃会导致增补专利申请的程序终止。如果基础专利申请由于任何其他原因被终止，申请人有权在基础专利申请的终止日起 1 个月内向塞尔维亚知识产权局提交将增补专利申请变更为基础专利申请的请求书。增补专利能够以增补申请为基础获得，但在基本专利申请没有获得授权之前不能获得增补专利。

如果基础专利自始不存在或专利权被无效，专利权人有权在基础专利的终止日起 3 个月内，向塞尔维亚知识产权局提交将增补专利变更为基础专利的请求书。

如果存在多于一个的增补专利申请或增补专利，在 3 个月内通过请求仅能将其中一个可以转为基础申请或基础专利，剩下的增补专利申请或增补专利，仍依附于基础申请或基础专利。

增补专利申请是塞尔维亚专利中比较特别的一种专利申请。作为基础专利的加强版，一旦申请人认为原申请中存在需要补充的内容而又因为基础专利已经提交而无法增加申请文件内容的，申请增补专利申请以对基础专利的专利权加以巩固。

6.3.4.5　欧洲专利申请和欧洲专利

根据《塞尔维亚专利法》，欧洲专利申请和欧洲专利与塞尔维亚本国专利申请和本国专利具有相同的效力并且受相同条件的约束。

欧洲专利申请可以通过欧洲专利局提交，也可以通过塞尔维亚知识产权局提交。在不存在保密情形的欧洲专利申请提交后 6 个星期内塞尔维亚知识产权局将欧洲专利申请转送至欧洲专利局。如果申请需要就其保密可能性进行进一步审查的情况下 4 个月内送至欧洲专利局。如果有优先权，优先权日起 14 个月内塞尔维亚知识产权局将欧洲专利申请转送至欧洲专利局。

如果塞尔维亚知识产权局在上述期限内将申请提交到欧洲专利局，提交至塞尔维亚知识产权局的欧洲专利申请与同日提交至欧洲专利局的欧洲专利申请具有相同效力。

如果塞尔维亚知识产权局评估发明创造落入对塞尔维亚国防和国家安全具有重要意义的发明创造类别，将不会将发明创造申请作为欧洲专利申请转交至欧洲专利局，而是按照塞尔维亚国防和国家安全的重要性的规定执行，并告知申请人。

提交至塞尔维亚知识产权局的欧洲专利申请可以以任何官方语言提交，如果以欧洲专利公约规定的其他语言提交，则申请必须在欧洲专利申请提交起 2 个月内提交翻译成官方语言之一的申请文件。欧洲专利申请的官方费用需要缴纳至欧洲专利局。

具有申请日并且指定塞尔维亚知识产权局的欧洲专利申请等同于常规的本国专利申请，同时享有欧洲专利申请的优先权。

从申请人将公开的欧洲专利申请的权利要求书翻译成塞尔维亚语并函告在塞尔维亚使用该方法的个人之日起，与公开的欧洲专利申请授予申请人相同的临时保护，等同于塞尔维亚本国的专利申请。

指定塞尔维亚知识产权局的欧洲专利，从欧洲专利授权公开之日起具有与塞尔维亚本国专利相同的效力。如果欧洲专利在修改后的权利要求书的基础上被维持的，在欧洲专利局决定公开之日起 3 个月内，专利权人需要提交给塞尔维亚知识产权局修改后的权利要求书的塞尔维亚语翻译文本，同时缴纳申请公开的官费。

如果未在官方期限内提交翻译文本或未在期限内缴纳官费，欧洲专利视为在塞尔维亚无效。

欧洲专利申请的申请人或欧洲专利的专利权人可以在任何时候对欧洲专利申请或欧洲专利的权利要求书提交更正的翻译文本。公开的欧洲专利申请的权利要求的更正翻译文本直至告知在塞尔维亚使用该发明创造的个人时，才在塞尔维亚具有法律效力。公开的欧洲专利的更正翻译文本直至塞尔维亚知识产权局公开时才具有法律效力。

指定塞尔维亚知识产权局的欧洲专利申请和欧洲专利与塞尔维亚本国专利申请、小专利申请和发明或小专利，均视为现有技术。

在将欧洲专利申请变更为塞尔维亚本国申请的请求书提交之日起 2 个月内，申请人缴纳相应的官费、提交缴费收据并且提交将欧洲专利申请的原文翻译成塞尔维亚语文本。变更事宜将在政府公报上公告。

6.3.4.6　PCT 专利申请

除了本国申请和欧洲专利申请之外，申请人还可以考虑通过 PCT 途径递交新申请。国际专利申请表示为按 PCT 提交的专利申请。根据《塞尔维亚专利法》的规定，PCT 适用于以塞尔维亚知识产权局作为受理局或以塞尔维亚知识产权局为指定局或选定局的、提交至塞尔维亚知识产权局的国际专利申请。

如果申请人为塞尔维亚国籍或塞尔维亚居民的，或公司在塞尔维亚的法人的，国际专利申请可以提交至塞尔维亚知识产权局作为受理局。按照 PCT 的规定，塞尔维亚作为选定国或指定国的国际专利申请要以塞尔维亚语提交并且在国际申请日有优先权的，优先权日起 30 个月内提交。在缴纳延长费并提交缴费收据后，上述期限可以延长 30 日。

在塞尔维亚知识产权局收到该申请之日起 6 个月内，塞尔维亚知识产权局作为选定国或指定国提交的国际专利申请需要在政府公报上公告。自公告之日起，申请人可以获得临时权利。

根据《塞尔维亚专利法》第 103 条对实质审查期限的要求，申请人在收到检索报告之日起 6 个月内提出实质审查请求的，塞尔维亚知识产权局对国际申请进行实质审查。对于以塞尔维亚知识产权局作为受理局提交的国际申请，欧洲专利局可以发出国际检索报告和国际初步审查报告。

6.3.5　专利服务机构的选择

《塞尔维亚专利法》对专利代理人有明确规定。根据《塞尔维亚专利法》，只要满足如下条件之一，掌握一门国际通用语言并且具有技术背景的塞尔维亚公民，可以登记为专利代理人：

（1）法学院的毕业生并且通过塞尔维亚知识产权局的特定职业

考试；

（2）下列院校毕业：技术和工程科学学院、科学和数学学院，或药学学院，且通过塞尔维亚知识产权局的特定职业考试；

（3）下列院校毕业：技术和工程科学学院、科学和数学学院，或药学学院，且在塞尔维亚知识产权局认可的工业产权领域具有至少 5 年工作经验；

对于专利服务机构的选择，塞尔维亚知识产权局不会给予任何建议，但是如果对塞尔维亚知识产权局提出请求，塞尔维亚知识产权局会提供给申请人在知识产权局行政程序中有权进行代理业务的专利服务机构的名单，同时指明所有本国能够有权代理专利业务的专利代理人。

6.3.6 其他注意事项

6.3.6.1 保密申请

保密申请是指由塞尔维亚本国国民提交的被认为对塞尔维亚的国防或安全非常重要的申请。

如果塞尔维亚知识产权局在其审查发明或小专利申请时，评估发明创造落入了对于塞尔维亚的国防或安全非常重要的类别，塞尔维亚知识产权局会将该发明创造申请转送至国防部，塞尔维亚知识产权局会保留该申请的申请日。

如果塞尔维亚国防部审查后认为该申请不属于保密申请，将会在收到该申请的 3 个月内将该申请转回塞尔维亚知识产权局。塞尔维亚知识产权局保留这类申请的申请日。

此外，在保密发明创造审查过程中，塞尔维亚国防部会要求塞尔维亚知识产权局提供对于保密发明创造是否满足发明或小专利保护要求的专家意见。而且保密发明创造不会公布。只有得到塞尔维亚国防部的批准，塞尔维亚公民才可以要求保密发明创造在国外得到保护。

对于已授权的发明或小专利，如果塞尔维亚知识产权局认为该发明创造不需要保密，该专利发回塞尔维亚知识产权局，然后进行相应的登记和公布，发给专利权人相应的专利证书。对于保密发明创造，塞尔维亚国防部具有使用和转让的专有权。发明人取得被保护的保密发明创造的报酬权益的任何事宜均由塞尔维亚国防部负责。

6.3.6.2 权利的恢复

根据《塞尔维亚专利法》的规定，申请人或专利权人即使完成了全部应当关注的情形，仍然在规定期限内错失了任何程序步骤时，作为该遗漏的法律后果，致使丧失了申请或授权的权利，只要申请人或专利权人在规定期限内完成如下内容，塞尔维亚知识产权局就可以发出允许恢复权利的决定：

（1）提交恢复权利请求书并且完成了所有遗漏行为；

（2）陈述在规定时限内没能完成遗漏行为的原因；

（3）提交用以说明需要恢复权利理由的证据；

（4）提交缴纳恢复申请或授权请求的费用的收据。

请求恢复权利的，应当自收到知识产权局的处理决定之日起 3 个月内提交恢复权利请求书。如果随后得知需要恢复权利的，自知道之日起 3 个月内提交恢复权利请求书并不得超过时限的 12 个月。如果从缴纳费用的额外 6 个月时间期限起至少 12 个月未缴纳维持费的，应当 3 个月内提交恢复权利请求书。

如果超过上述期限，塞尔维亚知识产权局发出不予恢复相关权利的决定。如果恢复权利的行为并未在期限内完成，塞尔维亚知识产权局发出不予恢复相关权利的决定。如果请求人没有缴纳权利恢复请求的法定费用的收据，塞尔维亚知识产权局会要求当事人在指定期限内提交证据。如果请求人没有在指定期限内提交缴纳费用的证据的话，塞尔维亚知识产权局发出不予恢复相关权利的决定。

对于进行如下程序行为而超过期限的，不能提交恢复权利请求：

（1）提交恢复权利请求；

（2）提交延长期限请求；

（3）提交继续程序请求；

（4）包括多方的所有程序步骤；

（5）提交恢复优先权的请求和修改或添加优先权权利要求的请求。

对于请求人提出的恢复权利的请求，塞尔维亚知识产权局在未优先告知申请人具体理由并且要求申请人在 2 个月内提交意见陈述的前提下，不能全部或部分拒绝该请求。任何善意的当事人在权利丧失和恢复权利公告公布过程中开始使用公开申请主题的发明创造或完成了开始使用发明创造的全部准备的，可以仅以生产目的在其本人的工厂或为其所需的他人的工厂中继续使用该发明创造。恢复权利的信息在塞尔维亚知识产权局的政府公报上公告。

《塞尔维亚专利法》对于权利恢复的期限规定得很清楚，知识产权局所指定的答复期限内是可以要求恢复的。另外，《塞尔维亚专利法》对于权利丧失和恢复期间的发明创造的他人使用行为也有明确的规定。

6.3.6.3 优先权

在《巴黎公约》的任何成员国提交用于保护工业产权的任何形式的申请，或在 WTO 的成员国提交任何形式的申请的申请人，就相同主题的发明创造第一次提出专利申请之日起十二个月内在塞尔维亚提出申请的，依照该国同塞尔维亚签订的协议或者共同参加的国际条约，或者依照相互承认优先权的原则，可以享有优先权。

关于相同发明创造主题的在后申请，可以被认为是用于确定优先权的首次申请，前提是在先申请被撤回、放弃或被驳回且未公布，不存在未解决的权利且不会作为要求优先权的基础。

提交专利申请并且在塞尔维亚享有在先申请优先权的申请人，需要向塞尔维亚知识产权局提交下列文件：

（1）申请后 2 个月内提交包括首次申请的基本数据（申请号、申请日、提交申请的《巴黎公约》或 WTO 成员国）的优先权声明；

（2）申请后 3 个月内或在最早优先权日 16 个月内提交由受理申请的《巴黎公约》或 WTO 成员国出具的首次申请的证明副本。

如果首次申请没有使用塞尔维亚语且优先权的有效性与涉及的发明创造的专利性相关时，塞尔维亚知识产权局可以要求申请人在收到通知书 2 个月内提交首次申请的塞尔维亚语的申请文本。申请人可以在提交申请的《巴黎公约》或 WTO 一个或数个成员国中提交的几个较早申请的基础上要求多个优先权。当用于新颖性判断和先申请原则时，优先权从优先权日开始具有效力。申请人提出的优先权文件的请求书包括请求人的详细信息、要求发出优先权文件的申请号和缴纳费用的证明。优先权文件包括：申请人信息、申请号和附加文件与原文件一致的证明。

6.4 发明申请的审查与授权

6.4.1 发明审查流程

6.4.1.1 发明申请的初步审查

发明申请满足《塞尔维亚专利法》对于提交申请文件的要求且具有申请日的，审查员将会对如下内容进行初步审查：

（1）是否缴纳专利申请费并且提交付款收据；

（2）是否提交代理人的有效委托书或者普通律师的代理函；

（3）申请人是否提交了包含发明人的信息或者请求在申请中不署名的声明；

（4）是否提交了满足所有形式要求的优先权授权声明；

（5）是否有权提交专利申请的声明；

（6）是否根据《塞尔维亚专利法》规定的对于申请人为外国国籍时的声明；

（7）申请的内容是否满足《塞尔维亚专利法》第 79 条的规定；

（8）申请文件的形式是否满足要求；

（9）附图是否按照《塞尔维亚专利法》第 85 条的规定撰写；

（10）说明书摘要是否按照《塞尔维亚专利法》第 84 条的规定撰写；

（11）是否满足《塞尔维亚专利法》第 81 条的要求。

如果发明申请不符合上述要求的，审查员向申请人发出通知书在 2 ~ 3 个月内补正。根据申请人的合理请求，审查员可以给予不超过 3 个月的延期。

如果申请人未能在规定期限内完成补正，审查员会发出驳回申请的决定，申请人对该决定不服的，可以在收到决定后 15 天内向政府提起行政复议，政府二审决定是最终裁决。申请人对行政复议决定不服的，可以在收到政府决定之日起 30 天内向法院提起上诉。

6.4.1.2 发明申请的修改

申请文件的修改不能超出原说明书和权利要求书的范围。

在收到检索报告之前，申请人不得修改申请文件的说明书、权利要求书和附图。在收到检索报告之后，申请人可以自愿修改说明书、权利要求书和附图。修改的权利要求书不能涉及与原要求保护的发明创造不属于同一个总的发明创造构思的未检索的发明创造主题。

《塞尔维亚专利法》对申请文件修改的范围和时机都有明确规定。修改范围不得超出原说明书和权利要求书的范围，主动修改的时机较为宽松，只要收到检索报告之后，没有特定的提交时限要求，只要申请人有意愿进行修改就可以提交修改文件。

6.4.1.3 发明申请的实质审查请求

申请人在收到检索报告之日起 6 个月内提交发明申请的实质审查请求书。期满未提交的，申请人可以在收到知识产权局的逾期通知书之日起 30 日提交申请的实质审查请求书。

在实质审查费用的收据未提交之前，实质审查请求书视为未提交。实质审查请求书不能被撤回。如果在期限届满时未提交实质审查请求书的，审查员将发出驳回决定。

6.4.1.4 发明申请的实质审查

在实质审查阶段，审查员要审查专利申请的主题：

（1）是否构成《塞尔维亚专利法》所定义的发明创造；

（2）是否构成《塞尔维亚专利法》所规定的不能授予专利权的情形；

（3）是否符合单一性要求；

（4）是否公开足够清楚和完整并满足《塞尔维亚专利法》第 83 条和第 85 条充分公开的所有要求；

（5）是否具有《塞尔维亚专利法》规定的新颖性、创造性和实用性；

（6）满足优先权的要求。

实质审查在专利申请的权利要求范围内进行。在实质审查阶段，对专利申请的实用性不作审查。就相同发明创造在任何他国提交申请的申请人，可以将所属国发出的审查报告的翻译文件提供给审查员。如果审查员认为申请主题不满足上述规定的要求，审查员将审查结果发出（如果需要）几次通知书，并且要求申请人在2~3个月的时限内克服缺陷。

答复审查意见的文件中要包括有合理理由的意见陈述书以涵盖审查员所指出的所有问题。收到审查意见通知书之后，根据审查意见，申请人以其意愿仅修改一次说明书、权利要求书和附图，提交的修改需要与答复审查意见通知书的意见陈述书同时提交。未经审查员同意，不能再对申请文件进行修改。

在申请人提交实质审查意见延期答复的请求时，审查员可以延期一段时间，但不要超过3个月。对于实质审查阶段的答复和申请文件的修改，每一次审查意见通知书都会给予申请人平均2~3个月的答复时间，而在提交意见陈述书的同时可以提交修改后的申请文件。提交修改的申请文件之后，申请人仍需要对申请文件予以修改的，需要先经过审查员的同意，才能再次修改和提交。

6.4.1.5 发明申请的加快审查

根据《塞尔维亚专利法》的规定，当发生应法院要求的司法程序，市场管理部门或海关授权的监管监察，或海关程序要求时，可以通过加快程序对发明申请进行审查。

如果发生就已经公开的发明申请的侵权诉讼，申请人可以请求对发明申请加快审查并且提交下列文件：

（1）相关发明申请的实质审查请求书和缴纳费用收据；

（2）法院对公开申请进行侵权程序的证明。

因此，在塞尔维亚申请发明，如果希望加快审查，有两个途径，一是发生司法程序时应法院要求，或发生了公开申请的侵权诉讼应申请人的要求，还可以由市场管理部门授权的或海关授权的监管监察或海关程序要求，以加快程序对发明申请进行审查；二是发明申请的提前公开，即当发明申请满足初步审查要求时，应申请人的请求并且缴纳相应费用后，塞尔维亚知识产权局可以在申请日起3个月后、18个月的公开期限之前将发明申请提前公开。

6.4.1.6　发明申请的专利性审查

根据《塞尔维亚专利法》的规定，新颖性是指不属于现有技术的新的发明创造。

所谓现有技术包括：

（1）在要求保护的发明创造申请的申请日之前，以出版物或口头公开、使用公开和以其他方式公开的形式对公众而言为已知的任何事物，上述公开均无地域限制；

（2）申请日以前在塞尔维亚提出并且在申请日以后公布的同样的发明创造申请。

上述新颖性的限定还不排除特定地用于外科或诊断方法或治疗方法中的现有技术中的物质或组合物的专利保护的可能性，条件是这些方法的使用并不是现有技术。

《塞尔维亚专利法》规定了发明专利申请不丧失新颖性的宽限期，申请专利的发明创造在申请日前六个月内，有下列情形之一的，不丧失新颖性：

（1）与申请人或其法定代理人相关的明显滥用；

（2）在官方主办或者承认的国际展览会上由申请人或其法定代理人展出的发明创造，条件是申请人能够申述在申请提交时该发明创造已被展出并且申请人能够在申请日起4个月内提供合理的证明以支持其申述。

申请专利的发明创造在申请日以前六个月内，发生上述两种情形的，该申请不丧失新颖性。即这两种情况不构成影响该申请的现有技术。所说的六个月期限称为宽限期，或者称为优惠期。

发明的创造性，是指与现有技术相比，该发明创造对于本领域的技术人员而言是非显而易见的。

实用性，是指发明创造的主题必须能够在工业上制造或者使用，包括在农业方面。

6.4.1.7　发明申请的单一性

根据《塞尔维亚专利法》的规定，一个单独的申请可以仅要求保护一项发明创造。一个单独的发明申请提交多项发明创造时，这些发明创造应当属于一个总的发明构思。

6.4.1.8　小专利申请的审查程序

如果审查员认为小专利申请满足《塞尔维亚专利法》对小专利申请的提交要求、形式要求和涉及发明创造主题的部分要求的前提下，可以授予小专利的专利权。知识产权局不审查小专利申请的发明创造主题是否符合新颖性、创造性和实用性的要求。

如果审查员发现申请主题不符合要求的，将发出审查意见通知书，其中说明无法授予小专利申请专利权的理由并且要求申请人在不少于2个月且不多于3个月的期限内克服缺陷。上述规定期限可以延期，但通常不超过3个月。

在收到审查员发出的审查意见通知书后，申请人可以修改一次说明书、权利要求书和附图，这样的修改随同申请人答复审查意见通知书的意见陈述书一并提交，而其他修改仅能够在审查员接受的情况下进行。

如果申请人未能在规定的期限内克服缺陷，审查员会发出驳回申请的决定，申请人对该决定不服的，可以在收到决定后15天内向知识产权局请求复审。由知识产权局对申请人的复审请求作出决定。这个决定是知识产权局的最终决定。申请人可以在收到知识产权局的决定之日起30天内提起行政诉讼。

6.4.1.9　授权小专利的实质审查和变更

由于小专利没有实质审查阶段，因此，申请只要在满足形式要求的基础上就可以授权，所以通常从提交小专利申请之日起数月就能够获得小专利的专利权。

直至小专利获得专利权，申请人可以提交请求将小专利申请变更为发明申请或外观设计，反之亦然。变更后的申请会保留小专利申请的申请日或原始提交申请的提交日。

应小专利的专利权人请求，塞尔维亚知识产权局可以对授权的小专利进行审查，判断其专利性。小专利的实质审查程序只有在缴纳实质审查费用并提交缴费收据的前提下进行。

小专利的实质审查请求不能撤回。如果主管机关认为小专利满足专利法的规定，会发给小专利的专利权人审查证书。如果主管机关认为小专利不满足专利法的规定，依法撤销小专利。审查证书和撤销小专利的通知书会在政府公报上进行公告并且记载于小专利的登记簿。

通常情况下，中国的实用新型专利申请是没有实质审查程序的，申请人只有在侵权诉讼阶段，才能够请求国家知识产权局出具相关的审查报告。而塞尔维亚的小专利申请，在审查阶段就可以应申请人的要求启动实质审查程序。另外，如果申请人有意愿将小专利申请变更为专利申请，应申请人要求也可以进行实质审查，这一规定在中国的实用新型专利申请程序中是没有的。可见，《塞尔维亚专利法》对小专利的审查规定，比中国实用新型专利的审查更为灵活。

6.4.1.10 第三方意见陈述

根据《塞尔维亚专利法》的规定，在审查员进行审查程序后，随着专利申请的公开，任何第三方都可以提交关于申请涉及的发明创造的专利性的意见陈述书。提交意见陈述的第三方需要写明质疑专利授权的所有问题的理由，第三方意见陈述审查员将予以参考。

6.4.1.11 专利申请的撤回和权利的放弃

1）撤回

授予专利权之前，申请人可以随时主动请求撤回其专利申请。申请人撤回专利申请的，应当提交撤回专利申请的声明。相关权利将在声明提交之日终止。如果属于另一第三方的权利已经进入登记阶段，申请人在未获得存在许可、抵押或已经相关的其他权利的第三方的预先书面同意的前提下，不能撤回该权利。对于上述两种情况，塞尔维亚知识产权局会发出暂停程序的决定。

2）放弃

如果专利权人向塞尔维亚知识产权局提交放弃专利权的声明，该专利权将在声明提交之日终止。如果任何属于第三方的发明或小专利已经记载在登记簿上，未经以其名义进行了许可、质押或具有任何其他权利的第三方的事先书面同意，发明或小专利的所有人不得放弃其权利。对于上述两种情况，塞尔维亚知识产权局会作出最终决定，对决定有异议的专利权人和享有其他权利的第三方可以向当地法院提起行政诉讼。

6.4.1.12 授权决定和驳回决定

根据《塞尔维亚专利法》的规定，专利申请需要进行实质审查。通常情况下，专利申请从提交之日起直至授权，需要花费数年的时间。但是从专利申请的公开日起，申请人就可以享有类似于专利权的相应权利，一旦专利未能授权，由专利申请所带来的权利也视为自始不存在。

在实质审查阶段，如果审查员认为专利申请符合《塞尔维亚专利法》规定的授予专利权的所有要求，会给申请人发出通知书，对采用的权利要求书进行最终确认并且要求申请人在 30 日内给予认可。如果申请人未能在期限内提交书面声明以认可权利要求书的最终稿和权利要求项数，审查员会基于其发给申请人待认可的权利要求书最终稿发出授予专利权的决定。

如果申请人回复其不同意权利要求书的最终稿，申请人需要陈述其不认可的理由并且提交修改的权利要求书。如果审查员接受上述理由和修改后的权利要求书，审查员将发出授予专利权的决定。如果审查员不同意，需要告知申请人不同意或不接受的理由并且会基于其发给申请人待认可的最终稿发出授予专利权的决定。

如果申请人没有在期限内缴纳费用并提交缴费收据，审查员会发出驳回决定。如果审查员认为专利申请在实质审查阶段没能满足授予专利权的所有要求或者指出的缺陷没能被克服，审查员会发出驳回决定。

根据《塞尔维亚专利法》的规定，知识产权局的审查员在专利授权之前会要求申请人对最终授权的权利要求书进行确认，权利要求书是专利权人权利的范围保障，因此权利要求书的确认对于专利权人更为有利。

6.4.2 专利的授权与保护期限

6.4.2.1 专利授权

根据《塞尔维亚专利法》第 67 条，发明创造的法律保护通过塞尔维亚知识产权局的行政程序而获得。除非《塞尔维亚专利法》另有规定，塞尔维亚知识产权局依照《塞尔维亚专利法》作出的决定不可上诉。《塞尔维亚专利法》另有规定时，申请人在收到塞尔维亚知识产权局根据《塞尔维亚专利法》作出的决定后 15 日内可以请求知识产权局复审，知识产权局对申请人的复审请求作出的决定是知识产权局的最终决定。《塞尔维亚专利法》另有规定时，申请人可以在收到知识产权局决定之日起 30 天内提起行政诉讼。

根据《塞尔维亚专利法》第 17 条，塞尔维亚知识产权局对发明或小专利授予专利权的决定予以公告。专利权自申请日起生效。

根据《塞尔维亚专利法》第 18 条，当申请人被授予临时权时，临时权利的内容应该与专利申请公开中的权利内容一致，并且有效期从申请公开日至专利授权日止。

在专利未能授权的情况下，该申请所要求的权利自始不存在。

6.4.2.2 专利证书和授权公开

在专利申请进入授权之日起，专利权人或小专利权人可以获得专利证书，其中记载了发明或小专利登记号、专利权人或小专利权人的信息、发明人信息、发明创造名称和颁发该证书的日期。专利证书的发放需要缴纳相应的官费。

登记后的授权专利会在政府公报上进行公告。从专利授权公告之日起，发明或小专利的授权决定开始生效。

政府公报公布以下数据：发明或小专利的登记号、申请日、专利申请的公开日、权利所有人的信息、发明人信息和发明创造名称。公告授权专利需要缴纳官费。授权申请在政府公报上进行公告之后，审查员会发布说明书，其中记载了发明或小专利登记号、授权专利涉及的公开日、权利所有人的信息、发明人信息和发明创造名称。专利证书的发放需要缴纳相应的官费。

6.4.2.3 登记

根据《塞尔维亚专利法》第 70 条，塞尔维亚知识产权局保存登记的发明申请、登记的发明、登记的小专利申请和登记的小专利。

登记的发明申请包括：申请号、申请提交日、申请人信息、发明人信息、发明创造名称、关于申请的任何变化（转让、许可、抵押等）。

登记的发明包括：专利登记号、授权专利号和信息、专利登记日、专利权人信息、发明人信息、发明创造名称、关于专利的任何变化（许可、转让、抵押等）、撤回授权专利请求决定的信息、放弃授权专利权的信息、首次将产品投放市场的号码和日期或如果产品被认证的指示、授权证书的日期、关于补充保护证书的任何变化（许可、转让、抵押等）。

登记的小专利申请包括：申请号、申请提交日、申请人信息、发明人信息、发明创造名称、关于申请的任何变化（许可、转让、抵押等）。

登记的小专利包括：小专利登记号、授权小专利的专利号和信息、小专利登记日、小专利专利权人信息、发明人信息、发明名称、关于小专利的任何变化（许可、转让、抵押等）、撤回授权小专利请求决定的信息、放弃授权的小专利的信息。

上述信息对公众开放且任何相关利益方均可以获得上述信息。已公布的发明申请、授权发明、授权小专利和补充保护证书的文献，任何人均可以通过口头或书面的形式向知识产权局的工作人员提出查阅的请求。

对于相关利益方的书面请求，在缴纳法定费用且出示收据后，塞尔维亚知识产权局能够提供由知识产权局保管的关于包含在官方记录中的事实的文件副本和相应的证据。

6.4.2.4　专利权保护范围

根据《塞尔维亚专利法》第 19 条，发明在申请阶段直至授权之前的保护范围以其公开的权利要求的内容为准。如果发明在授权时权利要求进行过未超出公开的权利要求范围的修改，修改后的权利要求用于确定发明申请的保护范围。

根据《塞尔维亚专利法》第 20 条，发明或者小专利的专利权的保护范围以其权利要求的内容为准，说明书及附图可以用于解释权利要求。如果发明的主题是方法，则专利权延伸至由该方法获得的产品。

6.4.2.5　专利权的免责

根据《塞尔维亚专利法》第 21 条，下列情形视为不侵犯专利权：

（1）以个人非商业目的使用发明创造或者使用由发明创造制造的产品；

（2）与被保护的发明创造主题相关的研究和开发活动，包括必须从塞尔维亚知识产权局获得许可将旨在用于人类或动物的药品或由法律规定的药物产品或植物保护产品投放市场的活动；

（3）根据医疗处方在药店用于个别病例的临时制剂。

其中以个人非商业目的使用发明创造或者使用由发明创造制造的产品不能与发明或小专利的正常利用不相冲突，并且不能在没有合理理由的情况下损害专利权人的正当权益，也要考虑到第三方的正当权益。

他人以善意行为在专利优先权日前已经在塞尔维亚领土使用被保护的发明创造或者已经作好制造、使用的必要准备的，发明或小专利对其不构成影响。他人可以生产目的在其本人的工厂或有他许可的其他人的工厂内继续使用。他人不能再许可其他人使用发明创造，除非为了使用的制造过程或发明创造的使用已然发生的企业或企业的相应部门。

临时通过塞尔维亚领陆、领水、领空的，以被保护的发明创造为基础制造的设备以构成属于《巴黎公约》成员国或 WTO 成员的船只、飞机或陆地车辆结构的部件或专用于这类船只、飞机或陆地车辆的设备，发明或小专利对其不构成影响。

6.4.2.6 专利权的权利用尽

如果被保护的产品由专利权人或经由专利权人许可投入塞尔维亚的市场，获得该产品的个人可以对该产品自由使用和处分。

6.4.2.7 补充保护证书

任何受专利保护和专利行政部门授权的产品在投放塞尔维亚领土的市场之前，例如人用或动物用药品或植物保护品可以获得保护证书。这样的证书产品是活性物质或与其他物质的结合物或药品的活性成分或植物保护产品的活性物质或活性物质混合物。限制在基本专利的保护范围内，证书的保护仅能延伸至获批投放市场用于人类或动物的药品或植物保护产品涵盖的产品。

证书将授予涵盖该产品的基本专利的所有人或其权利继承人。同一产品两项或多项专利权为同一持有人的，仅授予一项证书。涵盖相同产品的不同专利的持有人提出的两项或多项证书请求，应当分别授予专利证书。

证书请求书上的信息均会记载在由审查员保存的专利登记簿，并且在提交请求书之日起 6 个月内在政府公报上公告。证书获批决定包括：申请人的名字和地址、基本专利的专利号、发明创造名称、获批投放市场的获批号和日期和与获批一致的产品的名称、首次获批投放市场的获批号和日期、证书有效期。主管机关应当在官方公报上公布颁发证书的细节，证书申请驳回决定的细节以及停止证书的细节。授权证书和证书有效期的信息会记载在审查员保存的专利登记簿上。

6.4.2.8 保护期限

专利的保护期限为二十年，自申请日起计算。

小专利的保护期限为十年，自申请日起计算。

增补保护认证的专利权期限不能超过其基本专利的期限。如果增补保护认证变为基本专利，增补保护认证的专利权期限也不能超过基本专利所剩余的期限。

6.4.2.9 年费

根据《塞尔维亚专利法》的规定，申请人或专利权人需要缴纳维持申请权或已授权的专利的官方费用。

专利申请或已授权专利的维持费由申请人或专利权人缴纳。

专利年度从申请日起算，与优先权日、授权日无关，与自然年度也没有必然联系。专利申请人或专利权人需要缴纳的维持申请或已授权专利的费用，从申请日起计算从第三年开始之后每一年缴纳。专利申请人需要缴纳的分案申请的维持费，从母案申请日开始计算。专利权人未按时缴纳年费的，可以在年费期满之日起六个月内补缴，还应缴纳相应数额的滞纳金。缴纳费用的证据必须提交塞尔维亚知识产权局。

如果专利权人在专利年费滞纳期满仍未缴纳或者缴足专利年费或者滞纳金的，或未提交缴纳费用证据的，专利权自应当缴纳年费期满之日起终止。由塞尔维亚知识产权局发出终止权利的决定，当事人对决定不服的可以向当地法院提起行政诉讼。

6.5　专利权的无效

根据《塞尔维亚专利法》第 128 条的规定："任何单位或者个人认为发明或小专利的授予不符合本法有关规定的，都可以请求塞尔维亚知识产权局全部或部分撤销授予该专利权的决定。"也就是说，在塞尔维亚，发明或小专利都可以被全部无效或者部分无效。

6.5.1　专利无效理由

专利被无效的理由包括以下五项：

（1）不符合专利授权所要求的新颖性、创造性或实用性。

（2）专利的保护客体属于以下几种类型：

①违反法律或社会公德；

②疾病诊断及治疗方法；

③不是通过微生物的方法获取的动植物新品种。

（3）专利的保护客体属于以下类型：

①科学发现，科学理论和数学方法；

②美学作品；

③智力活动规则，例如玩游戏或做事的方案，纯粹的商业方法；

④计算机软件程序本身；

⑤纯粹的信息介绍；

⑥从人体中发现的基因序列。

（4）说明书不清楚或不完整，所属技术领域的技术人员不能实现。

（5）权利要求的修改超范围或者分案超范围。

6.5.2　无效流程

塞尔维亚专利无效流程如图 6 - 1 所示。

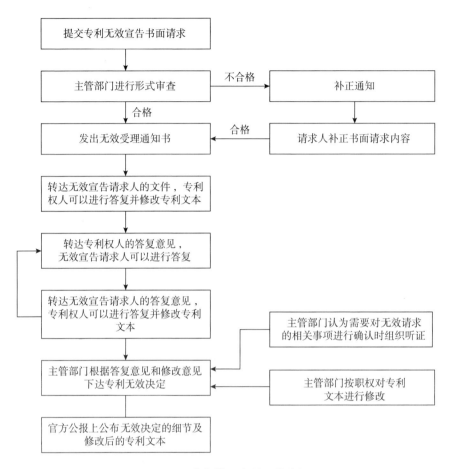

图 6 - 1 塞尔维亚专利无效流程

6.5.2.1 书面请求

任何单位或者个人希望无效/撤销专利权或小专利权，应当向塞尔维亚知识产权局提出书面请求，书面请求的内容包括：

（1）请求人信息；

（2）权利人信息；

（3）请求撤销授权决定的意思表示；

（4）授权决定的授权公告号和发明或小专利的注册号；

（5）请求撤销的理由，适当的证据以及相关费用的缴纳证明。

6.5.2.2 书面请求的补正

当无效请求含有不可受理的事项，塞尔维亚知识产权局应当以书面形式通知请求人在收到通知之日起 30 日内补正并说明理由。如果请求人希望对上述 30 日内补正的期限延长的话，通过提交合理理由并交纳相关的费用，塞尔维亚知识产权局可以将上述补正的期限延长到塞尔维亚知识产权局认为的合理期限。如果请求人在指定期限内未按要求进行补正，主管部门可以拒绝请求，该无效请求即视为撤回。

6.5.2.3　无效请求的受理和意见陈述

当无效请求受理后，塞尔维亚知识产权局应当将无效请求受理通知书和提交的证据、无效宣告请求书一并转交给专利权人，并要求专利权人在收到文件之日起 30 日内答复。

当塞尔维亚知识产权局收到专利权人提交的答复意见以后，应当将该专利答复意见转交给无效请求人，并要求无效请求人在收到文件之日起 30 日内答复。

专利无效程序期间，塞尔维亚知识产权局可以要求无效请求人和专利权人双方在规定的期限内一次或多次提交答复意见。在专利无效程序期间，当塞尔维亚知识产权局评估认为有必要对用于无效请求的相关事项进行确认时会组织听证，该听证程序相当于中国的口头审理程序。

6.5.2.4　专利文件的修改及相关费用

如果塞尔维亚知识产权局基于专利无效程序，认为该发明或小专利在修改后可以维持的，主管部门可以要求权利人在收到文件之日起 30 天内提交修改后的专利的权利要求。当专利权人提交了修改后的专利的权利要求，塞尔维亚知识产权局应当将其转交给无效请求人。

如果专利权人没有提交修改后的权利要求书，而塞尔维亚知识产权局认为该发明或小专利通过修改以后是可以维持的，塞尔维亚知识产权局可以按职权对发明或小专利进行修改，将修改后的专利权利要求文本告知各方，并要求他们在收到告知通知之日起 30 日内提交各自的合理意见。

如果无效双方都认可并告知塞尔维亚知识产权局用于维持专利或者小专利有效的修改后的文件，或者无效程序的双方都没有在收到告知通知之日起 30 日内提交各自的合理意见，塞尔维亚知识产权局将作出发明专利权或小专利权部分无效的决定，并以供双方确认的专利的权利要求作为最后的文本以维持专利权有效。

如果专利权人不同意塞尔维亚知识产权局修改的专利申请文本，应当说明不同意的理由并向塞尔维亚知识产权局提交新的修改的专利申请文本。如果塞尔维亚知识产权局认为专利权人提交的新修改的专利申请文本符合授权要求，应当依照权利人提交的专利请求，作出发明专利权或者小专利权部分无效的决定，并以专利权人提交的新修改后的专利申请文本作为最后的文本以维持专利权有效。

当专利申请文本在无效程序中被修改以后，需要专利权人缴纳修改专利申请文本导致的重新公布费用。当专利权人在缴纳专利申请文本修改的费用和重新公布的费用后，在指定的期限内提交费用缴纳证明的，塞尔维亚知识产权局作出专利权部分无效的决定。但当专利权人没有缴纳相关的费用且没有在指定期限内提交费用缴纳证明的，塞尔维亚知识产权局认定相应的专利权或小专利权全部无效。

6.5.2.5 专利无效的决定

如果塞尔维亚知识产权局基于专利无效程序认为专利无效请求成立，且该发明或小专利在修改以后也无法维持的，则塞尔维亚知识产权局应当认定该发明或小专利全部无效。

在专利无效程序期间，专利权人可以通过修改专利授权文件以维持专利权有效。如果塞尔维亚知识产权局基于专利无效程序，认为该发明或小专利不能维持，但在修改以后可以维持的，则塞尔维亚知识产权局应当认定该发明或小专利部分无效，以修改后的专利申请文本作为最后维持有效的专利申请文本。

如果塞尔维亚知识产权局基于专利无效程序，认为专利无效请求不成立，则塞尔维亚知识产权局应当维持发明或小专利有效。塞尔维亚知识产权局作出的专利全部或部分无效的决定不具有追溯力，既不影响无效决定生效之前已经具有法律约束力的侵权判决，也不影响原告或专利权人善意取得的已经生效或已经执行的专利转让和专利许可协议。

6.5.2.6 专利无效文本的公告

当塞尔维亚知识产权局在作出最终无效决定之日起三个月内，在官方公报上公布撤销专利权或小专利权的细节。

对于通过修改后维持专利权有效的发明或小专利，主管部门应当在无效决定公布后，尽快公布修改后的专利申请文本。

6.6 专利权的转让、许可和质押

6.6.1 专利权的转让

6.6.1.1 专利权转让的总则

专利转让是指专利权人作为转让方，将其发明创造专利的所有权或者专利申请权移转给受让方，通过专利权转让取得专利权的当事人，即成为新的专利权人，拥有专利权人部分或全部权利。

在塞尔维亚，专利申请权和发明、小专利都可以转让，权利人通过转让合同、申请人或者权利人的名称变更手续、遗产继承、法院的司法判决或者行政决定将专利或专利申请权进行全部或部分转让。《塞尔维亚专利法》规定，转让专利权的，需要在塞尔维亚知识产权局进行登记和公告，否则该转让结果不能对抗善意第三人。

6.6.1.2 专利权转让请求程序

专利权转让的请求程序应当以书面方式提出。

专利权转让的请求程序需要准备如下资料：

（1）待转让的专利的所有权证明；

（2）转让程序交费证明；

（3）专利权转让请求书，其中专利权转让请求书至少需要包括：待转让的发明或小专利的申请号或注册号、专利权人或专利申请人的相关信息，转让人的相关信息。

（4）授权委托书，如果专利权转让手续不是专利权人本人办理的，通过授权委托书可以委托代理人办理。

如果同时转让多个专利，且专利权人和转让人都是一致的，可以同时办理专利权转让手续。

当专利权转让请求程序的文件符合上述要求，塞尔维亚知识产权局受理该转让请求。当专利权转让请求程序的文件不符合上述要求，塞尔维亚知识产权局应当发出补正通知书，转让请求人应当自收到通知之日起两个月内以书面形式答复。如果有正当理由需要延长上述补正时间的，在缴纳相关费用后，可以申请延长补正时间，但延长的时间不得超过两个月。如果转让请求人在规定时间内没有答复的，该专利权转让请求视为撤回。

6.6.1.3 专利权转让合同

专利权人或者专利转让人可以凭借专利权转让合同在塞尔维亚知识产权局登记，完成专利权转让手续。

专利权转让合同应当采用书面形式并至少包括以下内容：合同签署时间、合同双方当事人名称、注册地或者居住地、发明或小专利的申请号或注册号，转让的意思表示。另外，如果合同双方对于转让费用有约定的，也可以写在专利权转让合同中。

6.6.1.4 专利权转让决定程序

塞尔维亚知识产权局对专利权转让请求进行审查，如果符合相关规定的，则将对应的专利转让请求进行登记并公告。

塞尔维亚知识产权局认定转让程序不符合相关法律的规定，或者请求书的相关信息与专利登记册中的数据不匹配的，塞尔维亚知识产权局应当以书面形式通知请求人不能转让的理由，转让请求人应当自收到通知之日起两个月内以书面形式陈述意见。如果有正当理由需要延长意见陈述时间的，转让请求人在缴纳相关费用后，可以申请延长，但不得超过两个月。如果转让请求人在规定时间内没有陈述意见的，或者陈述的意见仍不能被塞尔维亚知识产权局接受的，该专利权转让请求被驳回。

6.6.2 专利许可

6.6.2.1 专利许可的条件

专利许可，是指专利权人许可他人（被许可人）在一定期限、一定地区、以一定方式实施其所拥有的专利，并向他人（被许可人）收取使用费。专利许可仅转让专利技术的使用权，许可方仍拥有专利的所有权，被许可方只获得了实施专利技术的权利，并不拥有专利所有权。

在塞尔维亚，专利申请权、发明、小专利都可以被实施许可，且专利权的转让不受专利许可的限制，即不管相关专利是否已经许可他人使用，都可以进行转让。

《塞尔维亚专利法》规定，进行专利许可的，需要在塞尔维亚知识产权局进行登记和公告，否则该许可结果不能对抗善意第三人。待许可专利的专利权人为两个或两个以上的，除非另有约定，必须由专利权人全部同意才能进行专利许可。

6.6.2.2 专利许可请求程序

专利许可请求程序应当以书面形式提出。

专利许可请求程序需要准备如下资料：

（1）待许可的专利的所有权证明；

（2）许可程序交费证明；

（3）专利许可请求书，其中专利许可请求书至少需要包括：待许可的发明或小专利的申请号或注册号、专利权人或专利申请人的相关信息，被许可人的相关信息；

（4）许可合同；

（5）授权委托书，如果专利权许可手续不是由专利权人或被许可人来办理的，通过授权委托书可以委托代理人办理。

如果多个专利同时被许可，且专利权人和被许可人都是一致，可以同时办理专利许可手续。

专利许可请求程序的文件符合上述要求的，塞尔维亚知识产权局受理许可请求。专利许可程序的文件不符合上述要求的，塞尔维亚知识产权局应当发出补正通知书，许可请求人应当自收到通知之日起两个月内以书面形式答复。如果有正当理由需要延长补正时间的，在缴纳相关费用后，可以申请延长，但延长的时间不得超过两个月。如果许可请求人在规定时间内没有答复的，该专利许可请求视为撤回。

6.6.2.3 专利许可合同

专利权人或者专利转让人凭借专利许可合同在塞尔维亚知识产权局

登记，完成专利许可手续。

专利许可合同应当采用书面形式，并至少包括以下内容：合同签署时间、合同双方当事人名称、注册地或者居住地、发明或小专利的申请号或注册号，许可的期限和范围。另外，如果合同双方对于许可费用有约定的，也可以记载在专利许可合同中。

6.6.2.4　专利许可审查程序

塞尔维亚知识产权局将对专利许可请求进行审查，如果符合相关规定的，则将相应的专利许可事项进行登记并公告。

塞尔维亚知识产权局认定许可程序不符合相关法律的规定，或者请求书的相关信息与专利登记册中的数据不匹配的，塞尔维亚知识产权局应当以书面形式通知请求人不能许可的理由，许可请求人应当自收到通知之日起两个月内以书面形式陈述意见。如果有正当理由需要延长意见陈述时间，在缴纳相关费用后，可以申请延长，但延长的时间不得超过两个月。如果许可请求人在规定时间内没有陈述意见的，或者陈述的意见仍不能被塞尔维亚知识产权局接受的，该专利许可请求被驳回。

6.6.3　专利权质押

6.6.3.1　专利权质押的一般规定

专利权质押是指债务人或第三人以其拥有的专利权担保其债务的履行，当债务人不履行债务的情况下，债权人有权把折价、拍卖或者变卖该专利权所得的价款优先受偿的担保行为。

在塞尔维亚，专利申请权、发明、小专利都是可以被质押的，专利权人可以根据质押合同、法院的判决和其他国家机关的决定申请质押。

6.6.3.2　专利质押申请程序

专利质押请求程序应当以书面形式提出。

专利权质押请求程序需要准备如下资料：

（1）待质押的专利的所有权证明；

（2）质押程序交费证明；

（3）专利质押请求书，其中专利质押请求书至少需要包括：待质押的发明或小专利的申请号或注册号、专利申请人或专利权人的相关信息，质权人的相关信息；

（4）专利质押合同；

（5）授权委托书，如果专利权质押手续不是专利权人或质权人办理的，通过授权委托书可以委托代理人办理。

如果多个专利同时被质押，且专利权人和质权人都是一致的，可以同时办理专利质押手续。

如果专利质押请求程序的文件符合上述要求的，塞尔维亚知识产权局受理该质押请求。如果专利权质押程序的文件不符合上述要求的，塞尔维亚知识产权局应当发出补正通知书，质押请求人应当自收到通知之日起两个月内以书面形式答复。如果有正当理由需要延长补正时间的，在缴纳相关费用后，可以申请延长，塞尔维亚知识产权局应当允许，但延长的时间不得超过两个月。如果质押请求人在规定时间内没有答复的，该专利质押请求视为撤回。

6.6.3.3 专利质押合同

专利权人或者质权人凭借专利质押合同在塞尔维亚知识产权局登记，完成专利质押手续。

专利质押合同应当采用书面形式并至少应当包括以下内容：合同签署时间、专利权人的名称、注册地或者居住地、质权人的名称、注册地或者居住地、发明或小专利的申请号或注册号、待质押的专利数量、被担保债权的种类和数额，债务人履行债务的期限、质押担保的范围。特别是当专利权人和债务人不是同一个人时，需要特别注明质押担保的范围。

6.6.3.4 专利质押审查程序

塞尔维亚知识产权局对专利质押请求进行审查，如果专利质押请求符合相关规定的，则将相应的专利质押事项进行登记并公告。

塞尔维亚知识产权局认定质押程序不符合相关法律的规定，或者请求书的相关信息与专利登记册中的数据不匹配的，塞尔维亚知识产权局应当以书面形式通知请求人不能质押的理由，质押请求人应当自收到通知之日起两个月内以书面形式陈述意见。如果有正当理由需要延长意见陈述时间的，在缴纳相关费用后，可以申请延长，但延长时间不得超过两个月。如果质押请求人在规定时间内没有陈述意见的，或者陈述的意见仍不能被塞尔维亚知识产权局接受的，该专利质押请求被驳回。

6.7　专利权的保护

6.7.1　专利权的司法保护

塞尔维亚为议会共和制国家，实行三权分立的政治体制，立法权、司法权和行政权相互独立，互相制衡。塞尔维亚主要通过司法途径保护专利权。

6.7.1.1　侵权诉讼

根据《塞尔维亚专利法》，专利权人和独占实施许可的被许可人有权对违反《塞尔维亚专利法》第 14 条和第 15 条规定的任何人的侵权行为提起侵权诉讼。针对同一发明创造，如果有多个专利权人，则每个专利权人都有权以自己的名义和理由请求保护其专利权。

根据《塞尔维亚专利法》第 14 条和第 15 条的规定，以商业用途为目的下列行为属于专利侵权行为：专利主题为产品（物品、装置、机器、设备、物质等）时，（1）制造该产品；（2）制造、许诺销售、销售或使用由被保护发明获得的产品或以上述目的进口或存储产品。专利主题为方法时，（1）使用专利方法；（2）涉及直接通过该方法获得的产品的任何行为。如果许诺人或供货商已知或明知该产品旨在使用他人的发明创造时，许诺销售或提供构成该发明创造的主要部分的产品给未经许可使用该发明创造的其他方。

在分析是否存在专利侵权时，还必须考虑专利权的免责情形。如果存在以下情形视为不侵犯专利权：

（1）以个人非商业目的使用发明创造或者使用由发明创造制得的产品；

（2）与被保护的发明创造主题相关的研究和发展活动，包括必须从塞尔维亚知识产权局获得许可将用于人类或动物的药品或由法律规定的药物产品或植物保护产品投放市场的活动；

（3）单一处方药物在药房中直接且单独的制备以及将此类药物投放市场。

除了上述专利权的免责情形，在《塞尔维亚专利法》也有先用权的规定。在提起侵权诉讼时，还需要考虑被控侵权人是否存在在先使用的情形。

在侵权诉讼中，权利人可以提出以下诉讼请求：

（1）确认侵权行为的存在；

（2）禁止侵权行为；

（3）侵权造成的损害赔偿；

（4）公布对被告不利的法院判决；

（5）扣押或销毁通过侵权行为产生或取得的产品，且无任何补偿；

（6）扣押或销毁主要用于制造侵权产品的材料或物品（包括设备、工具），且无任何补偿；

（7）提供参与侵权行为的第三方信息。

此外，如果侵权行为是基于故意或重大过失，原告可以主张最高为其通过许可实施该发明创造通常可能获得的许可报酬的三倍赔偿。

6.7.1.2 专利权人可以申请采取临时措施

如果权利人有合理证据表明自己的专利权受到侵犯，法院可以依权利人的申请裁决采取扣押或从市场上撤回侵权产品等临时措施。

根据《塞尔维亚专利法》第 134 条的规定，如果请求人能够提供合理的理由表明由其公布的申请或授权的权利正在受到或将要受到侵犯，法院可以在最终判决发布之前宣布采取下列临时措施：（1）将由于侵权而制造或获得的产品没收或从市场上撤回；（2）将用于制造侵权产品的物品（设备、工具）没收或从市场上撤回；（3）禁止侵权行为的进一步实施。

权利人可以在提起侵权诉讼之前提出采取临时措施的申请，但需要在法院决定采取临时措施之日起三十日内提起侵权诉讼。

在更加严重的情况下，如果有不可挽回的损害发生的风险，或者如果有明显的证据将要被毁灭的风险，法院可以宣布采取临时措施，而不必倾听被告的答辩，且必须立即将此情况通知被告，最迟必须在临时措施的实施之日起五日内通知被告。

如果法院认为权利人提交的理由或证据不充分，法院可以指示提交临时措施请求的请求人提供侵权的额外证据或明示明显的侵权风险。如果法院决定采取临时措施，被告针对法院决定的临时措施的上诉，不得延迟决定的执行。

在法院裁定采取临时措施后，由于临时措施未经过双方充分的质证，如果发生错误的情况下则可能对被申请人造成不当损失。因此，法院可以要求权利人提供一定数额的担保金作为防范措施。根据《塞尔维亚专利法》第135条的规定，在收到被提起侵权诉讼或将被采取临时措施的人的请求后，法院可以命令请求人提交适当数额的押金，以确保在因证据不足的请求而采取了临时措施时，能够向被执行人提供赔偿，该赔偿将由原告或临时措施的请求人承担。

6.7.1.3 侵权诉讼的时效

权利人应当在知道发生侵权行为和侵权人之日起三年内提起诉讼，但在侵权行为持续实施的情况下，不得晚于侵权行为发生之日起五年内，或不得晚于最后一次侵权行为发生之日起五年内。

6.7.1.4 证据保全

如果权利人有合理证据表明自己的专利权受到侵犯，法院可以依权利人的申请进行证据保全。

根据《塞尔维亚专利法》第136条的规定，如果请求人提供了合理的可能性表明其权利正在受到或将要受到侵犯，应请求人的请求，法院可以采取证据保全措施。此处的证据保全是指检查不动产、检查记录、检查文件、检查数据库、没收资产以及对目击证人和专家的询问。如果请求人提供了合理的可能性表明存在证据将被毁灭的危险或存在不可挽回的毁坏的威胁，则法院可以采取证据保全措施，而无须提前通知或听取证据持有人的意见。

权利人可以在提起侵权诉讼之前请求证据保全，但需要在提交请求之日起三十日内提起侵权诉讼。

6.7.1.5 举证义务

举证义务原则上是谁主张谁举证，但也有例外。例如，根据《塞尔维亚专利法》第138条的规定，如果侵权主题是用于获得新产品的工艺，则任何相同产品均应被认为是通过所保护的工艺获得的，除非另有证据证明。即在新产品的情况下，举证义务则由制造新产品的被告承担。

6.7.1.6 专利申请公开后的相关保护

根据《塞尔维亚专利法》的规定，专利申请公开后即可在塞尔维亚获得相关的保护，自公开日起申请人应当有权获得赔偿。

但申请人需要注意的是，根据《塞尔维亚专利法》第143条的规定，对于已公布的专利申请的侵权行为，在主管当局对此类申请作出决定之前，法院应当中止诉讼程序。也就是说，权利人可在专利申请公开后，向塞尔维亚法院提起侵权诉讼，但该侵权诉讼程序在专利申请的审查结束前处于中止状态，需要等待专利申请的审查结果。在该专利申请获得授权时，侵权诉讼继续进行，法院判断是否侵权以及计算侵权赔偿额。在该专利申请被驳回时，侵权诉讼没有权利基础，则起诉将被驳回。

由于专利申请的结果直接影响到侵权诉讼的进行，因此，根据《塞尔维亚专利法》的规定，如果申请人有法院有关侵权程序中止的证明，可以请求塞尔维亚知识产权局加快审查，以期尽早获得审查结果。

6.7.1.7 民事诉讼程序的中止

对于主张已公布但未授权的专利申请的侵权行为，在塞尔维亚知识产权局对专利申请作出决定之前，法院应当中止诉讼程序。待该申请被授权后，法院继续审理是否落入授权后的专利保护范围。

根据《塞尔维亚专利法》第128条的规定，在提出无效宣告程序并已经在主管当局启动无效宣告程序的情况下，法院应当在塞尔维亚知识产权局作出最后决定之前中止诉讼程序。

6.7.2 专利的行政保护

与中国的专利行政保护制度不同，塞尔维亚专利行政保护主要通过三个部门来实施：（1）财政部，负责海关关税管理；（2）内政部，负责知识产权犯罪控制；（3）贸易和农业部，负责市场督查。

6.8 中国企业在塞尔维亚的专利策略与风险防范

6.8.1 塞尔维亚专利制度特点与应对

塞尔维亚专利制度在专利申请途经、递交文件的语言要求以及职务发明要求等方面与中国专利制度有一定差别。

6.8.1.1 申请途径众多

塞尔维亚是《巴黎公约》和《专利合作条约》的缔约国，也是欧洲专利组织的成员国。因此，中国企业如果考虑在塞尔维亚获得专利权，至少有如下三种方式：（1）主张在先申请的优先权，在塞尔维亚提交专利申请；（2）提交欧洲专利申请，延伸至塞尔维亚保护；（3）提交 PCT 申请，将塞尔维亚作为选定国或指定国并进入塞尔维亚国家阶段。

中国企业可以根据自身的情况选择适宜的专利申请方式。例如，如果仅考虑在包括塞尔维亚的少数几个国家申请，则可以在中国提交基础申请后，主张该基础申请的优先权直接在塞尔维亚提交专利申请。

除了塞尔维亚以外，如果还期望在其他欧洲专利组织的成员国获得专利保护，则可考虑提交欧洲专利申请。提交欧洲专利申请时，可以英文文本提交，也延长了准备塞尔维亚语的译文的时间。除了塞尔维亚以外，如果还期望在其他 PCT 成员国获得专利保护，则可考虑提交 PCT 国际申请。

6.8.1.2 向官方递交的文件语言要求低

提交至塞尔维亚知识产权局的所有专利申请文件必须以塞尔维亚的官方语言塞尔维亚语提交。

与中国专利制度不同之处在于，根据中国的相关规定，直接向中国专利局提交专利申请时，或者 PCT 国际申请在进入中国国家阶段时，均必须提交中文的申请文件，不能先提交其他语言的申请文件，再翻译成中文。根据《塞尔维亚专利法》的规定，专利申请也可以先以其他语言提交，申请人可以随后提交塞尔维亚语的翻译文本。如果申请人没能提交专利申请文件的翻译文本，塞尔维亚知识产权局会要求申请人在收到补正通知书后两个月内提交翻译文本。如果专利申请人在上述期限内仍未提交翻译文本的，塞尔维亚知识产权局将做出驳回申请的决定。

也就是说，如果来不及准备塞尔维亚语的翻译文本，可以先提交其他语言的专利申请文本，在优先权期限的 12 个月内提交塞尔维亚专利申请，或者在 PCT 国际申请进入国家阶段的期限内进入塞尔维亚。根据《塞尔维亚专利法》的规定，至少有 2 个月时间准备塞尔维亚语的翻译文本。这对于国外企业来说非常重要。因为在企业的知识产权管理中，有更长的时间研究确定该发明创造是否有必要在塞尔维亚获得专利保护，降低了知识产权管理的时间压力。并且可以在分析其他国家审查、授权情况的基础上，判断在塞尔维亚有较大的授权可能性时，再考虑在塞尔维亚申请专利，这有助于提高企业专利申请费用的使用效率。

6.8.1.3　对职务发明的特殊要求

根据《塞尔维亚专利法》的规定，在科学研究和技术开发方面，在本职工作中或特别委派的工作中的雇员完成的发明创造，以及雇员在有研究合同的情况下完成的发明创造，除非发明人与雇主之间存有合同，否则专利权属于雇主。也就是说，职务发明的规定，塞尔维亚的立法原则与我国类似，即就职务发明申请专利的权利属于该单位。

《塞尔维亚专利法》还规定：雇员有义务告知雇主可以申请的发明创造；一旦雇员告知雇主相关专利申请，雇主需要在 6 个月内提交专利申请，如果雇主放弃提交或 6 个月内没有提交，雇员可以以其发明人身份个人提交。雇主可以在收到受理通知书的 6 个月内表明其是否有意获得独占许可。在该期限未满之前，发明人不得将该发明创造的权利许可第三人使用。

上述规定与中国专利法的规定不同，中国企业需要注意。作为应对方式，可以建立企业档案制度，明确发明创造的最终产生时间，或者可以咨询相关律师，制定对企业更为有利的合同条款。

6.8.1.4　增补专利申请

在中国的专利制度中不存在增补专利申请的规定。也就是说，增补专利申请是塞尔维亚专利制度中特有的专利申请。

可以这样理解，增补专利申请是基础专利的加强版，一旦申请人认为原专利申请中存在需要增补的内容而又因为基础专利已经提交而无法增加申请文件中的相关内容的，申请增补专利申请以对基础专利的专利权加以巩固。

增补专利申请的授权依附于基础专利申请的授权，具体体现在以下几个方面。

首先，基础专利申请的弃权会导致增补专利申请的程序终止。如果基础专利申请由于任何其他原因被终止，作为救济途径，申请人有权利在基础专利申请的终止日起1个月内，向塞尔维亚知识产权局提交请求将增补专利申请变更为基础专利申请。

其次，增补专利以增补申请为基础获得，但是在基础专利申请没有获权之前，增补专利申请的申请人不能获得专利权。

最后，如果基础专利自始不存在或专利权被无效，专利权人可以在基础专利申请的终止日起3个月内向塞尔维亚知识产权局提交将增补专利申请变更为基础专利申请的请求书。但如果存在多于一个的增补专利申请或增补专利，在3个月内通过请求仅能将其中一个转为基础申请或基础专利，剩下的增补专利申请或增补专利，仍依附于基础申请或基础专利。

由于我国专利法没有增补专利的规定，中国企业对于增补专利申请比较陌生。因此，在塞尔维亚提出专利申请时，应当考虑是否需要提交增补专利申请。特别是在后发明创造相对于基础申请的创造性的技术水平较低时，如果直接提交新的专利申请，则有可能无法获得授权。此时，可以考虑在塞尔维亚提交增补专利申请，以期获得更大的保护范围。

由于中国企业只在塞尔维亚进行专利布局的情况较少，大部分企业至少布局中国申请和其他国家申请。因此，在制定企业知识产权战略时，尽量考虑优先满足要求较高的国家的专利法的相关规定。例如，中国没有增补专利申请，在制定企业知识产权战略时，对于今后还将继续研究开发的技术领域，说明书的撰写尽量控制在合适的范围，说明书中不必撰写过多不能授权的内容，从而阻碍在后发明创造的申请和授权。相反，对于今后不再继续研究开发的技术领域，可以在说明书中记载可能想到的各种技术方案，从而通过该申请的公开可以阻止他人获得专利权。

6.8.1.5　PCT 国际申请进入塞尔维亚国家阶段的宽限期

PCT 国际申请进入塞尔维亚国家阶段的期限为国际申请日或者优先权日起 30 个月内，且在缴纳延长费并提交缴费收据后，上述期限可以延长 30 日。

也就是说，PCT 国际申请进入塞尔维亚国家阶段的最终期限为国际申请日或者优先权日起 31 个月内，而并非是 30 个月内。根据企业的知识产权战略，有时需要更长的时间来研究确定有关的发明创造是否有必要在塞尔维亚获得专利保护，PCT 国际申请进入塞尔维亚国家阶段的最终期限的规定，一定程度上降低了中国企业知识产权管理部门在准备时间上的压力。

6.8.1.6　小专利的相关规定

《塞尔维亚专利法》规定的小专利，类似于中国的实用新型专利。但塞尔维亚的小专利制度存在以下特点：（1）小专利可请求实质审查；（2）小专利申请和专利申请相互之间可以进行变更。

对于上述特点（1），在小专利获得授权之后，应小专利的专利权人请求，塞尔维亚知识产权局可以对授权的小专利进行实质审查，判断其专利性。小专利的实质审查程序只有在缴纳实质审查费用并提交缴费收据的前提下进行，而且小专利的实质审查请求不能撤回。经过实质审查后，如果审查员认为小专利满足专利法的相应规定，审查员会发给小专利的专利权人审查证书。经审查，如果审查员认为小专利不满足专利法的规定，将发出驳回决定。审查证书和驳回决定的通知书会在政府公报上公告并记载在小专利登记簿。

塞尔维亚专利制度中的小专利请求实质审查的规定，在某种程度上类似于中国的实用新型专利权评价报告制度。两者的不同之处是，在中国，实用新型专利是否具有专利性，在无效宣告程序中由专利复审委员会进行判断，实用新型专利权评价报告仅作为判断是否具有专利性的参考。然而，塞尔维亚专利制度中的小专利请求实质审查的规定，是赋予了小专利一次实质审查的机会，其审查结果的权威性更高。

对于中国企业而言，如果通过分析其他国家的专利审查和授权情况，判断该小专利授权前景较高时，可以适时地对小专利请求实质审查，以期获得一个对侵权诉讼有力的审查证书。如果对该小专利的授权前景不明朗，不建议贸然请求实质审查。

对于上述特点（2），在小专利申请获得专利权之前，申请人可以提交请求将小专利申请变更为专利申请，反之亦然。变更后的申请会保留小专利申请的申请日或原始提交申请的提交日。

申请人需要注意的是，由于小专利没有实质审查阶段，专利申请只要在满足形式要求的基础上就可以获得授权。所以，通常从提交小专利申请之日起数月就能够获得小专利的专利权。因此，需要在此期间根据其他国家的审查、授权情况，结合该发明创造期望保护的时间，判断是否需要将小专利变更为保护期限 20 年但需要经过实质审查的发明申请，或是否需要将发明申请变更为保护期限 10 年且无须实质审查的小专利申请。

6.8.2　申请专利的策略与专利布局

6.8.2.1　申请专利的策略

一般而言，企业应当从专利申请的必要性、专利申请的时机、专利申请类别的选择以及专利申请的方式来制定本企业的专利申请策略。

企业应当关注下列诸项：技术成果是否在短时间内不会被行业内的其他企业破解或者赶超；冒然申请是否会引起行业内竞争对手的注意；是否需要以商业秘密进行保护；或者技术成果已在行业有一定的研究基础，企业要通过专利申请来阻挡其他企业申请专利。

在选择专利申请类别时，除了保护期限 20 年的专利申请之外，由于塞尔维亚专利制度中有小专利申请制度，因此，如果产品的市场周期较短，则可选择申请程序简单、费用低、周期短的小专利申请。

除了塞尔维亚以外，如果还期望在其他 PCT 成员国或者其他欧洲专利组织成员国获得专利保护，则可考虑提交 PCT 国际申请和欧洲申请，可以节省费用并获得较长的准备时间。如果企业期望尽快获得授权，则可考虑在向塞尔维亚知识产权局提交申请后请求专利申请的提前公开，从而使专利申请尽快获得审查结果。

6.8.2.2　企业的专利布局

中国企业在塞尔维亚进行专利布局，需要考虑企业产品的市场占有情况、企业未来的专利定位、企业研发人员的数量和研发投入、行业专利分布现状和变化情况、竞争对手的情况、产业的发展阶段等因素。

随着企业产品市场占有率的扩张，技术模仿者会大量出现，专利纠纷出现的概率也会随之增加。因此，随着市场占有率的提升，有必要增加专利申请的数量、提高专利的技术覆盖范围并完善保护性专利布局。

如果企业的专利定位仅仅是用来防御，保护自己的产品更好地拓展市场，那么专利的积累只要和产品紧紧结合即可，不需要太多前瞻性申请和储备性申请。如果企业未来的专利定位是实现专利许可，甚至作为通过诉讼获利的手段，则需要注重专利挖掘和部署一定数量的具备行业控制力的专利。

专利布局离不开企业研发人员的数量和研发投入。专利申请量的规模要与技术人员的数量成一定的比例。对于重点研发项目，在专利布局上要加以侧重，保证专利申请的数量和质量，优化专利组合的结构，形成有效的专利保护和专利对抗能力。

企业在考虑塞尔维亚专利布局时，需要分析塞尔维亚的行业专利分布现状和变化情况。因为行业内专利的分布现状在一定程度上反映了该领域所受到的关注度和风险分布状况，而从其变化情况则可以了解到行业的发展动向。企业应根据行业总体情况来调整自己的专利申请量和专利部署的结构分布，以维持企业的专利竞争地位。

由于专利布局的目的之一是为了与竞争者在专利上达成一种势力均衡或者保持优势的状态。因此，在考虑塞尔维亚专利布局时，企业需要参考其主要竞争对手的专利储备现状和变化情况以及其产品和市场扩张情况来制定本企业的专利布局方案，确保企业具备足够的专利筹码。

6.8.3 专利风险与应对措施

根据塞尔维亚近年的专利授权量分析，塞尔维亚的专利申请的技术领域主要为机械、医药技术、化学等技术领域。因此，这些领域的中国企业尤其应当谨慎分析其主要竞争对手的专利申请和专利授权情况。对于专利申请和专利授权比较密集的技术领域，中国企业首先要分析自己的产品在塞尔维亚是否有可能侵犯他人专利权。如果有必要，最好委托专利律师提供专业性的法律意见，并根据专利风险情况进行产品设计的改进，或者获得专利权人的许可。在不断发展的技术领域，预判技术的发展趋势，在竞争对手专利保护范围的周围布局自己的专利，以期在将来可能发生的纠纷中与竞争对手进行交叉许可。

6.9 工业品外观设计保护

《塞尔维亚专利法》规定了发明和小专利制度，而工业品外观设计的保护则有单独的立法——《塞尔维亚工业品外观设计保护法》。

塞尔维亚与工业品外观设计保护相关的法规还有《塞尔维亚工业品外观设计认定程序实施细则》和《塞尔维亚工业品外观设计申请和注册实施细则》。

6.9.1 保护范围

根据《塞尔维亚工业品外观设计保护法》的规定，工业品外观设计保护整个产品或其部分的三维或二维外观，该三维或二维外观是由其视觉特点（visual character），尤其是线条、轮廓、颜色、形状、结构及构成该产品或装饰该产品的材料以及它们的组合决定的。

此处的"产品"可以是工业制造或手工制造，包括用于组装进入一个复合产品的部件、产品的包装、图形符号、印刷字体，但不包括计算机程序。

三维设计是指包含三维特征的创造，例如汽车或家具的新型号。二维设计包含二维特征（图像、图案、装饰、布置等）。由于工业品外观设计以美学属性为主，因此，那些主要是由技术或功能性特征所确定的设计，不受工业品外观设计的保护。

与中国的规定类似，塞尔维亚工业品外观设计也保护产品的形状、图案及色彩。与中国外观设计保护最大的不同是，塞尔维亚工业品外观设计保护产品的部分，但是中国外观设计保护产品的整体。中国企业在塞尔维亚进行工业品外观设计保护布局时可以充分考虑和利用这一特点。除了产品部分以外，塞尔维亚工业品外观设计还保护产品的结构，以及构成该产品或者装饰该产品的材料，这在中国外观设计专利保护中是没有的。①

6.9.2　授权条件

《塞尔维亚工业品外观设计保护法》规定，产品或者产品的部分要获得工业品外观设计保护，需要满足新颖性和独特性（individual character）的要求。

此处的"新颖性"是指在申请日前，该设计未被公众所知，或者没有相同的设计已被提交申请。如果设计仅在无关紧要的细节（immaterial detail）处有所不同，则仍被认为是相同的设计。此处的"独特性"是指同一使用者对于本设计和其他设计的整体印象不同。

在判断是否具有独特性时，需要考虑设计者的设计自由度和客观局限性。

根据《塞尔维亚工业品外观设计保护法》的规定，复杂产品的零部件（复杂产品中的组分部分）工业设计进行工业品外观设计权利申请时，需要满足以下条件：

（1）复杂产品的组分部分在常规使用这种复杂产品的过程中保持可见；

（2）复杂产品的组分部分的可见特征本身符合新颖性和个性的要求。

---

① 《塞尔维亚工业品外观设计保护法》第2条第1款。

此处第（1）项所说的常规使用是指最终用户的使用，不包括维护、维修或修理工作。

可以看出，对于一个产品的部分申请工业品外观设计保护时，不只要求其具有新颖性和个性，还要求其是一个可见的部分。由此可见，一个复杂产品的内部零部件在塞尔维亚不能申请工业品外观设计保护。

6.9.3　不允许注册的条件

根据《塞尔维亚工业品外观设计保护法》，对下列工业品外观设计不予保护：

（1）宣传或使用违反公共秩序或道德的工业品外观设计；

（2）侵犯他人著作权或者工业产权的工业品外观设计；

（3）除经主管机关同意外，含有国家或者其他公共徽章、旗帜或者徽章、国名或者国际组织名称或者简称的工业设计、宗教和国家标志以及仿制品的工业品外观设计。

描绘一个人形象的工业品外观设计在塞尔维亚也不受保护，除非本人明确表示同意。对于已故人士的形象，只有在其父母、配偶和子女同意的情况下，才可以其形象作为工业品外观设计申请登记。

对于历史名人或其他已故名人的形象，可以经主管机关许可并经其亲属同意，才可以申请工业品外观设计保护，且亲属需要达到第三级亲属关系。

中国专利法规定了授予专利权的外观设计不得与他人在申请日以前已经取得的合法权利相冲突[①]，其中合法权利就包含了肖像权。相对于中国专利法的规定，《塞尔维亚工业品外观设计保护法》对与自然人的肖像权有关的工业品外观设计的规定更加具体。

6.9.4　申请文件要求

申请工业品外观设计的申请人应当向塞尔维亚知识产权局提交下列

[①]　《中华人民共和国专利法》第 23 条第 3 款。

文件①：

（1）工业品外观设计注册请求书；

（2）工业品外观设计说明；

（3）工业品外观设计的二维描述。

其中，工业品外观设计注册请求书应当载明：（1）申请人的资料；（2）设计者的信息或者设计者声明他已经放弃了在申请中被引用的权利；（3）表明申请是否为一个或者多个工业品外观设计；（4）工业品外观设计的实际名称和简称；（5）如果设计者不是申请人，则提交申请的理由；（6）申请人签名。

另外，根据《塞尔维亚工业品外观设计保护法》的规定，申请人可以要求延期公布其工业品外观设计，在公布工业品外观设计注册决定12个月之后再行公布②。

中国企业到塞尔维亚申请工业品外观设计注册时，可以根据需要请求延期公布其工业品外观设计。

6.9.5　权利的内容与维护

工业设计权人有权以商业目的使用该工业设计，并有权禁止他人未经本人同意使用该工业设计。

这里的商业利用包括制造、置于流通领域、储存、提供含有该设计的产品、进口、出口该产品。

6.9.6　保护期限

根据《塞尔维亚工业品外观设计保护法》的规定，塞尔维亚工业品外观设计的保护期为25年。中国外观设计的保护期限为10年，塞尔维亚工业品外观设计保护的期限更长，中国企业在塞尔维亚进行知识产权保护布局时可以充分考虑这一因素。

---

① 《塞尔维亚工业品外观设计保护法》第18条。

② 《塞尔维亚工业品外观设计保护法》第19条。